普通高等院校计算机基础教育"十三五"规划教材

大学计算机（微课）

文海英　李艳芳　郭美珍　主　编

胡美新　刘倩兰　宋　梅　戴振华　副主编

肖辉军　王凤梅　李中文

中国铁道出版社有限公司
CHINA RAILWAY PUBLISHING HOUSE CO., LTD.

内 容 简 介

本书以微型计算机为基础，全面系统地介绍了计算机基础知识及基本操作。全书共 7 章，主要内容包括计算机系统概述、Windows 7 操作系统、Word 2010 文字处理软件、Excel 2010 电子表格处理软件、PowerPoint 2010 演示文稿制作软件、Access 2010 数据库应用技术、计算机网络基础与应用等。重要的知识点和操作均配有视频微课。

本书适合作为普通高等院校非计算机专业计算机基础课程的教材，也可作为计算机等级考试二级 MS Office 的参考书，还可作为计算机爱好者提高计算机或办公自动化应用能力的自学用书。

图书在版编目（CIP）数据

大学计算机:微课/文海英，李艳芳，郭美珍主编.—北京：
中国铁道出版社有限公司，2019.8（2020.7重印）
普通高等院校计算机基础教育"十三五"规划教材
ISBN 978-7-113-25907-5

Ⅰ.①大… Ⅱ.①文… ②李… ③郭… Ⅲ.①电子计算机-
高等学校-教材 Ⅳ.①TP3

中国版本图书馆 CIP 数据核字（2019）第 169690 号

书　　名：**大学计算机（微课）**
作　　者：文海英　李艳芳　郭美珍

策　　划：韩从付　　　　　　　　　　编辑部电话：010-51873202
责任编辑：刘丽丽　冯彩茹
封面设计：刘　颖
责任校对：张玉华
责任印制：樊启鹏

出版发行：中国铁道出版社有限公司（100054，北京市西城区右安门西街 8 号）
网　　址：http://www.tdpress.com/51eds/
印　　刷：三河市兴博印务有限公司
版　　次：2019 年 8 月第 1 版　2020年7月第 2 次印刷
开　　本：787 mm×1 092 mm　1/16　印张：21.25　字数：463 千
书　　号：ISBN 978-7-113-25907-5
定　　价：52.00 元

前　言

随着经济和科技的发展，计算机在人们的工作和生活中变得越来越重要，已成为人们工作、学习和日常生活中不可或缺的工具。当今的计算机技术已被广泛应用到军事、科技、经济和文化等各个领域，掌握计算机基础知识、熟练使用计算机技术进行信息处理已成为当代大学生必备的素质和技能。特别是 Microsoft Office 办公软件（Word 具有强大的文字处理能力，Excel 具有丰富的电子表格制作及数据分析处理能力，PowerPoint 具有方便的演示文稿制作和演示功能，Access 具有完善的数据库管理功能），更扮演着重要的角色。

"大学计算机"作为高校非计算机专业的通识必修课程，其学习的用途和意义是重大的。对于大学生来说，熟练掌握计算机基础知识、办公软件的基础操作和高级应用技术，以及计算机网络基础知识，能让他们通过计算机应用在专业领域发挥更好的作用。同时，也有助于他们在今后的创业、求职、工作和生活中获得更好的发展。

本书的内容紧跟当下的主流技术，具有以下特色：

（1）内容全面，难度适中。本书全面系统地介绍了计算机系统、计算机网络基础知识，以及 Word、Excel、PowerPoint、Access 软件的基本操作和高级应用技术。

（2）讲解深入浅出，实用性强。本书在注重系统性和科学性的基础上，突出了实用性和可操作性，对重点知识和操作进行了详细的讲解，还通过各种"提示"、"注意"或"说明"为学习者提供了更多解决问题的方法，引导读者更好地完成工作任务。

（3）图文并茂，并配有微课视频。本书采用图文结合的编写方式，重要的操作步骤均有插图，重要的知识点和操作步骤均录有视频，并以二维码的形式放在书中，读者可随扫随看，更易于理解和掌握。

全书共分 7 章，第 1 章为计算机系统概述，主要介绍计算机的发展、计算机系统的组成及工作原理、计算机的数据表示及编码等，使读者对计算机的发展及应用状况有初步的认识。第 2 章为 Window 7 操作系统，主要介绍 Window 7 操作系统管理软硬件资源的方法、Windows 10 操作系统及其新增的功能、移动终端上常用的 Android、iOS 和 Windows Phone 操作系统，使读者能熟练运用操作系统管理计算机和移动终端的软、硬件资源。第 3 章为 Word 2010 文字处理软件，主要介绍利用 Word 2010 的基本操作和高级应用技术进行文字处理和编辑。第 4 章为 Excel 2010 电子表格处理软件，主要介绍利用 Excel 2010 基本操作和高级应用技术对电子表格进行数据处理和数据分析。第 5 章为 PowerPoint 2010 演示文稿制作软件，主要介绍 PowerPoint 2010 设计、制作、编辑、放映、保护和输出演示文稿的全过程，使读者能利用 PowerPoint 2010 的基本功能和高级应用技术制作精美的演示文稿。第 6 章为 Access 2010 数据库应用技术，主要介绍 Access 数据库的基本操作及查询等功能，使读者能了解数据库的基础知识，并能利用 Access 管理数据库系统。第 7 章为计算机网络基础及应用，主要介绍计算机网络、网络安全基础知识和 Internet 的应用等，使读者能了解计算机网络和使用计算机网络。学习本书大约需要 48 学时（包括上机实验 24 学时）。

本书由湖南科技学院的文海英、李艳芳、郭美珍任主编，胡美新、刘倩兰、宋梅、戴振华、肖辉军、王凤梅、李中文任副主编。其中：第 1 章由胡美新编写，第 2 章由刘倩兰编写，第 3 章由王凤梅和李中文编写，第 4 章由李艳芳和宋梅编写，第 5 章由文海英编写，第 6 章由戴振华编写，第 7 章由肖辉军和郭美珍编写。全书由文海英统稿。在本书的编写过程中，得到了尹向东教授、陈泽顺副教授、李小武教授的大力支持，在此由衷地向他们表示感谢！此外，本书的编写还参考了大量的文献资料，在此向这些文献资料的作者表示深深的谢意。

由于编者水平有限，书中难免存在疏漏和不足之处，欢迎读者对本书提出宝贵意见和建议。读者如果遇到问题，敬请与我们联系，电子邮箱：512000487@qq.com，我们将全力提供帮助。

编　者
2019 年 7 月

目 录

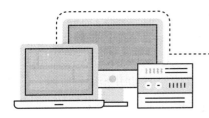

第 1 章
计算机系统概述

电子计算机（Electronic Computer）又称电脑，诞生于 20 世纪 40 年代，是人类社会最伟大的发明之一，并以飞快的速度发展。它已成为人们生活、学习、工作中必不可少的工具，掌握计算机技术已成为人们最基本的技能之一。

 1.1 计算机的发展与应用

1.1.1 计算机的概念及发展历程

计算机是一种由程序控制的信息处理工具，它能自动、高速地对信息进行存储、传送和处理。计算机最初被应用于科研领域，主要是用来进行科学计算，而现在，计算机应用非常广泛，已经渗透到工业、农业、军事、教学等各个行业，对人类社会的生产和生活产生了极其深刻的影响。

微课 1-1：计算机的概念及发展历程

世界上第一台电子数字计算机——ENIAC（Electronic Numerical Integrator And Computer，电子数字积分计算机），于 1946 年 2 月 15 日在宾夕法尼亚大学成功研制。ENIAC 采用电子管作为基本电子元件。它是一个庞然大物，如图 1-1 所示。它使用了 18 800 个电子管，而每个电子管大约有一个普通家用 25 W 灯泡那么大，这样 ENIAC 就有了 8 英尺高（约 2.44 m）、3 英尺宽（约 0.91 m）、100 英尺长（约 33.33 m）的身躯，体积约 90 m³，重达 30 t，功率为 140 kW。每秒能进行 5 000 次加法运算和 500 次乘法运算。ENIAC 的功能虽然远远不能与今天的计算机相比，但它的诞生是 20 世纪科学技术最卓越的成就之一，标志着人类社会进入了计算机时代。

图 1-1　ENIAC

从第一台计算机 ENIAC 问世以来的 70 多年中，按照计算机所使用电子元器件的不同，将其发展划分为以下几代：

1. 第一代（1946—1957 年）电子管计算机时代

它使用的主要逻辑元件是电子管。这个时期计算机的特点是数据表示主要采用定点数，用机器语言或汇编语言写程序，体积庞大、运算速度低（每秒几千次到几万次）、成本高、可靠性差、内存容量仅为几 KB，主要用于数值计算和军事科学方面的研究。

2. 第二代（1958—1964 年）晶体管计算机时代

它使用的主要逻辑元件是晶体管。这个时期计算机内存所使用的器件大多为由磁性材料制成的磁芯存储器。外存储器有了磁盘、磁带，外设种类也有所增加。运算速度达每秒几十万次，内存容量扩大到几十 KB。与此同时，计算机软件也有了较大发展，出现了 FORTRAN、COBOL、Algol 等高级语言。在工程设计、数据处理、事务管理、工业控制等领域也开始得到应用。

3. 第三代（1965—1970 年）中小规模集成电路计算机时代

它的逻辑元件主要是小规模集成电路（Small Scale Integration，SSI）和中小规模集成电路（Middle Scale Integration，MSI）。这一时期计算机设计的基本思想是标准化、模块化、系列化，计算机成本进一步降低，体积进一步缩小，兼容性更好。高级程序设计语言在这个时期有了很大发展，并出现了操作系统和会话式语言，计算机开始广泛应用于各个领域。

4. 第四代（1971 年至今）大规模、超大规模集成电路计算机时代

它的主要逻辑元件是大规模集成电路（Large Scale Integration，LSI）和超大规模集成电路（Very Large Scale Integration，VLSI）。这一时期计算机的运行速度可达每秒上千万次到万亿次，体积更小，成本更低。集成度很高的半导体存储器代替了磁芯存储器，操作系统不断完善，应用软件已成为现代工业的一部分，计算机发展进入了以计算机网络为特征的时代。

随着计算机技术及网络技术的发展，计算机将进入新的时代发展。未来的计算机将是具有工人智能的新一代计算机、生物计算机等。其中智能计算机具有推理、联想、判断、决策、学习等功能，它能进行数值计算或处理一般的信息，主要能面向知识处理，具有形式化推理、联想、学习和解释的能力，能够帮助人们进行判断、决策、开拓未知领域和获得新的知识。人机之间可以直接通过自然语言（声音、文字）或图形图像交换信息。

而生物计算机，其主要原材料是借助生物工程技术（特别是蛋白质工程）生产的蛋白质分子，以它作为生物集成电路——生物芯片。在生物芯片中，信息以波的形式传递。当一列波传播到分子链的某一部位时，它们就像硅集成电路中的载流子（电流的载体称为载流子）那样传递信息。生物计算机与硅晶片计算机相比，在速度、性能上有质的飞跃，被视为极具发展潜力的"新一代计算机"，研制生物计算机（也称分子计算机、基因计算机），已成为当今计算机技术的最前沿。

1.1.2 计算机的特点、分类与应用

1. 计算机的特点

（1）运算速度快。计算机的运算速度用 MIPS 来衡量，是指计算机每秒完成的基本加法指令的数目。高性能的计算机每秒能进行几十亿次乃至百万亿次的运算。2014 年，由国防科大研制的"天河二号"超级计算机系统，以峰值计算速度每秒 54.9 千万亿次、持续计算速度每秒 33.9 千万亿次双精度浮点运算的优异性能位居榜首，成为当时全球最快的超级计算机。

（2）记忆功能强，存储容量大。计算机内部有大量的存储器，能存储大量数据，存储

器还能记住加工这些数据的程序。例如，一个小小的 U 盘不仅可以存放整书的字符内容，还可以存储图像和声音等多媒体信息。

（3）运算精度高。科学技术的发展，特别是尖端科学技术的发展，需要高度精确的计算。例如，人工计算的圆周率只能达到小数点后的几百位，计算机计算圆周率几个小时就可计算到 10 万位。

（4）逻辑判断能力强。逻辑判断能力就是因果关系分析能力，计算机的逻辑判断能力是通过程序来实现的，可以做各种复杂的推理。计算机的自动控制功能就是这样实现的。

（5）自动化程度高。计算机内部的操作运算是根据人们预先编制的程序自动控制执行的，如机器人、工厂自动生产流水线、无人驾驶飞机等。

（6）通用性强，可靠性高。通用性是计算机能够应用于各种领域的基础，还可以连续无故障地运行几个月甚至几年。随着超大规模集成电路的发展，计算机的可靠性越来越高。

2．计算机的分类

计算机的种类繁多，分类方法也很多。计算机按其使用范围可分为专用机与通用机两类；按其处理方式可分为模拟计算机、数字计算机和数字模拟混合计算机；按其物理结构可分为单片机、单板机和芯片机；按其字长可分为 8 位机、16 位机、32 位机及 64 位机；按其工作模式可以分为服务器和工作站两类。最常用的方法是按计算机规模，参考其运算速度、输入输出能力、存储能力等综合指标进行分类，可分为以下 5 种：

（1）巨型机。又称超级计算机，主要用于科学计算、军事、通信、金融等大型计算项目等。目前巨型机的运算速度已达每秒百万亿次甚至更高，并且这个记录还在不断刷新，研制巨型机是衡量一个国家经济实力和科学水平的重要标志。

图 1-2 所示为我国国防科技大学研制的"天河二号"（Tianhe-2）超级计算机。全球超级计算机 TOP 500 组织 2014 年 11 月 17 日在美国正式发布全球超级计算机 500 强排行榜，中国国防科技大学研制的"天河二号"超级计算机多次摘得全球运行速度最快的超级计算机桂冠，现已达到每秒 33.86 千万亿次的浮点运算速度。

图 1-2 "天河二号"超级计算机集群系统

（2）大型机。大型机规模次于巨型机，这类计算机具有较高的运算速度和较大的存储容量，一般用于科学计算、数据处理或用作网络服务器，但随着微机与网络的迅速发展，正在被高档微机所取代。

（3）小型机。小型机一般用于工业自动控制、医疗设备中的数据采集等方面，如 HP 公司的 1000、3000 系列等。目前，小型机同样受到高档微机的挑战。

（4）微型机。人们将装有微处理器芯片的机器称为微型机，简称微机，也称个人计算机（Personal Computer，PC），是目前发展最快、应用最广泛的一种计算机。微机按产品范围大致可以分为：台式计算机、苹果计算机（iMac）、笔记本式计算机、平板式计算机（Tablet

PC）等，它们使用的微处理芯片主要有 Intel 公司的 Pentium 系列和 core 系列、AMD 公司的 Athlon 系列，还有 IBM 公司 Power PC 等，如图 1-3 所示。

（a）台式计算机

（b）苹果一体化机

（c）笔记本式计算机

（d）平板式计算机

图 1-3　各种微型机

（5）图形工作站。图形工作站是以个人计算环境和分布式网络环境为前提的高性能计算机，通常配有高分辨率的大屏幕显示器及容量很大的内存储器和外部存储器，并且具有较强的信息处理功能和高性能的图形、图像处理功能以及联网功能，主要应用在专业的图形处理和影视创作等领域。

现代的计算机技术，在以摩尔定律（其内容为：当价格不变时，集成电路上可容纳的晶体管数目，约每隔 18 个月便会增加一倍，性能也将提升一倍）发展，移动办公已经成为一种重要的现代化办公方式。

3. 计算机的应用

（1）科学计算（或数值计算）。利用计算机的高速计算、大存储容量和连续运算的能力，可以实现人工无法解决的各种科学计算问题。例如，人造卫星轨迹的计算，航天飞机、原子反应堆、火箭、宇航飞机的研究设计以及天气预报等都需要精确计算。

（2）数据处理。数据处理是指对各种数据进行收集、存储、整理、分类、统计、加工、利用、传播等一系列活动的统称。据统计，80% 以上的计算机主要用于数据处理，并且广泛应用于各行各业。多媒体技术使信息展现在人们面前时变得声情并茂。

（3）过程控制（或实时控制）。过程控制是利用计算机及时采集检测数据，按最优值迅速地对控制对象进行自动调节或自动控制。例如，在汽车工业方面，利用计算机控制机床、控制整个装配流水线，不仅可以实现精度要求高、形状复杂的零件加工自动化，而且可以使整个车间或工厂实现自动化。

（4）计算机辅助技术。计算机辅助技术包括 CAD、CAM 和 CAI 等。

计算机辅助设计（Computer Aided Design，CAD）是利用计算机系统辅助设计人员进行

工程或产品设计，以实现最佳设计效果的一种技术。例如，在建筑设计过程中，可以利用
CAD 技术进行力学计算、结构计算、绘制建筑图纸等。计算机辅助制造（Computer Aided
Manufacturing，CAM）是利用计算机系统进行生产设备的管理、控制和操作的过程。例如，
在产品的制造过程中，用计算机控制机器的运行，处理生产过程中所需的数据，控制和处
理材料的流动以及对产品进行检测等。计算机辅助教学（Computer Aided Instruction，CAI）
是利用计算机系统使用课件进行教学，它可以交互教育、个别指导和因人施教。

（5）网络与通信工程。作为信息高速公路雏形的互联网已在全球各行业得以广泛应用，
人们可以通过互联网络传递信息、查询信息和发表信息。

（6）人工智能（或智能模拟）。人工智能（Artificial Intelligence，AI）是计算机模拟人
类的智能活动，诸如感知、判断、理解、学习、问题求解和图像识别等。例如，能模拟高
水平医学专家进行疾病诊疗的专家系统，具有一定思维能力的智能机器人等。

除上述各种应用外，计算机还在文化娱乐和虚拟现实等方面都有着广泛的应用，人们
利用计算机可以欣赏电影、观看电视、玩游戏及进行家庭文化教育等。

1.1.3　我国计算机技术的发展及现状

我国从 1956 年开始对计算机进行研制，经历了一个艰苦却飞速发展的过程。

1958 年，中科院计算所研制成功我国第一台小型电子管通用计算机 103 机（八一型），
标志着我国第一台电子计算机的诞生。

1965 年，中科院计算所研制成功第一台大型晶体管计算机 109 乙机，之后推出 109 丙
机，该机在两弹试验中发挥了重要作用。

1983 年，国防科技大学研制成功运算速度每秒上亿次的银河-I 巨型机，这是我国高速
计算机研制的一个重要里程碑。

1992 年，国防科技大学研究出银河-II 通用并行巨型机，峰值速度达每秒 4 亿次浮点运
算（相当于每秒 10 亿次基本运算操作），为共享主存储器的四处理机向量机，其向量中央
处理机是采用中小规模集成电路自行设计的，总体上达到 20 世纪 80 年代中后期国际先进
水平。它主要用于中期天气预报。

1993 年，国家智能计算机研究开发中心（后成立北京市曙光计算机公司）研制成功曙
光一号全对称共享存储多处理机，这是国内首次以基于超大规模集成电路的通用微处理器
芯片和标准 UNIX 操作系统设计开发的并行计算机。

1995 年，曙光公司又推出了国内第一台具有大规模并行处理机（MPP）结构的并行机
曙光 1000（含 36 个处理机），峰值速度每秒 25 亿次浮点运算，实际运算速度上了每秒 10
亿次浮点运算这一高性能台阶。曙光 1000 与美国 Intel 公司 1990 年推出的大规模并行机体
系结构与实现技术相近，与国外的差距缩小到 5 年左右。

1997 年，国防科大研制成功银河-III 百亿次并行巨型计算机系统，采用可扩展分布共
享存储并行处理体系结构，由 130 多个处理结点组成，峰值性能为每秒 130 亿次浮点运算，
系统综合技术达到 20 世纪 90 年代中期国际先进水平。

1999 年，国家并行计算机工程技术研究中心研制的神威 I 计算机通过了国家级验收，并在

国家气象中心投入运行。系统有 384 个运算处理单元，峰值运算速度达每秒 3 840 亿次。

2001 年，中科院计算所研制成功我国第一款通用 CPU——"龙芯"芯片。

2002 年，曙光公司推出完全自主知识产权的"龙腾"服务器，龙腾服务器采用了"龙芯-1"CPU，采用了曙光公司和中科院计算所联合研发的服务器专用主板，采用曙光 Linux 操作系统，该服务器是国内第一台完全实现自有产权的产品，在国防、安全等部门将发挥重大作用。

2003 年，百万亿次数据处理超级服务器曙光 4000L 通过国家验收，再一次刷新国产超级服务器的历史纪录，使得国产高性能产业再上新台阶。

2005 年 4 月，我国首款 64 位通用高性能微处理器龙芯 2 号正式发布，最高频率为 500 MHz，功率仅为 3～5 W，达到 PentiumⅢ 的水平。

2014 年 11 月 16 日，TOP 500 组织在美国公布，"天河二号"超级计算机以每秒 33.86 千万亿次的运算速度连续称雄。而 2016 年 6 月发布的国产"神威·太湖之光"成为当时是世界上运算速度最快的超级计算机，首获戈登贝尔奖。

2018 年 6 月 25 日，美国 IBM 研发的一款超级计算机 Summit 交付美国橡树岭国家实验室，并宣布其浮点运算速度峰值达到每秒 20 亿亿次（200PFlops），成为当时世界上运算速度最快的计算机。

除了在超级计算机领域，我国的微机生产近几年基本与世界水平同步，诞生了联想、长城、方正、同创、同方、浪潮等一批国产微机品牌，在智能机、网络、人工智能、大数据处理等技术上，都在飞速发展着。

1.1.4 智能手机及未来计算机的发展方向

1. 智能手机

智能手机作为一种新型的大众化计算机产品，功能越来越多，性能越来越强大，应用领域越来越广泛，已成为人们生活中不可或缺的重要移动计算机终端。智能手机使用最多的操作系统有 Windows Phone、Android、iOS 和 BlackBerry OS，它们之间的应用软件互不兼容，但可以像个人计算机一样安装第三方软件，使功能不断扩充，如图 1-4 所示。

微课 1-3：智能手机

图 1-4　智能手机

1）智能手机的发展历程

1992 年，苹果公司推出了第一个掌上微机 Newton（牛顿），它具有日历、行程表、时钟、计算器、记事本、游戏等功能，但是没有手机的通信功能。1993 年，IBM 与 BellSouth 公司研制出手机 IBM Simon（西蒙），它集当时的手提电话、个人数字助理（PDA）、传呼机、传真机、日历、行程表、世界时钟、计算器、记事本、电子邮件、游戏等功能于一身。世界上第一部智能手机是摩托罗拉在 2000 年生产的名为天拓 A6188 的手机，它具有触摸屏的 PDA 手机，当时还是第一部中文手写识别输入的手机。A6188 采用了摩托罗拉公司自主研发的龙珠（Dragon ball EZ）16 MHz CPU，支持 WAP1.1 无线上网，采用了 PPSM（Personal Portable Systems Manager）操作系统。

2004 年上市的多款智能手机宣布了智能手机的崛起，摩托罗拉 A6188、爱立信 R380sc 和诺基亚 9110 开创了手机在智能方面应用的先河。2008 年 7 月，苹果公司推出了 iPhone 3G，从此智能手机的发展开启了新的时代，iPhone 成为引领业界的标杆产品。目前，全球智能手机用户总数已经突破了数十亿用户。我国智能手机华为、小米等品牌已经取得了较大的市场占有率。

2）智能手机主要特点

（1）无线接入互联网的能力。即需要支持 GSM 网络下的 GPRS 或者 CDMA 网络的 CDMA 1X 或 3G（wcdma、cdma-evdo、TD-scdma）网络，4G（HSPA+、FDD-LTE、TDD-LTE）网络，甚至 5G。

（2）具有 PDA 的功能。包括 PIM（个人信息管理）、日程记事、任务安排、多媒体应用、浏览网页等功能。

（3）具有开放性的操作系统。拥有独立的核心处理器（CPU）和内存，可以安装更多的应用程序，使智能手机的功能可以得到无限扩展。

（4）人性化。可以根据个人需要扩展机器功能。根据个人需要，实时扩展机器内置功能，以及软件升级，智能识别软件兼容性，实现了软件市场同步的人性化功能。

（5）功能强大。扩展性能强，第三方软件支持多。

3）智能手机的基本部件及操作系统

一部性能卓越的智能手机最为重要的肯定是它的"芯"，也就是 CPU，它是整台手机的控制中枢系统，也是逻辑部分的控制中心。当前主流手机处理器主要有 NVIDIATegra 2、高通、得州仪器、Samsung Exynos、Intel ATOM。它们采用主处理器（CPU）和从处理器（一般为专用芯片）双芯片或多芯片设计。主处理器用于运行操作系统和应用软件，从处理器主要完成语音信号的 A/D 转换、D/A 转换、数字语音信号的编码和解码等功能。智能手机中的从处理器一般采用 DSP（数字信号处理器）芯片设计。智能手机往往采用闪存芯片作为存储器（外存），并且允许用户通过手机的 SD（安全数字存储卡）等接口实现存储器的扩充。

智能手机的操作系统有谷歌公司开发的 Android（安卓）、苹果公司开发的 iOS、微软公司开发的 Windows Phone、Linux 联盟和英特尔等公司共同开发的 Tizen（泰泽）等。Android（安卓）智能手机操作系统由谷歌公司和开放手持设备联盟联合研发，因其开放性的源代码，大量智能手机生产商采用安卓操作系统。

4）主要功能

智能手机（Smart Phone）是指具有完整的硬件系统、独立的操作系统，用户可以自行安装第三方服务商提供的程序，并可以通过网络来实现无线网络接入的通信设备。智能手机既方便随身携带，又为第三方软件提供了性能强大的计算平台，因此是实现移动计算，普适计算的理想工具。很多信息服务可以在智能手机上展开，如个人信息管理（如日程安排、任务提醒等）、网页浏览、电子阅读、交通导航、程序下载、股票交易、移动支付、移动电视、视频播放、游戏娱乐等。智能手机是集通话、短信、网络接入、影视娱乐于一体的综合性个人手持终端设备，其强大的操作系统给人们带来更多、更强、更具个性的社交化服务。

5）主要技术

（1）GPS。全球定位系统是由美国国防部开发的，最早在 20 世纪 90 年代出现在手机中，它仍然是进行户外定位最知名的方法。GPS 通过卫星直接将位置和时间数据发到用户手机。

（2）Wi-Fi。Wi-Fi 技术有两种方法可以通过 Wi-Fi 来确定位置，最常见的方法是 RSSI（接收信号强度指示），利用用户手机从附近接入点检测到的信号，并反映到 Wi-Fi 网络数据库。使用信号强度来确定距离，RSSI 通过已知接入点的距离来确定用户距离。

（3）惯性传感器。如果你在一个没有无线网络的地方，惯性传感器仍然可以追踪你的位置。目前大多数智能手机配有三个惯性传感器：罗盘（或者磁力仪）来确定方向；加速度计来报告你朝那个方向前进的速度；陀螺仪来确定转向动作。这些传感器可以在没有外部数据的情况下确定你的位置，但是只能在有限时间内，例如几分钟内。就如你行驶到隧道时：如果你的手机知道你进入隧道前的位置，它就能够根据你的速度和方向来判断你的位置。

（4）气压计。在人行道或者街道上的室外导航要么是直行，要么是向左转或者向右转。但是对于室内，GPS 很难做出正确定位。确定高度的方法之一就是气压计，气压计利用了高度越高空气越稀薄的原理。气压计最好与其他工具结合使用，如 GPS、Wi-Fi 和短程系统。

（5）超声波。有时检测某人是否进入某一地区可以说明他们在做什么。这可以通过短距离无线系统来实现，如 RFID（射频识别）。

（6）蓝牙信号。使用通过蓝牙发出信号的信标在特定区域（如在零售商店内）可以实现非常精确的定位。这些比手机要小的信标每隔几米就放置一个，能够与所有装有 Bluetooth 的移动设备进行通信。

（7）地面传送器。人们试图将 GPS 带到地面米克服 GPS 的限制，将定位传送器安装在建筑物或基站塔上能提供比卫星更强的信号。Locata 可以提供非常精准的定位。

6）智能手机存在的问题

大部分智能手机采用开放式操作系统，因此容易受到非法程序的干扰而死机。其硬件资源有限，没有海量存储的硬盘，内存容量也不能与台式计算机相比，而且体积和重量受到了很大的限制。安装大量的各种应用软件后，手机的数据读/写速度会明显变慢。智能手机电池的续航时间也是衡量智能手机的一个重要指标，现在的智能手机因追求时尚轻薄，电路板都非常轻小，手机使用时间受限。另外，智能手机也面临着各种安全威胁。

2．未来计算机的发展方向

现代计算机的发展方向主要表现在两个方面：一是朝巨型化、微型化、网络化、智能化 4 个方向发展；二是朝着非冯·诺依曼结构模式发展。未来，我们会面对各种各样的计算机。

1）能识别自然语言的计算机

未来的计算机将在模式识别、语言处理、句式分析和语义分析的综合处理能力上获得重大突破。它可以识别孤立单词、连续单词、连续语言和特定或非特定对象的自然语言（包括口语），人类可直接同机器对话。

2）高速超导计算机

超导（Superconductor）计算机是由特殊性能的超导开关器件、超导存储器等元器件和电路制成的计算机。高速超导计算机的耗电仅为半导体器件计算机的几千分之一，它执行一条指令只需十亿分之一秒，比半导体元件快几十倍。

3）光子计算机

光子（Photon）计算机是一种由光信号进行数字运算、逻辑操作、信息存储和处理的新型计算机。据推测，未来光子计算机的运算速度可能比今天的超级计算机快 1 000 倍以上。

4）分子计算机

分子计算机正在酝酿。美国惠普公司和加州大学，1999 年 7 月 16 日宣布，已成功地研制出分子计算机中的逻辑门电路，其线宽只有几个原子直径之和。分子计算机的运算速度是目前计算机的 1 000 亿倍，最终将取代硅芯片计算机。

5）量子计算机

量子力学证明，个体光子通常不相互作用，但是当它们内部的原子聚在一起时，相互之间会产生强烈影响。光子的这种特性可用来发展量子力学效应的信息处理器件——光学量子逻辑门，进而制造量子计算机。量子计算机可以在量子位上计算，可以在 0 和 1 之间计算。

6）纳米计算机

纳米计算机指将纳米技术运用于计算机领域所研制出的一种新型计算机。只要在实验室里将设计好的分子合在一起，就可以造出芯片，几乎不需要耗费任何能源，而且其性能要比目前的计算机强大，运算速度将是使用硅芯片计算机的 1.5 万倍。

7）DNA 计算机

DNA 计算机的工作原理是以瞬间发生的化学反应为基础，通过和酶的相互作用，将发生过程进行分子编码，把二进制数翻译成遗传密码的片段，每一个片段就是著名的双螺旋的一个链，然后对问题以新的 DNA 编码形式加以解答。DNA 计算机的优点首先是体积小，但存储的信息量却超过现在世界上所有的计算机。

8）神经元计算机

人类神经网络的强大与神奇是人所共知的。神经元计算机最有前途的应用领域是国防，它可以识别物体和目标，处理复杂的雷达信号，决定要击毁的目标。神经元计算机的联想式信息存储，对学习的自然适应性、数据处理中的平行重复现象等性能都将异常有效。

在未来社会中，计算机、网络、通信技术将会三位一体化。

1.2　计算机系统组成及其工作原理

计算机系统的组成（Computer System Composition）指的是系统结构的逻辑实现，包括硬件（Hardware）系统和软件（Software）系统，以及内部数据流和控制流、硬件的逻辑设计等。

微课1-4：计算机系统组成及其工作原理

1.2.1　计算机系统的组成

一个完整的计算机系统包括硬件系统和软件系统两大部分，如图 1-5 所示。所谓硬件，是指构成计算机的物理设备，主要由控制器、运算器、存储器、输入设备和输出设备五大基本部件组成；所谓软件，是运行在硬件系统之上，管理、控制和维护计算机及其外围设备的各种程序、数据以及相关资料的程序总称。计算机系统的硬件和软件两者相辅相成，缺一不可。并且，它们之间是按一定的层次关系组织：最内层是硬件，其次是系统软件，最外层是应用软件。

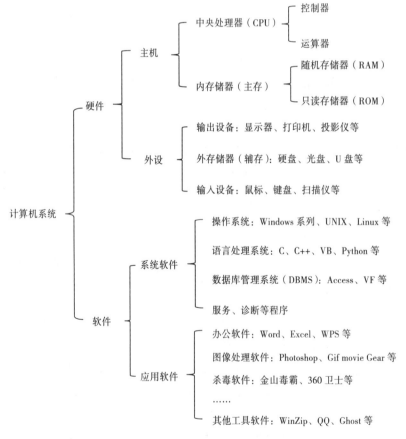

图 1-5　计算机系统的组成

通常，把不装备任何软件的计算机称为裸机，执行不了任何任务。普通用户所面对的一般都是在裸机之上配置若干软件之后所构成的计算机系统。计算机硬件是支撑软件工作的基础，没有足够的硬件支持，软件就无法正常工作。硬件的性能决定了软件的运行速度、显示效果等，而软件则决定了计算机可进行的工作种类。只有将这两者有效地结合起来，才能成为计算机系统。

1.2.2　计算机系统的工作原理

现代计算机是一个自动化的信息处理装置，它之所以能实现自动化信息处理，是由于采用了"存储程序控制"工作原理。这一原理是 1946 年由冯·诺依曼和他的同事们在一篇题为《关于电子计算机逻辑设计的初步讨论》的论文中提出并论证的。这一原理确立了现代计算机的基本组成和工作方式，其内容可以简单概括为以下 3 点：

（1）计算机由运算器、控制器、存储器、输入设备、输出设备五大部件组成，并规定了五大部件的基本功能。

（2）计算机内部的指令和数据一律采用二进制表示。

（3）采用"存储程序"方法，由程序控制计算机按顺序从一条指令到另一条指令，自动完成规定的任务。

"存储程序"概念被誉为计算机史上的一个里程碑。人们把按照"存储程序"思想设计制造出来的计算机称为冯·诺依曼体系结构计算机。冯·诺依曼体系结构计算机是以存储器为中心，在控制器控制下，输入装置将数据和程序经运算送入存储器，程序运行的结果再由存储器传输给输出装置，如图 1-6 所示。

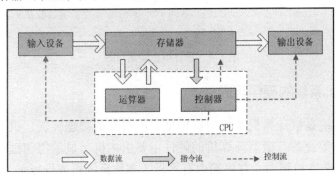

图 1-6　冯·诺依曼体系结构

计算机是根据计算机指令来工作的。计算机指令就是指挥机器工作的指示和命令，程序就是一系列按一定顺序排列的指令，执行程序的过程就是计算机的工作过程。一台计算机所能执行的各种不同指令的全体，称为计算机的指令系统，每一台计算机均有自己特定的指令系统，其指令内容和格式有所不同。通常一条指令包括两方面的内容：操作码和操作数，操作码决定要完成的操作，操作数指参加运算的数据及其所在的单元地址。

1.3　微型计算机系统

微机是 20 世纪最重要的科技成果之一，它是一种能自动、高速、精确地处理信息的现代化电子设备。微型计算机又称个人计算机（Personal Computer，PC），微型计算机系统简称"微机系统"，是由微型计算机、显示器、输入输出设备、电源及控制面板等组成的计算机系统，配有操作系统、高级语言和多种工具性软件等。

1.3.1 微型计算机的系统结构

微型计算机在结构形式上采用总线结构，其结构示意图如图 1-7 所示。由图可以看出，微机硬件系统由 CPU、内存、外存、I/O 设备组成。其中，核心部件 CPU 通过总线连接内存构成微型计算机的主机。主机通过接口电路配上 I/O 设备就构成了微机系统的基本硬件结构。通常它们按照一定的方式连接在主板上，通过总线交换信息。

所谓总线就是系统部件之间传送信息的公共通道，各部件由总线连接并通过它传递数据和控制信号。系统总线从功能上又可分为数据总线（Data Bus，DB）、地址总线（Address Bus，AB）、控制总线（Control Bus，CB）。总线可以单向传传输数据，也可以双向传输数据，并能在多个设备之间选择出唯一的源地址和目的地址。早期的微型计算机是采用单总线结构，当前较先进的微型计算机采用面向 CPU 或面向主存的双总线结构。

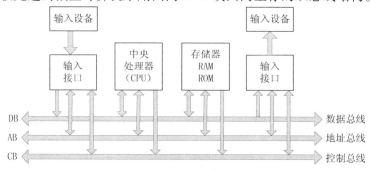

图 1-7　计算机总线结构图

1.3.2 微型计算机系统的硬件组成

计算机硬件系统是指计算机系统中看得见、摸得着的物理装置、机械器件及电子线路等设备。微型计算机的硬件主要由主机、显示器和键盘等构成，主机安装在机箱内，在机箱内有主板（亦称系统板或母板）、硬盘驱动器、CD-ROM 驱动器、电源以及显示适配器（显示卡）等。

微课 1-5：微机硬件系统

1. 主板

主板是计算机主机箱内最大的一块集成电路板，它的性能影响着整个计算机的性能。一块好的主板，也是 CPU、内存、硬盘等硬件可以高效工作的保证。

主板结构就是根据主板上各元器件的布局排列方式、尺寸大小、形状、所使用的电源规格等制定出的通用标准，所有主板厂商都必须遵循。ATX 是目前市场上最常见的主板结构，该结构规范是 Intel 公司提出的一种主板标准，考虑主板上 CPU、RAM、长短卡的位置而设计出来的，其中将 CPU、外接槽、RAM、电源插头的位置固定，同时，配合 ATX 的机箱和电源，就能在理论上解决硬件散热的问题，为安装、扩展硬件提供了方便。ATX 主板的物理结构如图 1-8 所示。

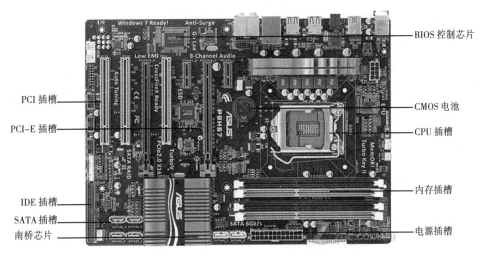

图 1-8 华硕 P8H67 型 ATX 主板

主板主要由以下几个部分组成：主板芯片组、CPU 插槽、内存插槽、高速缓存局域总线和扩展总线硬盘、串口、并口等外设接口时钟和 CMOS 主板 BIOS 控制芯片。

（1）主板芯片组。传统芯片组（Chipset）是主板的核心组成部分，按照在主板上排列位置的不同，通常分为北桥芯片和南桥芯片，其中北桥芯片是主桥，其一般可以和不同的南桥芯片进行搭配使用以实现不同的功能与性能。北桥芯片一般提供对 CPU 的类型和主频、内存的类型和最大容量、PCI/ PCI-E 插槽、ECC 纠错等支持，通常在主板上靠近 CPU 插槽的位置，由于此类芯片的发热量一般较高，所以在此芯片上装有散热片。南桥芯片主要用来与 I/O 设备相连，并负责管理中断及 DMA 通道，让设备工作得更顺畅，其提供对 KBC（键盘控制器）、RTC（实时时钟控制器）、USB（通用串行总线）、Ultra DMA EIDE、SATA 数据传输方式和 ACPI（高级能源管理）等的支持，在靠近 PCI 槽的位置。目前，新型主板大都只有南桥芯片，北桥芯片主要功能已集成到 CPU 内部。

（2）CPU 插座。CPU 插座就是主板上安装处理器的地方，现在的 CPU 插座基本上采用零插槽式设计。

（3）内存插槽。内存插槽是主板上用来安装内存的地方。目前常见的内存插槽为 DDR2、DDR3 内存插槽。不同的内存插槽的引脚、电压、性能功能都是不尽相同的，在不同的内存插槽上不能互换使用。

（4）PCI 插槽。PCI（Peripheral Component Interconnect）总线插槽是由 Intel 公司推出的一种局部总线。它定义了 32 位数据总线，且可扩展为 64 位。它为显卡、声卡、网卡、电视卡、Modem 等设备提供了连接接口，它的基本工作频率为 33 MHz，最大传输速率可达132 MB/s。

（5）PCI-E 插槽。又称 PCI-Express 插槽，是最新的总线和接口标准。它的主要优势是数据传输速率高，目前最高可达到 10 GB/s 以上，而且还有相当大的发展潜力。

（6）ATA 和 SATA 接口。ATA 接口也称 IDE 接口，是用来连接硬盘和光驱等设备的。传统的 IDE 接口采用并行方式传送数据，一次可传输 4 个字节。Serial ATA 即串行 ATA 插槽，以连续串行的方式传送数据，一次只会传送 1 位数据，这样能减少 SATA 接口的针脚数目，使连接电缆数目变少，效率也会更高。

（7）电源插口及主板供电部分。电源插座标准为 ATX 结构，主要有 20 针插座和 24 针插座两种，有的主板上同时兼容这两种插座。在电源插座附近一般还有主板的供电及稳压电路。

（8）BIOS 及电池。BIOS（Basic Input/Output System，基本输入输出系统）是一块装入了启动和自检程序的 EPROM 或 EEPROM 集成块。实际上它是被固化在计算机 ROM（只读存储器）芯片上的一组程序，为计算机提供最低级的、最直接的硬件控制与支持。

（9）机箱前置面板接头。机箱前置面板接头是主板用来连接机箱上的电源开关、系统复位、硬盘电源指示灯等排线的地方。

（10）外部接口。ATX 主板的外部接口都是统一集成在主板后半部的。现在的主板一般都符合 PC99 规范，也就是用不同的颜色表示不同的接口，以免接错。

2．中央处理器

中央处理器（CPU）是计算机的重要部件，如图 1-9 所示，它包含运算器和控制器两大部分。其中，运算器主要完成各种算术运算和逻辑运算，由进行运算的运算器及暂时存放数据的寄存器、累加器等组成。控制器是计算机的"指挥控制中心"，用来协调和指挥整个计算机系统的操作，它本身不具有运算能力，而是通过读取各种指令，并对其进行翻译、分析，而后对各部件做出相应的控制，它主要由指令寄存器、译码器、程序计数器以及操作控制器等组成。

图 1-9　CPU 的正反面

目前生产 CPU 的主要公司有 Intel 和 AMD。CPU 在计算机中的地位类似于人的心脏，CPU 品质的高低直接决定了一个计算机系统的档次。反映 CPU 品质的最重要的指标是主频与字长。主频说明了 CPU 的工作速度，一般来说，主频越高，一个时钟周期中 CPU 完成的指令数就越多，CPU 的运算速度也就越快；字长是指 CPU 能够同时处理的二进制数据的位数。人们通常所说的 8 位机、16 位机、32 位机和 64 位机就是指 CPU 可以同时处理 8 位、16 位、32 位和 64 位的二进制数据。

3．主存储器

主存储器又称内存储器（简称内存），如图 1-10 所示。它用来存放处理程序和处理程序所必需的原始数据、中间结果及最后结果。内存直接和 CPU 交换信息，又称为主存，由半导体存储器构成。内存按功能可分为只读存储器、随机存储器和高速缓冲存储器三种。在选择内存条时需主要考虑内存的速度、容量、奇偶校验等性能指标。

图 1-10　内存条

1）只读存储器（ROM）

ROM（Read Only Memory）内的信息一旦被写入就固定不变，只能被读出不能被改写，即使断电也不会丢失，因此 ROM 中常保存一些长久不变的信息。例如，IBM-PC 类计算机，就是由厂家将磁盘引导程序、自检程序和 I/O 驱动程序等常用的程序和信息写入 ROM 中避免丢失和破坏。

2）随机存取存储器（RAM）

RAM（Random Access Memory）是一种通过指令可以随机存取存储器内任意单元的存储器，又称读写存储器。RAM 中存储的是正在运行的程序和数据。RAM 的容量越大，机器性能越好，目前常用内存容量为 128 MB、256 MB。值得注意的是，RAM 只是临时存储信息，一旦断电，RAM 中的程序和数据会全部丢失。

计算机存储器中最小的存储单位是比特（bit），1 比特也就是一个二进制位。字节（byte）是信息存储中最常用的基本单位，一个字节由 8 个比特组成（1 byte = 8 bit），常用的单位及换算关系如下：

$$1 \text{ byte} = 8 \text{ bit}$$
$$1 \text{ KB} = 1 \ 024 \text{ B}$$
$$1 \text{ MB} = 1 \ 024 \text{ KB}$$
$$1 \text{ GB} = 1 \ 024 \text{ MB}$$
$$1 \text{ TB} = 1 \ 024 \text{ GB}$$
$$1 \text{ PB} = 1 \ 024 \text{ TB}$$
$$1 \text{ EB} = 1 \ 024 \text{ PB}$$

3）CMOS 存储器

除了 ROM 之外，在计算机中还有一个称为 CMOS 的"小内存"，它保存着计算机当前的配置信息，如日期和时间、硬盘格式和容量、内存容量等。这些也是计算机调入操作系统之前必须知道的信息。当计算机系统设置发生变化时，可以在启动计算机时按【Del】键进入 CMOS Setup 程序来修改其中的信息，这就是 CMOS 存储器的功能。

4）高速缓冲存储器（Cache）

Cache 用来缓解 CPU 的高速度和 RAM 的低速度之间的矛盾，有一级缓存和二级缓存之分。Cache 的访问速度是 RAM 的 10 倍，但制作成本高，价格昂贵，故容量一般较小，一般为 256 KB～2 MB。值得注意的是，Cache 的容量并不是越大越好。

5）虚拟存储器

任何一个程序都要调入内存才能执行，为了能够运行更大的程序，同时运行多道程序，就需要配置较大的内存，或对已有的计算机扩大内存。然而，内存的扩充终归有限，目前广泛采用的是"虚拟存储技术"，它可以通过软件方法，将内存和一部分外存空间构成一个整体，为用户提供一个比实际物理存储器大得多的存储器，这称为"虚拟存储器"。

4．输入/输出接口

输入/输出（I/O）接口是主机输入/输出交换信息的通道，连接输入设备的接口为输入接口，连接输出设备的接口为输出接口，I/O接口一般在主机的背后。常用的接口有显示器接口、键盘接口、串行口 COM1、COM2（连接鼠标器）以及并行口 LPT1、LPT2（连接打印机）等。用户还可以根据自己的需要，在主板的总线插座上插上自己需要的功能卡，连接自己选配的输入/输出设备。

5．辅助存储器

在一个计算机系统中，除了有内存外，一般还有辅助存储器（外存），用于存储暂时不用的程序和数据。目前，常用的外存有硬盘、光盘以及体积小、容量大、便于移动携带的 U 盘。

1）硬盘存储器

硬盘是微机主要的存储媒介，作为外存储器的一种。与内存存储器相比，外部存储器的特点是存储量大、价格较低，而且在断电的情况下也可以长期保存信息，所以又称永久性存储器，如图 1-11 所示。硬盘的磁盘驱动器和盘片都是固定在机箱内的，外面是看不到的，它的存储容量很大，计算机硬盘的技术发展也非常快，若干年前硬盘容量还多为几十兆、几百兆，现在的机器配的硬盘容量一般都是上千 GB，而 1 024 GB 即 1 TB，因此，现代硬盘容量几乎都以 TB 为单位。在计算机系统中，硬盘驱动器的符号用一个英文字母表示，也称盘符，如果只有一个硬盘，一般称为 C 盘，或者将一个硬盘分成两个逻辑区域，称为C 盘和 D 盘。

（a）正面

（b）背面

图 1-11　硬盘

2）光盘和光驱

光驱用来读/写光盘内容，是微机中比较常见的一个配件。常用光驱分为以下几类：

（1）CD-ROM 光驱：又称致密盘只读存储器，是一种只读的光存储介质。它是利用原本用于音频 CD 的 CD-DA（Digital Audio）格式发展起来的。

（2）DVD 光驱：是一种可以读取 DVD 碟片的光驱，除了兼容 DVD-ROM、DVD-VIDEO、DVD-R、CD-ROM 等常见的格式外，对于 CD-R/RW、CD-I、VIDEO-CD、CD-G 等都有很好的支持。

（3）COMBO 光驱：是一种集合了 CD 刻录、CD-ROM 和 DVD-ROM 为一体的多功能光存储产品。

（4）刻录光驱：包括 CD-R、CD-RW 和 DVD 刻录机等，其中 DVD 刻录机又分 DVD+R、DVD-R、DVD+RW、DVD-RAM 和 DVD-RW（W 代表可反复擦写），如图 1-12 所示。刻录机的外观和普通光驱相似，只是其前置面板上通常都清楚地标识着写入、复写和读取三种速度。

光盘指的是利用光学方式进行读/写信息的圆盘（见图 1-13）。计算机系统中所使用的光盘存储器是在激光视频唱片（又称电视光盘）和数字音频唱片（又称激光唱片）的基础上发展起来的。用激光在某种介质上写入信息，然后再利用激光读出信息的技术称为光存储技术。常用光盘存储器分为以下几类：

图 1-12　DVD-RW 刻录光驱

图 1-13　光盘

（1）CD 光盘存储器。CD 光盘包含以下几种类型：

① 只读式光盘存储器 CD-ROM。

② 一次写光盘存储器 CD-R。

③ 可擦写光盘存储器 CD-RW。

（2）DVD 光盘存储器。DVD 英文全名是 Digital Video Disk，即数字视频光盘或数字影盘，它利用 MPEG2 的压缩技术来存储影像。它的用途非常广泛，包括以下五种规格：

① DVD - ROM：计算机软件只读光盘，用途类似 CD - ROM。

② DVD - Video：家用的影音光盘，用途类似 LD 或 Video CD。

③ DVD - Audio：音乐盘片，用途类似音乐 CD。

④ DVD - R（或称 DVD - Write - Once）：限写一次的 DVD，用途类似 CD - R。

⑤ DVD - RW（或称 DVD - Rewritable）：可多次读/写光盘。

（3）蓝光光盘存储器（Blue-ray Disc）。Blue-ray Disc 是一种革命性光学存储技术，可用于 PC 产品、消费性电子产品及游戏机。它可以录制、重复写入及播放高画质的影片，亦可以存储大容量的数位资料，一部高解析度的电影只需一片 25 GB 的蓝光片即可储存。Blu-ray Disc 提供了更大的容量来容纳超高的画质与音质。蓝光播放器如图 1-14 所示。

图 1-14　LG BD-390 蓝光播放器

3）移动存储设备

随着通用串行总线（USB）在 PC 上盛行，借助 USB 接口，移动存储产品已经逐步成为存储设备的主要成员，并作为随身携带的存储设备广泛使用，如图 1-15 所示。

（a）U盘　　　　　　　　　（b）移动硬盘　　　　　　　　　（c）存储卡

图 1-15　移动存储设备

（1）USB 闪存盘。闪存盘利用闪存（Flash Memory）技术在断电后还能保持存储数据信息的原理制成，具有重量轻且体积小，读/写速度快，不易损坏，采用 USB 接口与计算机连接，即插即用等特点，能实现在不同计算机之间进行文件交换，已经成为移动存储器的主流产品。闪存盘的存储容量一般有几十 GB，甚至上百 GB。

（2）移动硬盘。它可以在任何不同硬件平台上使用，容量在几百 GB 甚至达到 TB 级别，具有体积小、重量轻、极强的抗震性、携带非常方便等优点。

（3）存储卡。目前，大部分的数码照相机或手机均采用存储卡作为存储设备，将数据保存在存储卡中，可以方便地与计算机进行数据交换。

6．输入/输出设备

1）输入设备

微型计算机常用的输入设备有键盘、鼠标、扫描仪等，一些数码设备也可成为输入设备。

（1）键盘。键盘是用户接触最多的计算机硬件，通常计算机用户大多只注重其外观和手感，但除此之外，选购键盘时还应注意键盘的接口、做工等要素。

目前主流键盘按其功能与用途的不同，大致可以划分为标准键盘、人体工程学键盘和多媒体键盘三种。

① 标准键盘。常见的标准键盘的按键包括 104 和 107 键。104 键键盘如图 1-16（a）所示；107 键键盘比 104 键键盘多了睡眠、唤醒和开机等电源管理键。

② 人体工程学键盘。这是严格参照人体结构学中手部水平放置时的最佳角度来设计的一种键盘。人体工程学键盘是把普通键盘分成两部分，并呈一定角度展开，以适应人手的角度，输入者不必弯曲手腕，同样可以有效地减少腕部疲劳，如图 1-16（b）所示。

（a）标准 104 键键盘　　　　　　　　　　　　（b）人体工程学键盘

图 1-16　键盘

③ 多媒体键盘。它在标准键盘的基础上增加了播放、快进和后退等功能按键，为喜欢看电影和听音乐的用户提供了方便，并且还有一键上网、快速拨号等扩展功能。

（2）鼠标。根据工作原理的不同鼠标主要有机械式鼠标和光电式鼠标两种，不过随着技术的发展，机械式鼠标已经被光电式鼠标淘汰，当前使用的基本上是光电式鼠标。根据使用形式鼠标分为有线鼠标和无线鼠标两种。图 1-17 所示为常用的光电式鼠标和无线鼠标。

（a）光电式鼠标　　　　　　　　　　　　（b）无线鼠标

图 1-17　鼠标

在选择光电式鼠标时，应注意以下几点：

① 鼠标的功能。

② 鼠标分辨率。

③ 鼠标的按键点按次数。

④ 鼠标的接口类型。

（3）其他输入设备。常见输入设备除了鼠标键盘外还有诸如文字输入设备：磁卡阅读机、条形码阅读机、纸带阅读机、卡片阅读机等； 图形输入设备：光笔、数字化仪、触摸屏等；图像输入设备：扫描仪、数码照相机、摄像头等，如图 1-18 所示。

（a）激光扫码器　　　　（b）扫描仪　　　　（c）触摸屏　　　　（d）数码照相机　　　　（e）摄像头

图 1-18　各种输入设备

2）输出设备

输出设备的功能是将计算机的处理结果转换为人们所能接受的形式并输出。常用的输出设备有显示器、打印机、绘图仪、影像输出系统和语音输出系统等。磁盘驱动器既是输入设备，又是输出设备。

（1）显示器。显示器是微机最基本的输出设备，计算机中的数据经过处理后需要在显示器中显示，用户才能查看结果，主要有：

① CRT 显示器。CRT 显示器是一种使用阴极射线管（Cathode Ray Tube）的显示器，它主要由电子枪（Electron Gun）、偏转线圈（Deflection Coils）、荫罩（Shadow Mask）、高压石墨电极、荧光粉涂层（Phosphor）和玻璃外壳几部分组成。

② LCD 液晶显示器。LCD（Liquid Crystal Display）显示器又称液晶显示器，它一种是采用了液晶控制透光度技术来实现色彩的显示器，如图 1-19 所示。

③ 多媒体显示器：人们将家电生产技术融进显示器生产领域，生产出了多媒体显示器。最先推出这一产品的是西湖电子集团，它在彩显上配置了一台电视转换接收器，即可看电视听广播，又可接 DVD。

图 1-19　LCD 液晶显示器

④ 投影机。LCD 投影机是液晶显示技术与投影技术相结合的产物，它利用液晶的电光效应，用液晶板作为光的控制层来实现投影。

显示器的性能指标有如下几项：

① 分辨率。

② 刷新率。

③ 防眩光防反射。

④ 亮度、对比度。

⑤ 响应时间。

（2）打印机。打印机是微型计算机系统中常用的设备之一。利用打印机可以打印出各种信息，如文书、图形、图像等。根据打印机工作原理，可以将打印机分为三类：针式打印机、喷墨打印机和激光打印机。

（3）其他输出设备。常用的输出设备还有绘图仪、音箱、数据投影仪等，如图 1-20 所示。

（a）绘图仪　　　　　　　　（b）音箱　　　　　　　　（c）投影仪

图 1-20　其他各种输出设备

1.3.3　微型计算机系统的软件组成

计算机如果只有硬件而没有软件，那就只是一台裸机，配备上软件的计算机才成为完整的计算机系统。使用不同的软件，计算机可以完成各种不同的工作。针对某一需要而为计算机编制的指令序列称为程序。微型计算机系统的软件分为两大类，即系统软件和应用软件。

微课 1-6：微机软件系统

1. 系统软件

系统软件是指由计算机生产厂或第三方为管理计算机系统的硬件和支持应用软件运行而提供的基本软件，最常用的有操作系统、程序设计语言、数据库管理系统、联网及通信软件等。

1）操作系统

操作系统（Operating System，OS）是微机最基本、最重要的系统软件。为了使计算机系统的所有资源（包括中央处理器、存储器、各种外围设备及各种软件）协调一致，有条不紊地工作，就必须有一个软件进行统一管理和统一调度，这种软件称为操作系统。它的功能就是管理计算机系统的全部硬件资源、软件资源及数据资源，它大致包括五个管理功能：进程与处理机调度、作业管理、存储管理、设备管理、文件管理。目前在微型计算机上常见的操作系统有 DOS、UNIX、Xenix、Linux、NetWare、Windows Server、Windows 7/8/10 等。

2）语言处理程序

计算机语言分为机器语言、汇编语言和高级语言。机器语言的运算效率是所有语言中最高的；汇编语言是面向机器的语言；高级语言不能直接控制计算机的各种操作，编译程序产生的目标程序往往比较庞大、程序难以优化，所以运行速度较慢。

计算机硬件只能识别机器指令，执行机器指令，汇编语言和高级语言是不能直接执行的。用汇编语言或高级语言编写的程序称为源程序，变换后得到的机器语言程序称为目标程序，用于翻译的程序称为汇编程序（汇编系统）。计算机将源程序翻译成机器指令时，通常分两种翻译方式，一种为"编译"方式，另一种为"解释"方式。

3）数据库管理系统

数据库管理系统（Database Management System，DBMS）是安装在操作系统之上的一种对数据进行统一管理的系统软件，主要用于建立、使用和维护数据库。微机上比较著名的数据库管理系统有 Access、Oracle、SQL server、Sybase 等。数据库系统通常由硬件、操作系统、数据库管理系统、数据库及应用程序组成。数据库是按一定的方式组织起来的数据的集合，它具有数据冗余度小、可共享等特点。

4）服务、诊断等程序

服务、诊断程序也称工具软件，它是协助用户进行软件开发或硬件维护的软件，如编辑程序、连接装配程序、纠错程序、诊断程序等。

2．应用软件

应用软件是指除了系统软件以外，利用计算机为解决某类问题而设计的程序的集合，主要包括信息管理软件、辅助设计软件、实时控制软件等。

（1）办公软件。常用的办公软件主要有微软开发的 Office 办公软件，包含 Word 文字处理软件、电子表格 Excel、演示文稿 PowerPoint 和数据库管理系统 Access 等组件；还有金山 WPS 系列。

（2）图像处理软件。图像处理软件是用于处理图像信息的各种应用软件的总称，专业的图像处理软件有 Adobe 的 Photoshop 系列；基于应用的处理管理、处理软件 Picasa 等，还有国内很实用的大众型软件彩影，非主流软件有美图秀秀，动态图片处理软件有 Ulead GIF Animator、Gif movie Gear 等。

（3）媒体播放软件。又称媒体播放器、媒体播放机。通常是指计算机中用来播放多媒体的播放软件，如 Power DVD、Real player、Windows Media Player、暴风影音等。

（4）视频编辑软件。视频编辑软件是对视频源进行非线性编辑的软件，软件通过对加入的图片、背景音乐、特效、场景等素材与视频进行重混合，对视频源进行切割、合并，通过二次编码，生成具有不同表现力的新视频。常见的视频编辑软件有 Adobe Premiere、Media Studio Pro、Video Studio 等。

（5）防火墙和杀毒软件。杀毒软件也称反病毒软件或防毒软件，是用于消除计算机病毒、特洛伊木马和恶意软件的一类软件。常见杀毒软件有金山毒霸、卡巴斯基、江民、瑞星、诺顿 360 安全卫士等。

（6）信息管理软件。信息管理软件用于对信息进行输入、存储、修改、检索等，如工资管理软件、人事管理软件、仓库管理软件等。

（7）实时控制软件。实时控制软件用于随时获取生产装置、飞行器等的运行状态信息，并以此为依据按预定的方案对其实施自动或半自动控制。

（8）其他工具软件。其他常用的工具软件有压缩/解压缩工具、下载工具、数据备份与恢复工具、网络聊天工具等，如 WinRar、WinZip、Ghost、Thunder、QQ 等。

1.3.4 微型计算机系统的主要性能指标

计算机硬件系统和软件系统是相辅相成、互为依赖的，缺一不可。在选用计算机时应合理配置计算机系统的软、硬件资源。衡量一个计算机系统性能的主要技术指标有以下几个：

微课 1-7：微机的主要性能指标

1. 字长

字长是指计算机中参与运算的二进制位数，它决定计算机内寄存器、运算器和总线的位数，对计算机的运算速度、计算精度有重要影响。计算机的字长主要有 8 位、16 位、32 位和 64 位几种。目前使用最广泛的计算机系统的字长是 32 位或 64 位。

2. 运算速度及时钟频率（主频）

计算机的运算速度（平均运算速度）是指单位时间（秒）内平均执行的指令条数。一般用百万次/秒（MIPS）来描述。时钟频率是指 CPU 在单位时间（秒）内发出的脉冲数。通常，时钟频率以兆赫（MHz）或吉赫（GHz）为单位。Pentium Ⅲ 档次的计算机主频为 800 MHz 以上，Pentium 4 档次的计算机主频为 1 GHz 以上，Core 计算机的主频大多在 2 GHz 以上。主频越高运算速度越快。

3. 存储容量及存储周期

计算机存储容量包括内存容量和外存容量，主要指内存容量的大小。存储器完成一次读/写操作所需要的时间称为存储器的存取时间或访问时间。连续完成两次读/写操作所需要的最短时间称为存储周期。存储器存取时间越快，存储周期越短，系统性能越好。

4. 可靠性、可维护性及扩展能力

计算机的可靠性以平均无故障时间（MTBF）表示，MTBF 越大系统性能越好；计算机的可维护性以平均修复时间（MTTTR）表示，MTTR 越小系统性能越好；扩展能力主要指计算机系统配置各种外设的可能性和适应性。如一台计算机允许配接多少种外设，对计算机的功能有重大影响。

5．软件配置情况及性价比

软件是计算机系统不可缺少的重要组成部分。一台计算机软件是否配置齐全，是关系计算机性能的重要标志。另外，计算机的性价比也是人们考虑的一个重要因素。

一个计算机系统是硬件和软件相结合的统一整体。用户应当根据自己的需要和应用场合来配置微机系统硬、软件的种类和数量。确定微机系统配置的基本原则是满足使用者的要求，并兼顾近期发展的扩展需要。

1.4　计算机中数据的表示及编码

在计算机内部只能识别"0"和"1"两个二进制形式的数据，所以各种信息都必须转换成二进制形式，即信息要编码后才能被计算机传送、存储和处理。数据有数值、文本、声音、图形、图像、声音或视频等各种形式，不同的数据形式，其编码方式也不同。

1.4.1　进位计数制及其相互转换

进位计数制也称数制或进制，是指用一组数字符号和统一的规则来表示数值的方法。日常生活中人们使用最多的是十进制，但还有许多其他数制，如表示时间的 12 小时制即十二进制，表示星期数的 7 天制即七进制，表示月份的 12 月份制即十二进制等。在计算机编程时常用到的有十进制、八进制和十六进制，但它们最终都要转换成二进制数才能真正地被计算机处理。

微课 1-8：进位计数制及其转换

1．进位计数制

不同的进位计数制所拥有的数码符号的个数是不同的，这个数就称为基数，常用 R 表示，并称其为 R 数制，其数码符号是 0，1，2，…，$R-1$。如日常生活中常用的十进制数，就是 $R=10$，即数码符号 0，1，2，…，9；如取 $R=2$，则为二进制数，数码符号为 0 和 1。

不管是什么数制，所有的数据都可以"按位权值计数"，也就是说每个数位上的数码所表示的值等于该数码乘以该数位上的位权值。位权值，又称权值或位值，指的是某一位数码所表示的实际值的大小。如在十进制中，百位上的权值是 100 即 10^2，个位上的权值是 10 即 10^0，百分位上的权值是 0.01 即 10^{-2}。

所以，十进制数 8435.12 可表示为：

$$8435.12=8 \times 10^3+4 \times 10^2+3 \times 10^1+5 \times 10^0+1 \times 10^{-1}+2 \times 10^{-2}$$

可以看出，各种进位计数制中的权值恰好是基数的某次幂。因此，任何一种进位计数制表示的数都可以写成按其权展开的多项式之和，任意一个 R 进制数 $a_n a_{n-1} \cdots a_1 a_0.a_{-1} a_{-2} \cdots a_{-m}$ 可表示为：

$$(a_n a_{n-1} \cdots a_1 a_0.a_{-1} a_{-2} \cdots a_{-m})_R$$
$$=a_n \times R^n+ a_{n-1} \times R^{n-1}+\cdots+ a_1 \times R^1 +a_0 \times R^0+ a_{-1} \times R^{-1}+ a_{-2} \times R^{-2}+\cdots+ a_{-m} \times R^{-m}$$

其中，a_i 为 R 进制数的数码，$i=n, n-1, \cdots, 2, 1, 0, -1, -2, \cdots, -m$，且 $a_i<R$。表 1-1

所示为计算机中常用的几种进位计数制及其特点。

表 1-1　计算机中常用的几种数制及其特点

进制位	二 进 制	八 进 制	十 进 制	十 六 进 制
计算规则	逢二进一	逢八进一	逢十进一	逢十六进一
基 数	$R=2$	$R=8$	$R=10$	$R=16$
数符	0,1	0,1,…,7	0,1,…,9	0,1,…,9,A,B,C,D,E,F
位权值	2^i	8^i	10^i	16^i
形式表示	B	O	D	H
举 例	$(1101.101)_2$ $=1\times2^3+1\times2^2$ $+0\times2^1+1\times2^0$ $+1\times2^{-1}+0\times2^{-2}$ $+1\times2^{-3}$	$(1375.204)_8$ $=1\times8^3+3\times8^2$ $+7\times8^1+5\times8^0$ $+2\times8^{-1}+0\times8^{-2}$ $+4\times8^{-3}$	$(2003.56)_{10}$ $=2\times10^3+0\times10^2$ $+0\times10^1+3\times10^0$ $+5\times10^{-1}+6\times10^{-2}$	$(19A5.EBC)_{16}$ $=1\times16^3+9\times16^2$ $+A\times16^1+5\times16^0$ $+E\times16^{-1}+B\times16^{-2}$ $+C\times16^{-3}$
表示方法	$(1101.101)_2$ $=1101.101B$	$(1375.204)_8$ $=1375.204O$	$(2003.56)_{10}$ $=2003.56D$	$(19A5.EBC)_{16}$ $=19A5.EBCH$

2．各种制数之间的相互转换

计算机中常用的数制有十进制（D）、二进制（B）、八进制（O）和十六进制（H），这里说的就是这几种数制之间的相互转换。

1）非十进制数 R 转换为十进制数

对任意一个非十进制数 R（二进制、八进制和十六进制），均可按照 R 进制数的按权展开式方便地转换成相应的十进制数。

微课 1-9：各种进制数之间的转换

【例 1-1】将二进制数 110001.011 转换为十进制数。

$110001.011B=1\times2^5+1\times2^4+0\times2^3+0\times2^2+0\times2^1+1\times2^0+0\times2^{-1}+1\times2^{-2}+0\times2^{-3}=49.375D$

【例 1-2】将八进制数 13567.06 转换为十进制数。

$13567.06O=1\times8^4+3\times8^3+5\times8^2+6\times8^1+7\times8^0+0\times8^{-1}+6\times8^{-2}=6007.015625D$

【例 1-3】将十六进制数 3A9D.2A 转换为十进制数。

$3A9D.2AH=3\times16^3+10\times16^2+9\times16^1+13\times16^0+2\times16^{-1}+10\times16^{-2}=15005.1640625D$

2）十进制数 R 转换为非十进制数

通常，一个十进制数包含整数与小数两个部分，将其转换为 R 进制数时要分两部分进行，将整数部分采用除以 R 取余法，小数部分采用乘以 R 取整法，然后再拼接起来即可实现。

【例 1-4】十进制数 29.3125 转换为二进制数。

（1）整数部分的转换。用"除 R 取余"法实现十进制整数到二进制整数的转换规则是，用 2 连续除要转换的十进制数及各次所得之商，直到商为 0 时为止，则各次所得之余数即为所求二进制数由低位到高位的值。采用"除 2 取余"的计算过程如下：

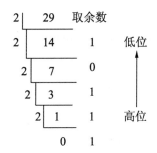

所以 29D=11101B。

注意：第一位余数是低位，最后一位余数是高位。

（2）小数部分转换。用"乘 R 取整"法实现十进制小数到二进制小数的转换规则是，将十进制小数不断地乘以 R，直到小数部分为 0，或达到所要求的精度为止（小数部分可能永不为零时就要考虑四舍五入，即在计算时要比实际要求多算一位出来，看多算出来的数值部分是要收一位上来还是要舍去），取每次得到的整数，这种方法称为乘 R 取整法。采用乘 2 取整的计算过程如下：

$$
\begin{array}{r}
0.3125 \\
\times \quad\quad 2 \\
\hline
0.6250 \\
\times \quad\quad 2 \\
\hline
1.2500 \\
\times \quad\quad 2 \\
\hline
0.5000 \\
\times \quad\quad 2 \\
\hline
1.0000
\end{array}
$$

取整
0　← 最高位
1
0
1　← 最低位

所以 0.3125D=0.0101B。

注意：第一位整数是高位，最后一位整数是低位。

最后，再把整数和小数部分组合在一起，即 26.3125D=11010.0101B。

【例 1-5】将十进制数 253.34 转换成八进制数（保留两位数）。

整数部分采用"除 8 取余"的计算过程如下：

$$
\begin{array}{cc}
8 & 253 \quad 取余数 \quad 低位\\
8 & 31 \quad 5\\
8 & 3 \quad 7\\
& 0 \quad 3 \quad 高位
\end{array}
$$

小数部分采用"乘 8 取整"的计算过程如下：

小数点后第三位是 6，八进制数中是三舍四入，要收一位到小数点后第二位中去，所以 253.34D≈375.26O。

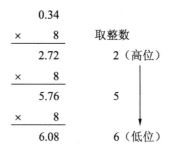

$$
\begin{array}{r}
0.34 \\
\times \quad 8 \qquad \text{取整数}\\
\hline
2.72 \qquad 2\text{（高位）}\\
\times \quad 8 \\
\hline
5.76 \qquad 5\\
\times \quad 8 \\
\hline
6.08 \qquad 6\text{（低位）}
\end{array}
$$

【例 1-6】将十进制数 253.34 转换成十六进制数（保留两位数）。

整数部分采用"除 16 取余"的计算过程如下：

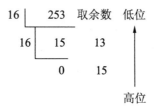

$$
\begin{array}{c}
16 \big| \quad 253 \qquad \text{取余数} \quad \text{低位}\\
16 \big| \quad 15 \qquad 13\\
0 \qquad 15 \qquad \text{高位}
\end{array}
$$

小数部分采用"乘 16 取整"的计算过程如下：

$$
\begin{array}{r}
0.34 \\
\times \quad 16 \qquad \text{取整数}\\
\hline
5.44 \qquad 5\text{（高位）}\\
\times \quad 16 \\
\hline
7.04 \qquad 7\\
\times \quad 16 \\
\hline
0.64 \qquad 0\text{（低位）}
\end{array}
$$

小数点后第三位是 0，十六进制数当中是七舍八入，这里要将其舍去，所以 253.34D≈FD.57H。

3）二、八、十六进制数之间的相互转换

（1）二进制数与八进制数的转换。由于八进制数的基数为 8，二进制数的基数为 2，两者满足 $8=2^3$，所以，每位八进制数可转换为等值的三位二进制数，反之亦然。

【例 1-7】将二进制数 10010101110.11011 转换成八进制数。

二进制数转换成八进制数时，以小数点为中心，分别向左、向右按每三位分成一个小节（首尾不足 3 位时用 0 补足），再将每一节转换成对应的八进制数，过程如下：

$$
\begin{array}{cccccc}
010 & 010 & 101 & 110 & . & 110 & 110\\
\downarrow & \downarrow & \downarrow & \downarrow & & \downarrow & \downarrow\\
2 & 2 & 5 & 6 & . & 6 & 6
\end{array}
$$

所以 10010101110.11011B =2256.66O。

【例 1-8】将八进制数 1237.626 转换成二进制数。

八进制数转换成二进制数时，要将每一位八进制数用对应的 3 位二进制数表示（不足 3 位时，同样用 0 补足 3 位），若结果的首尾有 0，应去掉，过程如下：

所以 1237.621O =1010011111.11001011B。

（2）二进制数与十六进制数的转换。由于十六进制数的基数为 16，二进制数的基数为 2，两者满足 16=2⁴，所以，每位十六进制数可转换为等值的四位二进制数，反之亦然。

【例 1-9】将二进制数 10010101110.11011 转换成十六进制数。

二进制数转换成十六进制数时，以小数点为中心，分别向左、向右按每四位分成一个小节（首尾不足 4 位时用 0 补足），再将每一节转换成对应的十六进制数，过程如下：

$$
\begin{array}{ccccc}
0100 & 1010 & 1110 & .\ 1101 & 1000 \\
\downarrow & \downarrow & \downarrow & \downarrow & \downarrow \\
4 & A & E & .\ D & 8
\end{array}
$$

所以 $(10010101110.11011)_2 = (4AE.D8)_{16}$

【例 1-10】将十六进制数 3D1.6E2 转换成二进制数。

十六进制数转换成二进制数时，要将每一位十六进制数用对应的 4 位二进制数表示（不足 4 位时，同样用 0 补足 4 位），若结果的首尾有 0，应去掉，结果如下：

$$
\begin{array}{cccccc}
3 & D & 1 & .\ 6 & E & 2 \\
\downarrow & \downarrow & \downarrow & \downarrow & \downarrow & \downarrow \\
0011 & 1101 & 0001 & .\ 0110 & 1110 & 0010
\end{array}
$$

所以 3D1.6E2H =1111010001.01101110001B。

从以上几个示例可以看出，二进制数与八进制数、二进制数与十六进制数之间存在直接转换关系。可以说，八进制数或十六进制数是二进制数的缩写形式。在计算机中，利用这一特点可把用二进制代码表示的指令或数据写成八进制或十六进制形式，以便于书写或认读。但八进制数与十六进制数之间没有直接的转换关系，可以借助十进制完成转换，但如果借助二进制作为桥梁来完成转换，会更直接更便利。

【例 1-11】将十六进制数 49C.1F2 转换成八进制数。

可以先将十六进制数 49C.1F2 转换成二进制数，再将其转换成八进制数，过程如下：

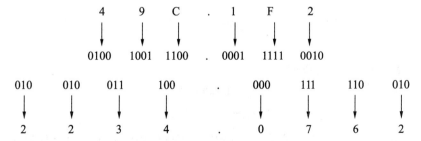

所以 49C.1F2H =10010011100.00011111001B=2234.0762O。

反之，如果要将某八进制数转换为十六进制数，可以先将之转换成二进制数后再转换成十六进制数。

1.4.2 计算机中数值型数据的表示及编码

计算机内部只能采用二进制表示数据，所以必须先解决如何表示与存储这些数据的问题，也就是这些数值型数据需要用二进制编码才能存储到计算机中并进行处理。

微课 1-10：数值型数据的表示及编码

1. 机器数与真值

数值型数据是有正负之分的，用"+""−"号加绝对值来表示数值的大小，用这种形式表示的数值在计算机中称为真值，符号数码化后，即二进制数的最高位用"0"表示正号，用"1"表示负号，用这种形式表示的数值在计算机中称为机器数。假设计算机的字长为 8，表 1-2 所示为机器数与真值之间的对应关系。

表 1-2 机器数与真值

十 进 制 数	真 值	机 器 数
+26	+0011010	00011010
−26	−0011010	10011010

2. 带符号数的编码

数在计算机中是以二进制形式表示的。数分为有符号数和无符号数。原码、反码、补码都是有符号定点数的表示方法。一个有符号定点数的最高位为符号位，0 是正，1 是负。

1）原码

所谓原码就是前面所介绍的二进制机器数表示法，即最高位为符号位，"0"表示正，"1"表示负，其余位表示数值的大小。在数值前直接加一符号位的表示法。

【例 1-12】求+7 与−7 的原码。

$$[+7]_原 = 0\ 0000111\ B$$
$$[-7]_原 = 1\ 0000111\ B$$

注意：数 0 的原码有两种形式：$[+0]_原$=00000000B，$[-0]_原$=10000000B，且 8 位二进制原码的表示范围：−127～+127。

2）反码

反码表示法规定：正数的反码与其原码相同；负数的反码是对其原码逐位取反，但符号位除外。

【例 1-13】求+7 与−7 的反码。

$$[+7]_反 = 0\ 0000111\ B$$
$$[-7]_反 = 1\ 1111000\ B$$

注意：数 0 的反码也有两种形式，即$[+0]_反$=00000000B，$[-0]_反$=11111111B，且 8 位二进制反码的表示范围为−127～+127。

3）补码

补码表示法规定：正数的补码与其原码相同；负数的补码是在其反码的末位加 1。

【例 1-14】求 +7 与 -7 的补码。

$$[+7]_{补} = 0\ 0000111\ B$$

$$[-7]_{补} = 1\ 1111001\ B$$

补码在微型机中是一种重要的编码形式，采用补码后，可以方便地将减法运算转化成加法运算，运算过程得到简化。正数的补码即是它所表示的数的真值，而负数的补码的数值部分却不是它所表示的数的真值。采用补码进行运算，所得结果仍为补码。

注意：数值 0 的补码只有一个，即 $[0]_{补} = [+0]_{补} = [-0]_{补} = 00000000B$。若字长为 8 位，则补码所表示的范围为 -128～+127，进行补码运算时，应注意所得结果不应超过补码所能表示数的范围。

3. 数的定点表示与浮点表示

数值数据多数带有小数，计算机并不用二进制来存储小数点。小数点在计算机中通常有两种表示方法：定点表示法与浮点表示法。

1）定点表示法

所谓定点格式，即约定机器中所有数据的小数点位置是固定不变的。定点小数是纯小数，约定的小数点位置在符号位之后、有效数值部分最高位之前，点整数是纯整数，约定的小数点位置在有效数值部分最低位之后。若数据 x 的形式为：

$$x = x_0.x_1x_2\ldots x_n$$

其中，x_0 为符号位，$x_1 \sim x_n$ 是数值的有效部分，也称为尾数，x_1 为最高有效位，x_n 为最低有效位，则在计算机中的表示形式如图 1-21 和图 1-22 所示。

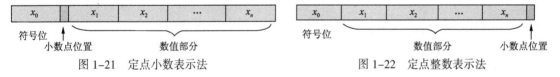

图 1-21　定点小数表示法　　　　图 1-22　定点整数表示法

2）浮点表示法

与科学计数法相似，任意一个 J 进制数 N，总可以写成 $N = J^E \times M$。

式中，M 称为数 N 的尾数，是一个纯小数；E 为数 N 的阶码，是一个整数；J 称为比例因子 J^E 的底数。这种表示方法相当于数的小数点位置随比例因子的不同而在一定范围内可以自由浮动，所以称为浮点表示法。

底数是事先约定好的（常取 2），在计算机中不出现。在机器中表示一个浮点数时，一是要给出尾数，用定点小数形式表示。尾数部分给出有效数字的位数，因而决定了浮点数的表示精度。二是要给出阶码，用整数形式表示，阶码指明小数点在数据中的位置，因而决定了浮点数的表示范围。浮点数也要有符号位，因此一个机器浮点数应当由阶码和尾数及其符号位组成，如图 1-23 所示。

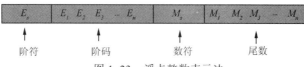

图 1-23 浮点整数表示法

其中，E_S 表示阶码的符号，占一位，$E_1 \sim E_n$ 为阶码值，占 n 位，尾符是数 N 的符号，也要占一位。当底数取 2 时，二进制数 N 的小数点每右移一位，阶码减小 1，相应尾数右移一位；反之，小数点每左移一位，阶码加 1，相应尾数左移一位。

4. 8421BCD 码

在计算机中，数值数据的编码除了以上几种表示方法外，还常用 BCD（Binarycoded Decimal）。这种方法是用 4 位二进制码的组合代表十进制数的 0、1、2、3、4、5、6、7、8、9 十个数符。最常用的 BCD 码称为 8421BCD 码，8、4、2、1 分别是 4 位二进制数的位权值。表 1-3 为十进制数 0～15 和 8421BCD 编码的对应关系。

表 1-3 十进制数和 8421BCD 编码的对应表

十进制数	8421BCD 码值	十进制数	8421BCD 码值
0	0000	8	1000
1	0001	9	1001
2	0010	10	0001　0000
3	0011	11	0001　0001
4	0100	12	0001　0010
5	0101	13	0001　0011
6	0110	14	0001　0100
7	0111	15	0001　0101

1.4.3 计算机中非数值型数据的表示及编码

1. 西文字符 ASCII 编码

目前使用最广泛的西文字符集及其编码是 ASCII 字符集和 ASCII 码（American Standard Code for Information Interchange，美国标准信息交换代码）。ASCII 被国际标准化组织（International Organization for Standardization，ISO）批准为国际标准。

基本的 ASCII 字符集共有 128 个字符，其中有 96 个可打印字符，包括常用的字母、数字、标点符号等，另外还有 32 个控制字符。标准 ASCII 码使用 7 位二进制位对字符进行编码，对应的 ISO 标准为 ISO646 标准。表 1-4 展示了基本 ASCII 字符集及其码值。

字母和数字的 ASCII 码值的记忆是非常简单的。只要记住了一个字母或数字的 ASCII 码值（如记住 A 为 65，0 的 ASCII 码值为 48），知道相应的大小写字母之间差 32，就可以推算出其余字母、数字的 ASCII 码值。

微课 1-11：非数值型数据的表示及编码

表 1-4　ASCII 码表

H〴I	0000	0001	0010	0011	0100	0101	0110	0111
0000	NUL	DLE	SP	0	@	P	`	p
0001	SOH	DC1	!	1	A	Q	a	q
0010	STX	DC2	"	2	B	R	b	r
0011	ETX	DC3	#	3	C	S	c	s
0100	EOT	DC4	$	4	D	T	d	t
0101	ENQ	NAK	%	5	E	U	e	u
0110	ACK	SYN	&	6	F	V	f	v
0111	BEL	ETB	'	7	G	W	G	w
1000	BS	CAN	)	8	H	X	h	x
1001	HT	EM	(	9	I	Y	i	y
1010	LF	SUB	*	:	J	Z	j	z
1011	VT	ESC	+	;	K	[	k	{
1100	BF	FS	,	<	L	\	l	|
1101	CR	GS	–	=	M	]	m	}
1110	SO	RS	.	>	N	^	n	~
1111	SI	US	/	?	O	_	o	DEL

　　虽然标准 ASCII 码是 7 位编码，但由于计算机基本处理单位为字节（1 byte = 8 bit），所以一般仍以一个字节来存放一个 ASCII 字符。每一个字节中多余出来的一位（最高位）在计算机内部通常保持为 0（在数据传输时可用作奇偶校验位）。

2．汉字字符编码

　　汉字编码是为汉字设计的一种便于输入计算机的代码。汉字也是字符，与西文字符相比，汉字数量大，字形复杂，同音字多，这就给汉字在计算机内部的存储、传输、交换、输入和输出等带来了一系列的问题。为了能直接使用西文标准键盘输入汉字，必须为汉字设计相应的编码，以适应计算机处理汉字的需要。汉字信息处理系统一般包括编码、输入、存储、编辑、输出和传输。汉字信息处理中各种编码及流程图如图 1-24 所示。

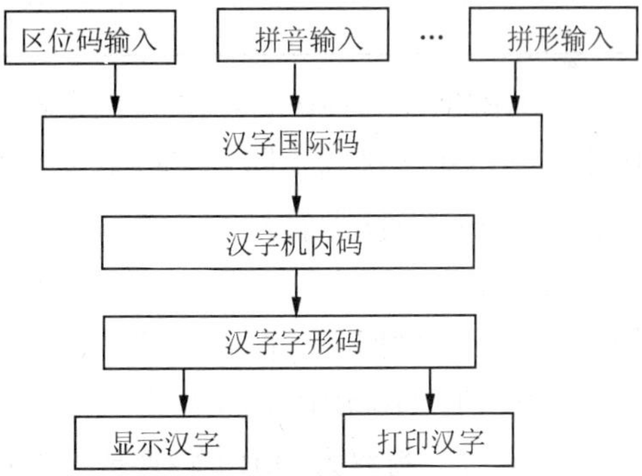

　　计算机中汉字的表示也是用二进制编码。根据应用目的不同，汉字编码分为外码、国标码、机内码、字形码和地址码。

图 1-24　汉字信息处理流程

1）外码（输入码）

　　外码也称输入码，是用来将汉字直接输入到计算机中的一组键盘符号。常用的输入码有拼音码、五笔字型码、自然码、表形码、认知码、区位码和电报码等，一种好的编码应有编码规则简单、易学好记、操作方便、重码率低、输入速度快等优点，每个人可根据需要进行选择。

2）国标码

计算机内部处理的信息都是用二进制形式，汉字也是。中国标准总局 1981 年制定了中华人民共和国国家标准 GB 2312—1980《信息交换用汉字编码字符集　基本集》，即国标码。

区位码是国标码的另一种表现形式，把国标 GB 2312—1980 中的汉字、图形符号组成一个 94×94 的方阵，分为 94 个 "区"，每区包含 94 个 "位"，共 94×94=8 836 个码位。这种表示方式也称区位码。

其中，01-09 区收录除汉字外的 682 个字符；10-15 区为空白区，没有使用；16-55 区收录 3 755 个一级汉字，按拼音排序；56-87 区收录 3 008 个二级汉字，按部首/笔画排序；88-94 区为空白区，没有使用。

举例来说，"啊" 字是 GB 2312 编码中的第一个汉字，它位于 16 区的 01 位，所以它的区位码就是 1601，如表 1-5 所示。

表 1-5　16 区字符编码集

高位＼低位	0	1	2	3	4	5	6	7	8	9
0		啊	阿	埃	挨	哎	唉	哀	皑	癌
1	蔼	矮	艾	碍	爱	隘	鞍	氨	安	俺
2	按	暗	岸	胺	案	肮	昂	盎	凹	敖
3	熬	翱	袄	傲	奥	懊	澳	芭	捌	扒
4	叭	吧	笆	八	疤	巴	拔	跋	靶	把
5	耙	坝	霸	罢	爸	白	柏	百	摆	佰
6	败	拜	稗	斑	班	搬	扳	般	颁	板
7	版	扮	拌	伴	瓣	半	办	绊	邦	帮
8	梆	榜	膀	绑	棒	磅	蚌	镑	傍	谤
9	苞	胞	包	褒	剥					

在 GB2312—1980 中共收录了汉字 6 763 个，其中常用的一级汉字有 3 755 个，将它们按拼音字母顺序排列，同音字以笔画为序；二级汉字有 3 008 个，按字典中的部首顺序排列；还有标点及图形符号 687 个。

表 1-5 用十进制数表示的汉字编码方式称为区位码。国标码是在区位码的基础上稍加修改而来的。例如，"保" 字在代码表中处于 17 区第 3 位，区位码即为 "1703"，相应的国标码为 "0011000100100011B"，用十六进制表示为 "3123H"。将区位码的区码 "17" 加 32（十六进制数为 20H）转换成二进制便是国标码的高位代码 "00110001B"，用十六进制表示即为 "31H"，将区位码的位码 "03" 加 32（十六进制数为 20H）转换成二进制表示即为 "23H"。一般地，国标码是在区位码的基础上区值和位值分别加上 20H 而形成的，这样做可以防止与 ASCII 的前 34 个控制字符发生冲突。

国标码是汉字信息交换的标准编码，但因其前后字节的最高位为 0，与 ASCII 码发生冲突，如 "保" 字，国标码为 31H 和 23H，而西文字符 "1" 和 "#" 的 ASCII 码也为 31H 和 23H，假如内存中有两个字节为 31H 和 23H，这到底是一个汉字，还是两个西文字符 "1"

和 "#"？于是就出现了二义性。显然，国标码是不可能在计算机内部直接采用的，于是，汉字的机内码采用变形国标码，其变换方法为：将国标码的每个字节都加上 128，即将两个字节的最高位由 0 改 1,其余 7 位不变,也就是如果国标码是十六进制的,直接加上 8080H（10000000B =128=80H）即可。例如， "保" 字的国标码为 3123H，前字节为 00110001B，后字节为 00100011B，高位改 1 为 10110001B 和 10100011B，即为 B1A3H，因此， "保" 字的机内码就是 B1A3H。显然，汉字机内码的每个字节都大于 128，这就解决了与西文字符的 ASCII 冲突的问题。

综上所述，汉字机内码、区位码、国标码之间的联系与区别可以用下面的公式表示：

机内码高位=区码+20H+80H=国标码高位+80H=区码+A0H

机内码低位=位码+20H+80H=国标码低位+80H=位码+A0H

3）机内码

根据国标码的规定，每一个汉字都有确定的二进制代码，在微机内部汉字代码都用机内码，在磁盘上记录汉字代码也使用机内码。现在我国的汉字信息系统一般都采用与 ASCII 码相容的位码方案，用两个二位码字符构成一个汉字机内码。

4）汉字的字形码

字形码是汉字的输出码，输出汉字时都采用图形方式，无论汉字的笔画多少，每个汉字都可以写在同样大小的方块中。通常用 16×16 点阵来显示汉字。

5）汉字地址码

汉字地址码是指汉字库中存储汉字字形信息的逻辑地址码。它与汉字内码有着简单的对应关系，以简化内码到地址码的转换。

1.4.4　多媒体技术及多媒体计算机

1. 多媒体及多媒体技术的定义

"多媒体" 一词译自英文 Multimedia，而该词又是由 Multiple 和 Media 复合而成的。媒体（Medium）原有两重含义，一是指存储信息的实体，如磁盘、光盘、磁带、半导体存储器等，中文常译作媒质；二是指传递信息的载体，如数字、文字、声音、图形等，中文译作媒介。所以，与多媒体对应的一词是单媒体（Monomedia），从字面上看，多媒体就是由单媒体复合而成的多种媒体的集合。

微课 1-12：多媒体技术及多媒体计算机

多媒体技术是计算机交互式综合处理多种媒体信息文本、图形、图像和声音，使多种信息建立逻辑连接，集成为一个系统并具有交互性的技术。

多媒体技术是多学科与计算机综合应用的技术，它包含了计算机软硬件技术、信号的数字化处理技术、音频视频处理技术、图像压缩处理技术、现代通信技术、人工智能和模式识别技术，是正在不断发展和完善的多学科综合应用技术。

2. 多媒体技术的特征

多媒体技术主要有如下特征：数字性、集成性、多样性、交互性、实时性。

（1）数字性。各种媒体信息处理为数字信息后，计算机就能对数字化的多媒体信息进行存储、加工、控制、编辑、交换、查询和检索，所以多媒体信息必须是数字信息。

（2）集成性。集成性是指以计算机为中心综合处理多种信息媒体，它包括信息媒体的集成和处理这些媒体的设备的集成。

（3）多样性。多样性指两个方面，一方面指多样性的信息；另一方面是指多媒体计算机在处理输入的信息时，不仅仅是简单的获取和再现信息。

（4）交互性。交互是指通过各种媒体信息，使参与的各方都可以对媒体信息进行编辑、控制和传递。多媒体技术的最大特点是交互性，通过交互，可以实现人对信息的主动选择和控制，而交互性是多媒体作品与一般影视作品的主要区别。

（5）实时性。多媒体系统中的各种媒体有机地组合成为一个整体，各媒体间有协调同步运行的要求，如影像和配音、视频会议系统和可视电话等，这要求系统能实时、快速、同步响应。

3. 多媒体技术的产生及应用

一般认为，1984 年美国 Apple 公司提出的位图概念，标志多媒体技术的诞生。当时 Apple 公司正在研制 Macintosh 计算机，为了增加图形处理功能，改善天机交互界面，使用了位图、窗口、图标等技术。改善后的图形用户界面（GUI）受到普遍欢迎，鼠标作为交互输入设备的引用更是大大方便了用户操作。1985 年美国 Commodore 公司推出了世界上第一台真正的多媒体系统 Amiga，该系统以其功能完备的视听处理能力，大量丰富的实用工具以及性能优良的硬件，使全世界看到了多媒体技术的未来。到 20 世纪的 90 年代，多媒体技术的发展达到一个高潮，为了使多媒体技术和众多相关设备具有更好的通用性和兼容性，人们制定了一系列的技术和设备标准，并不断更新和发展。进入 21 世纪，多媒体技术推进到另一个新阶段。

典型的多媒体应用系统有：多媒体信息咨询系统、多媒体信息管理系统、多媒体辅助教育系统、多媒体电子出版物、多媒体视频会议系统、远程诊医系统和远程教学系统、多媒体视频点播系统、互式电视、数字化图书信、多媒体邮件多媒体宣传演示系统、多媒体训练系统、虚拟现实等。

4. 多媒体技术的发展方向

21 世纪是多媒体技术飞速发展的世纪，也是多媒体应用不断拓展的世纪。多媒体技术进一步深入到社会的各个领域中。视频压缩传输、模式识别、虚拟现实、多媒体通信等尖端技术的发展改变了整个人类的生活方式。

新一代的多媒体将是网络多媒体交互多媒体、自适应多媒体。多媒体技术作为一种整体性的技术，它的研究和发展需要多方面专家的合作，它的完善与成熟是多学科、多领域、多技术共同发展的结果。其研究将向着以下六个方向发展：

（1）高分辨率，提高显示质量。

（2）高速度化，缩短处理时间。

（3）简单化，便于操作。

（4）高维化，三维、四维或更高维。

（5）智能化，提高信息识别能力。

（6）标准化，便于信息交换和资源共享。

5．多媒体系统

多媒体系统具有强大的数据处理能力与数字化媒体设备整合能力，能处理文字、图形、图像、声音和视频等多种媒体信息，并提供多媒体信息的输入、编辑、存储和播放等功能。一个完整的多媒体计算机系统包括硬件平台和软件平台。

（1）多媒体系统的硬件平台，即普通的计算机硬件，是系统的基础，包括大容量存储设备、声卡与扬声器、视频卡，扫描仪、数码照相机与数码摄像机等，最重要的有声卡、CPU、视频捕捉卡。

（2）多媒体系统的软件平台，包括多媒体操作系统、创作系统和应用系统。多媒体的操作系统，主要任务是支持随时移动或扫描窗口条件下的运动和静止图像的处理和显示，为相关的语音和视频数据的同步提供需要的适时任务调度，支持标准化桌面型计算机环境，使主机 CPU 的开销减到最小，能够在多种硬件和操作系统环境下执行。创作系统，包括开发工具，具有编辑、播放等功能。应用系统，即利用创作系统制作出的多媒体作品，常用软件有 Photoshop、PowerPoint、Dreamweaver 等。

（3）多媒体系统的分类。

① 按功能分类，可分为开发系统和播放系统。

② 按应用范围分类，可分为信息管理咨询系统、教育培训系统、家庭多媒体系统和多媒体通信系统。

6．多媒体技术的拓展延伸

1）流媒体技术

所谓"流"，是一种数据传输的方式，使用这种方式，信息的接收者在没有接到完整的信息前就能处理那些已收到的信息。这种一边接收，一边处理的方式，很好地解决了多媒体信息在网络上的传输问题。人们可以不必等待太长的时间，就能收听、收看到多媒体信息，并且在此之后边播放边接收，根本不会感觉到文件没有传完。流媒体技术促进了多媒体技术在网络上的应用，流媒体技术主要应用于视频点播 VOD、视频会议、远程教育、Internet 直播、校园视频、远程监控、过程教学等方面。

2）智能多媒体技术

智能多媒体技术充分利用了计算机的快速运算能力，综合处理声、文、图信息，用交互式弥补计算机智能的不足。发展智能多媒体技术包括很多方面：

（1）文字的识别和输入。

（2）语音的识别和输入。

（3）自然语言理解和机器翻译。

（4）图形的识别和理解。

（5）机器人视觉和计算机视觉。

（6）知识工程以及人工智能的一些课题。

把人工智能领域某些研究课题和多媒体计算机技术很好地结合，就是多媒体计算机长远的发展方向。

3）虚拟现实

虚拟现实是一项与多媒体密切相关的边缘技术，它通过综合应用计算机图像处理、模拟与仿真、传感、显示系统等技术和设备，以模拟仿真的方式，给用户提供一个真实反映操作对象变化与相互作用的三维图像环境，从而构成一个虚拟世界，并通过特殊的输入/输出设备（如数据手套、头盔式三维显示装置等）提供给用户一个与该虚拟世界相互作用的三维交互式用户界面。

虚拟现实技术结合了人工智能、计算机图形技术、人机接口技术、传感技术、计算机动画等多种技术，目前，它的应用包括医学、模拟训练、辅助设计、军事演习、航天仿真、娱乐、设计与规划、教育与培训、商业以及等领域，同时在娱乐、艺术与教育方面也发挥着重要作用。

1.5　计算机应用技术的新发展

随着计算机技术的迅猛发展，以及计算机网络飞速腾飞，计算机的应用已不再局限于简单的数据计算或文本处理，出现了许多新的计算机技术，并广泛应用于科研、工作、学习及生活中。本节对一些典型的新技术和新应用进行简单的介绍。

1.5.1　云计算

最简单的云计算技术在网络服务中已经随处可见，如搜寻引擎、网络信箱等，使用者只要输入简单指令即能得到大量信息。未来如手机、GPS等行动装置都可以通过云计算技术，发展出更多的应用服务。云计算不仅只具有搜寻、分析的功能，未来如分析 DNA 结构、基因图谱定序、解析癌症细胞等，都可以通过这项技术轻易达成。

微课 1-13：云计算

1. 云计算的定义

云计算（Cloud Computing）是基于互联网的相关服务的增加、使用和交付模式，通常涉及通过互联网来提供动态易扩展且经常是虚拟化的资源。云是网络、互联网的一种比喻说法。过去在图中往往用云来表示电信网，后来也用来表示互联网和底层基础设施的抽象。因此，云计算甚至可以让用户体验每秒 10 万亿次的运算能力，拥有这么强大的计算能力可以模拟核爆炸、预测气候变化和市场发展趋势，用户可通过计算机、笔记本式计算机、手机等方式接入数据中心，按需求进行运算。

对云计算的定义有多种说法，现阶段广为接受的是美国国家标准与技术研究院的定义：云计算是一种按使用量付费的模式，这种模式提供可用的、便捷的、按需的网络访问，进入可配置的计算资源共享池（资源包括网络、服务器、存储、应用软件、服务），这些资源能够被快速提供，只需投入很少的管理工作，或与服务供应商进行很少的交互。

2. 云计算基本原理

云计算是分布式计算技术的一种，其最基本原理是通过网络使计算分布在大量的分布式计算机上，而非本地计算机或远程服务器中，企业数据中心的运行将更与互联网相似。

这使得企业能够将资源切换到需要的应用上，根据需求访问计算机和存储系统。也就是通过网络将庞大的计算处理程序自动分拆成无数个较小的子程序，再交由多部服务器所组成的庞大系统经搜寻、计算分析之后将处理结果回传给用户。通过这项技术，网络服务提供者可以在数秒之内，达成处理数以千万计甚至亿计的信息，达到和"超级计算机"同样强大效能的网络服务。

在未来，只需要一台笔记本式计算机或者一部手机，就可以通过网络服务实现需要的一切，甚至包括超级计算这样的任务。从这个角度而言，最终用户才是云计算的真正拥有者。云计算的应用包含这样的一种思想，把力量联合起来，给其中的每一个成员使用。

3．云计算的主要特点及服务形式

（1）超大规模。"云"具有相当的规模，如 Google 云计算已经拥有 100 多万台服务器，企业私有云一般拥有数百上千台服务器。"云"能赋予用户前所未有的计算能力。

（2）虚拟化。云计算支持用户在任意位置、使用各种终端获取应用服务。个人只需要一台笔记本式计算机或者一部手机，就可以通过网络服务实现需要的一切，甚至包括超级计算这样的任务。

（3）高可靠性。"云"使用了数据多副本容错、计算结点同构可互换等措施来保障服务的高可靠性，使用云计算比使用本地计算机可靠。

（4）通用性。云计算不针对特定的应用，在"云"的支撑下可以构造出千变万化的应用，同一个"云"可以同时支撑不同的应用运行。

（5）高可扩展性。"云"的规模可以动态伸缩，满足应用和用户规模增长的需要。

（6）按需服务。"云"是一个庞大的资源池，人们可按需购买使用。

（7）极其廉价。由于"云"的特殊容错措施可以采用极其廉价的结点来构成云，"云"的自动化集中式管理使大量企业无须负担日益高昂的数据中心管理成本。

云计算可以认为包括以下几个层次的服务：基础设施即服务（IaaS）、平台即服务（PaaS）和软件即服务（SaaS）。

（1）IaaS（Infrastructure as a Service）。消费者通过 Internet 可以从完善的计算机基础设施获得服务。例如，硬件服务器租用。

（2）PaaS（Platform as a Service）。PaaS 实际上是指将软件研发的平台作为一种服务，以 SaaS 的模式提交给用户。因此，PaaS 也是 SaaS 模式的一种应用。但是，PaaS 的出现可以加快 SaaS 的发展，尤其是加快 SaaS 应用的开发速度。例如，软件的个性化定制开发。

（3）SaaS（Software as a Service）。它是一种通过 Internet 提供软件的模式，用户无须购买软件，而是向提供商租用基于 Web 的软件，来管理企业经营活动。例如，阳光云服务器。

4．云计算的发展及其前景

云计算是一种新兴的共享基础架构的方法，它可以将巨大的系统池连接在一起以提供各种 IT 服务，它使得超级计算能力通过互联网自由流通成为可能。企业与个人用户无须再投入昂贵的硬件购置成本，只需要通过互联网来购买租赁计算能力。早在 20 世纪 60 年代，麦卡锡（John McCarthy）就提出了把计算能力作为一种像水和电一样的公用事业提供给用户。云计算的第一个里程碑是 1999 年 Salesforce.com 提出的通过一个网站向企业提供企业级的应用的概念；另一个重要因素是 2002 年亚马逊（Amazon）提供一组包括存储空间、计算能力甚至人力智能等资源服务的 Web Service。2005 年，亚马逊又提出了弹性计算云（Elastic Compute Cloud，EC2），允许小企业和私人租用亚马逊的计算机运行自己的应用程序。

21 世纪，云计算作为一种新的技术已经得到了快速的发展。云计算已经彻底改变了一个前所未有的工作方式，也改变了传统软件工程企业。以下几个方面是云计算现阶段发展最受关注的几大方面：

（1）云计算扩展投资价值。

（2）混合云计算的出现。

（3）以云为中心的设计。

（4）移动云服务。

（5）云安全。

（6）潜在的危险性。

1.5.2 人工智能

1. 人工智能的概念及定义

人工智能（Artificial Intelligence，AI）是计算机学科的一个分支，20世纪 70 年代以来被称为世界三大尖端技术之一（空间技术、能源技术、人工智能），也被认为是 21 世纪三大尖端技术（基因工程、纳米科学、人工智能）之一。人工智能是计算机科学的一个分支，它企图了解智能的实质，并生产出一种新的能以人类智能相似的方式做出反应的智能机器，该领域的研究包括机器人、语言识别、图像识别、自然语言处理和专家系统等。人工智能是对人的意识、思维的信息过程的模拟，不是人的智能，但能像人那样思考、也可能超过人的智能。

微课1-14：人工智能

人工智能的定义可以分为两部分，即"人工"和"智能"。著名的美国斯坦福大学人工智能研究中心尼尔逊教授对人工智能下了这样一个定义："人工智能是关于知识的学科——怎样表示知识以及怎样获得知识并使用知识的科学。"而另一个美国麻省理工学院的温斯顿教授认为："人工智能就是研究如何使计算机去做过去只有人才能做的智能工作。"这些说法反映了人工智能学科的基本思想和基本内容。即人工智能是研究人类智能活动的规律，构造具有一定智能的人工系统，研究如何让计算机去完成以往需要人的智力才能胜任的工作，也就是研究如何应用计算机的软硬件来模拟人类某些智能行为的基本理论、方法和技术。

2. 人工智能发展史

人工智能早在 20 世纪中叶就已经诞生，与所有高新科技一样，探索的过程都经历反复挫折与挣扎，繁荣与低谷。

1）人工智能的起源

1950 年，马文·明斯基（后被人称为"人工智能之父"）与他的同学邓恩·埃德蒙一起，建造了世界上第一台神经网络计算机。这也被看作人工智能的一个起点。同年，被称为"计算机之父"的艾伦·图灵提出了一个举世瞩目的想法——图灵测试，他提出了智能机器的设想，还预言了其可行性。1956 年，在由达特茅斯学院举办的一次会议上，计算机专家约翰·麦卡锡提出了"人工智能"一词，这被人们看作人工智能正式诞生的标志。不久，麦卡锡和明斯基也共同创建了世界上第一座人工智能实验室——MIT AI LAB 实验室。

2）人工智能的第一次高峰

1956 年的会议之后，人工智能迎来了属于它的第一段 Happy Time，计算机被广泛应用于数学和自然语言领域，用来解决代数、几何和英语问题，有很多学者认为："二十年内，机器将能完成人能做到的一切。"同时，很多美国大学，如麻省理工学院、卡内基梅隆大学、斯坦福大学和爱丁堡大学，都很快建立了人工智能项目及实验室，同时它们获得来自APRA（美国高级研究计划署）等政府机构提供的大批研发资金。

3）人工智能第一次低谷

而进入 20 世纪 70 年代，由于科研人员在人工智能的研究中对项目难度预估不足，导致与美国高级研究计划署的合作计划失败，大家对人工智能的前景蒙上了一层阴影，很多研究经费被转移到了其他项目上，并在 1973 年 Lighthill 针对英国 AI 研究状况的报告中，批评了 AI 在实现"宏伟目标"上的失败。由此，人工智能遭遇了长达 6 年的科研深渊。

4）人工智能的崛起

1980 年，卡内基梅隆大学为数字设备公司设计了一套具有完整专业知识和经验的名为XCON 的"专家系统"。这套系统在 1986 年之前能为公司每年节省下来超过四千美元的经费。这种商业模式，衍生出了像 Symbolics、Lisp Machines 等和 IntelliCorp、Aion 等这样的硬件、软件公司。在这个时期，仅专家系统产业的价值就高达 5 亿美元，人工智能再次崛起。

5）处在两个高峰之间的人工智能

但仅仅在维持了 7 年之后，这个曾经轰动一时的人工智能系统就宣告结束历史进程。到 1987 年时，苹果和 IBM 公司生产的台式机性能都超过了 Symbolics 等厂商生产的通用计算机。从此，专家系统风光不再。20 世纪 80 年代末，美国国防先进研究项目局高层认为人工智能并不是"下一个浪潮"，人工智能再一次陷入低谷。

6）人工智能的今天

在今后的几十年中，科研技术人员不断突破阻碍，取得了辉煌成果，比如 2016 年初大家关注最多的谷歌 AlphaGO 战胜韩国李世石的事件，引起了全球人类对于人工智能的兴趣，人们的视线立即转向人工智能，标志着人工智能进入新时代。

3. 人工智能的应用领域

随着智能家电、穿戴设备、智能机器人等产物的出现和普及，人工智能技术已经进入人们生活的各个领域，引发越来越多的关注。人工智能技术应用的细分领域有：深度学习、计算机视觉、智能机器人、虚拟个人助理、自然语言处理–语音识别、自然语言处理–通用、实时语音翻译、情境感知计算、手势控制、视觉内容自动识别、推荐引擎等。

1）深度学习

深度学习的技术原理：构建一个网络并且随机初始化所有连接的权重；将大量的数据情况输出到这个网络中；网络处理这些动作并且进行学习；如果这个动作符合指定的动作，将会增强权重，如果不符合，将会降低权重；系统通过如上过程调整权重；在成千上万次的学习之后，超过人类的表现。

2）计算机视觉

计算机视觉是指计算机从图像中识别出物体、场景和活动的能力。其应用包括：医疗成像分析被用来提高疾病的预测、诊断和治疗；人脸识别被支付宝或者网上一些自助服务用来自动识别照片中的人物；在安防及监控领域……计算机视觉技术运用由图像处理操作及其他技术所组成的序列来将图像分析任务分解为便于管理的小块任务。比如，一些技术能够从图像中检测到物体的边缘及纹理，分类技术可被用作确定识别到的特征是否能够代表系统已知的一类物体。

3）语音识别

语音识别技术通俗易懂的讲法就是语音转化为文字，并对其进行识别认知和处理。语音识别的主要应用包括医疗听写、语音书写、计算机系统声控、电话客服等。语音识别技术原理：对声音进行处理，使用移动窗函数对声音进行分帧；声音被分帧后，变为很多波形，需要将波形做声学体征提取，变为状态；特征提起之后，声音就变成了一个 N 行、N 列的矩阵，然后通过音素组合成单词。

4）虚拟个人助理

虚拟个人助理技术原理（以 Siri 为例）：用户对着 Siri 说话后，语音将立即被编码，并转换成一个压缩数字文件，该文件包含了用户语音的相关信息；由于用户手机处于开机状态，语音信号将被转入用户所使用移动运营商的基站当中，然后再通过一系列固定电线发送至用户的互联网服务供应商（Internet Service Provider，ISP），该 ISP 拥有云计算服务器；该服务器中的内置系列模块，将通过技术手段来识别用户刚才说过的内容。总而言之，Siri 等虚拟助理软件的工作原理就是"本地语音识别+云计算服务"。

此外，人工智能技术也广泛应用于语言处理、智能机器人、引擎推荐等领域。

4. 人工智能在发展过程中面临的困境

人工智能（AI）学科自 1956 年诞生至今已走过 60 多个年头，某些领域已取得了相当大的进展，但从整个发展过程来看，其发展曲折，面临不少难题。

1）计算机博弈的困难

谷歌人工智能 AlphaGo 事件，虽标志着计算机博弈已经达到了相当高的水平，然而计算机博弈依然面临着巨大的困难。这主要表现在目前的博弈程序往往是针对二人对弈、棋局公开、有确定走步的棋类进行研制的，而对于多人对弈、随机性的博弈这类问题，至少目前计算机还是难以模拟实现的。

2）机器翻译所面临的问题

虽然现在的计算机可以实现自动翻译，但歧义性问题一直是自然语言理解中的一大难关。同样一个句子在不同的场合使用，其含义的差异是司空见惯的，计算机往往孤立地将句子作为理解单位。另外，即使对原文有一定的理解，理解的意义如何有效地在计算机中表示出来也存在问题，系统的理解大都局限于表层上，没有深层的推敲，没有学习，没有记忆，没有归纳。

3）模式识别的困惑

虽然计算机进行模式识别的研究与开发已取得大量成果，有的已成为产品投入实际应用，但它的理论和方法与人的感官识别机制是完全不同的。人的识别手段、形象思维能力，是任何最先进的计算机识别系统都望尘莫及的。

4）自动定理证明和 GPS 的局限

自动定理证明的代表性工作是 1965 年鲁滨孙提出的归结原理。归结原理采用的是简单易行方法的演绎，它要求把逻辑公式转化为子句集合，从而丧失了其固有的逻辑蕴含语义。一般问题求解程序（General Problem Solover，GPS）是试图实现一种不依赖于领域知识求解人工智能问题的通用方法。不管是用一阶谓词逻辑进行定理证明的归结原理，还是求解人工智能问题的通用方法 GPS，都可以从中分析出表达能力的局限性。

5. 人工智能的发展及展望

人工智能一直处于计算机技术的前沿，其研究的理论和发现在很大程度上将决定计算机技术的发展方向，未来人工智能可能会向以下几方面发展：模糊处理、并行化、神经网络和机器情感。

（1）自动推理是人工智能最经典的研究分支，其基本理论是人工智能其他分支的共同基础。

（2）机器学习的研究取得长足的发展。许多新的学习方法相继问世并获得了成功的应用，如增强学习算法等。

（3）自然语言处理是 AI 技术应用于实际领域的典型范例。

不管人工智能技术如何迅速发展，我们都应当基于目前人工智能的技术短板，踏踏实实做研究，找方法弥补、提升技术，推动人工智能在智能应用上的发展。

1.5.3　大数据

1. 大数据的定义及特征

大数据或称巨量资料，指的是需要新处理模式才能具有更强的决策力、洞察力和流程优化能力的海量、高增长率和多样化的信息资产。在维克托·迈尔–舍恩伯格及肯尼斯·库克耶编写的《大数据时代》一书中，大数据指不用随机分析法（抽样调查）这样的捷径，而采用所有数据进行分析处理。大数据有 4 个"V"，或者说其特征有四个层面：

微课 1-15：大数据

（1）数据体量巨大，从 TB 级别，跃升到 PB 级别。

（2）数据类型繁多，前文提到的网络日志、视频、图片、地理位置信息等。

（3）价值密度低，以视频为例，连续不间断监控过程中，有用的数据可能仅有一两秒。

（4）处理速度快，1秒定律。最后这一点也是和传统的数据挖掘技术有着本质的不同。

业界将其归纳为四个V：Volume（大量）、Velocity（高速）、Variety（多样）、Value（价值密度）。

大数据最核心的价值在于对于海量数据进行存储和分析。比起现有的其他技术而言，大数据的"廉价、迅速、优化"这三方面的综合成本是最优的。企业组织利用相关数据和分析，可以帮助它们降低成本、提高效率、开发新产品、做出更明智的业务决策，其价值体现在以下几个方面：

（1）对大量消费者提供产品或服务的企业可以利用大数据进行精准营销。

（2）做小而美模式的中长尾企业可以利用大数据做服务转型。

（3）面临互联网压力之下必须转型的传统企业需要与时俱进充分利用大数据的价值。

简言之，从各种类型的数据中，快速获得有价值信息的能力，就是大数据技术。明白这一点至关重要，也正是这一点促使该技术具备走向众多企业的潜力。物联网、云计算、移动互联网、车联网、手机、平板式计算机、PC以及遍布地球各个角落的各种各样的传感器，无一不是数据来源或者承载的方式。

2．大数据的关键技术

大数据技术，就是从各种类型的数据中快速获得有价值信息的技术，它与云技术、分布式处理、存储技术及感知技术等密切相关。大数据处理关键技术一般包括：大数据采集、大数据预处理、大数据存储及管理、大数据分析及挖掘、大数据展现和应用（大数据检索、大数据可视化、大数据应用、大数据安全等）。

1）大数据采集技术

数据采集是指通过RFID射频数据、传感器数据、社交网络交互数据及移动互联网数据等方式获得的各种类型的结构化、半结构化（或称为弱结构化）及非结构化的海量数据，是大数据知识服务模型的根本。重点要突破分布式高速高可靠数据爬取或采集、高速数据全映像等大数据收集技术；突破高速数据解析、转换与装载等大数据整合技术；设计质量评估模型，开发数据质量技术。

2）大数据预处理技术

主要完成对已接收数据的辨析、抽取、清洗等操作。

（1）抽取。因获取的数据可能具有多种结构和类型，数据抽取过程可以帮助人们将这些复杂的数据转化为单一的或者便于处理的构型，以达到快速分析处理的目的。

（2）清洗。对于大数据，并不全是有价值的，有些数据并不是我们所关心的内容，而另一些数据则是完全错误的干扰项，因此要对数据通过过滤"去噪"从而提取出有效数据。

3）大数据存储及管理技术

大数据存储与管理要用存储器把采集到的数据存储起来，建立相应的数据库，并进行管理和调用。重点解决复杂结构化、半结构化和非结构化大数据管理与处理技术。主要解决大数据的可存储、可表示、可处理、可靠性及有效传输等几个关键问题。开发可靠的分布式文件系统、能效优化的存储、计算融入存储、大数据的去冗余及高效低成本的大数据存储技术；突破分布式非关系型大数据管理与处理技术、异构数据的数据融合技术、数据组织技术、研究大数据建模技术；突破大数据索引技术；突破大数据移动、备份、复制等技术；开发大数据可视化技术。

4）大数据分析及挖掘技术

① 大数据分析技术。改进已有数据挖掘和机器学习技术；开发数据网络挖掘、特异群组挖掘、图挖掘等新型数据挖掘技术；突破基于对象的数据连接、相似性连接等大数据融合技术；突破用户兴趣分析、网络行为分析、情感语义分析等面向领域的大数据挖掘技术。

② 数据挖掘就是从大量的、不完全的、有噪声的、模糊的、随机的实际应用数据中，提取隐含在其中的、人们事先不知道的，但又是潜在有用的信息和知识的过程。数据挖掘涉及的技术方法很多，有多种分类法。

5）大数据展现和应用

其主要用于图形展示（散点图、折线图、柱状图、地图、饼图、雷达图、K 线图、箱线图、热力图、关系图、矩形树图、平行坐标、桑基图、漏斗图、仪表盘），有文字展示，当前大数据展现技术主要有 Echarts、Tableau。

3. 大数据的实践

大数据可以从实践层面上分为政府的大数据、企业的大数据、互联网的大数据及个人的大数据。

1）政府的大数据

2012 年，美国奥巴马政府宣布投资 2 亿美元拉动大数据相关产业发展，将"大数据战略"上升为国家意志。奥巴马政府将数据定义为"未来的新石油"，并表示一个国家拥有数据的规模、活性及解释运用的能力将成为综合国力的重要组成部分，未来，对数据的占有和控制甚至将成为陆权、海权、空权之外的另一种国家核心资产。

政府掌握着全社会量最大、最核心的数据，如气象数据、金融数据、信用数据、电力数据、煤气数据、自来水数据等。如果可以将这些数据关联起来，并对这些数据进行有效的关联分析和统一管理，这些数据必定将获得新生，其价值是无法估量的。例如，工商部门可以利用大数据技术对企业异常行为监测预警，或为企业提供精准服务；交通部门利用大数据技术解决拥堵情况；教育部门利用大数据改善教学体验……政府的医疗卫生部门、气象部门、环保部门、文化旅游等部门，也都可以利用大数据平台，实现相应的服务。

2）企业的大数据

作为企业来说，最关注的是数据背后能有怎样的信息，企业该做怎样的决策，这一切都需要通过传递和支撑。大数据可以改变公司的影响力，带来竞争差异、节省金钱、增加利润、愉悦买家客户、将潜在客户转化为客户、增加吸引力、打败竞争对手、开拓用户群并创造市场。对于企业的大数据，随着数据逐渐成为企业的一种资产，数据产业会向传统企业的供应链模式转变，最终形成"数据供应链"。对于提供大数据服务的企业来说，他们等待的是合作机会。

3）互联网的大数据

互联网大数据，又称巨量资料，指的是所涉及的数据资料量规模巨大到无法通过人脑甚至主流软件工具，在合理时间内达到撷取、管理、处理，并整理成为帮助企业经营决策更积极目的的资讯。

互联网大数据的典型代表包括：用户行为数据、用户消费数据、用户地理位置数据、互联网金融数据、用户社交网站生成内容的数据。互联网上的数据每年增长 50%，每两年便翻一番，而目前世界上 90% 以上的数据是最近几年才产生的。据 IDC 预测，到 2020 年全球将总共拥有 35 ZB 的数据量。互联网是大数据发展的前哨阵地，目前人们已经习惯了将自己的生活通过网络进行数据化，方便分享、记录及回忆。

4）个人的大数据

简单来说，个人的大数据就是与个人相关联的各种有价值数据信息被有效采集后，可由本人授权提供第三方进行处理和使用，并获得第三方提供的数据服务。

未来，每个用户可以在互联网上注册个人的数据中心，以存储个人的大数据信息。通过可穿戴设备或植入芯片等感知技术来采集捕获个人的大数据，如牙齿监控数据、心率数据、体温数据、视力数据、记忆能力、地理位置信息、社会关系数据、运动数据、饮食数据、购物数据等。用户可以将这些数据分别授权给相应的机构，由他们监控和使用这些数据，进而为用户制订有针对性的服务计划。当然，个人数据的采集或使用并不是随意或无条件的，必须先被用户授权，并由数据中心监控。

4. 大数据的发展现状及未来

大数据在当下已经在很多方面有着杰出的表现，如大数据帮助政府实现市场经济调控、公共卫生安全防范、灾难预警、社会舆论监督；大数据帮助城市预防犯罪，实现智慧交通，提升紧急应急能力；大数据帮助医疗机构建立患者的疾病风险跟踪机制……物联网发展到一定规模，可以借助条形二维码、RFID 等能够唯一标识产品；传感器、可穿戴设备、智能感知、视频采集、增强现实等技术可实时采集和分析信息，这些数据能够支撑智慧城市、智慧交通、智慧能源、智慧医疗、智慧环保的理念。

未来的大数据除了更好地解决社会问题、商业营销问题、科学技术问题，还有一个可预见的趋势是以人为本的大数据方针。比如，建立个人的数据中心，将每个人的日常生活习惯、身体体征、社会网络、知识能力、爱好性情、疾病嗜好、情绪波动等都存储下来，这些数据可以被充分利用：医疗机构将实时地监测用户的身体健康状况；教育机构更有针对地制订用户喜欢的教育培训计划；服务行业为用户提供即时健康的符合用户生活习惯的食物和其他服务；社交网络能为用户提供合适的交友对象，并为志同道合的人群组织各种社会活动；金融机构能帮助用户进行有效的理财管理，为用户的资金提供更有效的使用建议和规划；道路交通、汽车租赁及运输行业可以为用户提供更合适的出行线路和路途服务安排。

"大数据"作为一个较新的概念，目前尚未直接以专有名词被我国政府提出来给予政策支持。不过，在 2011 年 11 月 28 日工业和信息化部发布的物联网"十二五"规划上，把信息处理技术作为 4 项关键技术创新工程之一被提出来。2015 年 8 月 31 日，国务院发布的《促进大数据发展行动纲要》（以下简称"纲要"）将大数据发展确立为国家战略。党的十八届五中全会明确提出，实施"互联网+"行动计划，发展分享经济，实施国家大数据战略。

1.5.4　网格计算

1．网格计算的概念

Grid Computing（网格计算）即分布式计算，是一门计算机科学，是伴随着互联网而迅速发展起来的，专门针对复杂科学计算的新型计算模式。它是指将计算资源虚拟化，然后根据各个计算任务的需要对计算能力进行动态分配。网格计算通过利用大量异构计算机（通常为桌面）的未用资源（CPU 周期和磁盘存储），将其作为嵌入在分布式电信基础设施中的一个虚拟的计算机集群，为解决大规模的计算问题提供了一个模型。网格计算的焦点放在支持跨域计算的能力，这使它与传统的计算机集群或传统的分布式计算相区别。

微课 1-16：网格计算

通俗地说，网格计算就是将一个计算量庞大的，一台或几台计算机无法在短时间内完成的工作，分解成若干个小的可以在一台计算机上短时间内完成的工作，通过网络发送到联网的计算机中，让联网的计算机都帮着进行计算，最后汇总得到结果。这种计算模式是利用互联网把分散在不同地理位置的计算机组织成一个"虚拟的超级计算机"，其中每一台参与计算的计算机就是一个"结点"，而整个计算是由成千上万个"结点"组成的"一张网格"，所以这种计算方式叫网格计算。这样组织起来的"虚拟的超级计算机"有两个优势，一个是数据处理能力超强；另一个是能充分利用网上的闲置处理能力。

2．网格计算的发展历程

随着超级计算机的不断发展，它已经成为复杂科学计算领域的主宰。但以超级计算机为中心的计算模式存在明显的不足，它造价极高，通常只有一些国家级的部门才有能力配置这样的设备。于是，人们开始寻找一种造价低廉而数据处理能力超强的计算模式，最终科学家们找到了答案——网格计算。

2002 年 8 月，IBM 宣布投入数十亿美元研发网格计算，与 Globus 合作开发开放的网格计算标准，并指出网格的价值不仅仅限于科学计算，商业应用也有很好的前景。于是网格计算和 Globus 一起从幕后走到前台，受到前所未有的关注。

在 2002 年的 2 月，IBM 与 Globus 共同发表了 OGSA（Open Grid Services Architecture），勾勒了 Globus Toolkit 3.0 的蓝图。OGSA 主要是将 Web Services、数据库存取、Java EE 等技术规范纳入网格计算，正式的版本在 2003 年问世。实际上，OGSA 的第一个供参考和评价技术用的部分已经于 2002 年 5 月 17 日在网上公布。IBM 是网格系统和服务方面的领先供应商，已经为很多科技团体、政府机构以及商业化用户的网格系统提供了产品和服务，其中包括英国国家网格、荷兰国家网格、美国国防部网格、美国 DTF、宾州的乳癌档案库、北卡州的生物网格等。IBM 研究中心还使用 Globus 技术构建了自己的"蓝色网格"，该网格将分布在美国、以色列、瑞士、日本和英国的 IBM 研究和开发实验室的超级计算机连接在一起，实现资源的共享和利用，同时也能对网格服务和解决方案进行测试和原型实验。

IBM 的 WebSphere 电子商务基础设施软件将为 OGSA（开放网格服务结构）网格服务标准提供一个可靠的实施方案参考。目前，IBM 正在与 Globus 合作，使用 IBM WebSphere 作为参考应用服务器，重新改造 Globus 的工具包以使其与 Java EE 兼容。IBM eServer 系列已经构成了世界上最强大的网格计算的硬件基础。IBM 存储部也宣布了几项支持网格功能的主要产品。此外，IBM 的全球服务部还将为正在考虑网格战略的客户提供各种服务，IBM 还积极地与 Globus 这样的开放源代码开发团体和有影响力的行业标准组织"全球网格论坛"进行合作，共同推动开放的协议。

3．网格计算的基本原理

网格计算常常被人们认为是互联网之后最重要的技术，而网格计算正是伴随着互联网技术而迅速发展起来的，是专门针对复杂科学计算的新型计算模式。也可以说"网格计算是一种中间件"。现有的资源，如网络、计算机、服务器、操作系统、数据库以及文件系统等都是网格计算的底层设施，而网格计算之上则是应用，各种各样的应用通过网格调用、共享各种资源来完成任务。所以，网格计算实际上是利用互联网将分散于不同地域的计算机组织起来，成为一个虚拟的"超级计算机"。每台参与的计算机就是一个"结点"，成千上万的结点组合起来，成为一张"网格"，从而实现计算资源、存储资源、数据资源、信息资源、知识资源、专家资源等的全面共享。

首先，要发现一个需要非常巨大的计算能力才能解决的问题。这类问题一般是跨学科的、极富挑战性的、人类亟待解决的科研课题。其中较为著名的是：

（1）解决较为复杂的数学问题，如 GIMPS（寻找最大的梅森素数）。

（2）研究寻找最为安全的密码系统，如 RC-72（密码破解）。

（3）生物病理研究，如 Folding@home（研究蛋白质折叠、误解、聚合及由此引起的相关疾病）。

（4）各种各样疾病的药物研究，如 United Devices（寻找对抗癌症的有效的药物）。

（5）信号处理，如 SETI@Home（在家寻找地外文明）。

从这些实际的例子可以看出，这些项目都很庞大，需要惊人的计算量，仅仅由单个的计算机或是个人在一个能让人接受的时间内计算完成是绝不可能的。在以前，这些问题都应该由超级计算机来解决，现在这些工作都可以由一种廉价的、高效的、维护方便的计算方法——网格计算来完成。通过任何一台计算机都可以提供无限的计算能力，可以接入浩如烟海的信息。这种环境将能够使各企业解决以前难以处理的问题，最有效地使用他们的系统，满足客户要求并降低他们计算机资源的拥有和管理总成本。

4．网格计算的优势

网格计算的优势主要体现在网络体系结构及资源整合及计算能力两个方面。比起其他算法，网格计算在网络体系结构方面，具有以下几个优点：

（1）稀有资源可以共享。

（2）通过分布式计算可以在多台计算机上平衡计算负载。

（3）可以把程序放在最适合运行它的计算机上。

其中，共享稀有资源和平衡负载是计算机分布式计算的核心思想之一。实际上，网格计算就是分布式计算的一种。如果某项工作是分布式的，那么，参与这项工作的一定不只是一台计算机，而是一个计算机网络，显然这种"蚂蚁搬山"的方式将具有很强的数据处理能力。

比起其他算法，网格计算在资源整合及计算能力方面，具有以下几个优点：

（1）提高或拓展型企业内所有计算资源的效率和利用率，满足最终用户的需求，同时能够解决以前由于计算、数据或存储资源的短缺而无法解决的问题。

（2）建立虚拟组织，通过让他们共享应用和数据来对公共问题进行合作。

（3）整合计算能力、存储和其他资源，使需要大量计算资源的巨大问题求解成为可能。

（4）通过对这些资源进行共享、有效优化和整体管理，能够降低计算的总成本。

5. 网格计算的应用

网格计算是利用网络中一些闲置的处理能力来解决复杂问题的计算模式，适于大型科学计算和项目研究。随着对处理能力越来越强劲的需求，网格计算开始自然而然地挤占主流计算的领地，最有力的证据就是工业巨头 IBM 和 Sun（已于 2009 年被 Oracle 收购）的支持。

1）网格计算在企业及居民日常生活中的应用

通过商业智能和分析，网格通常用于执行大型的数据挖掘、数据智能和数据研究项目。在企业优化方面，通过利用网格，各类组织可快速将不同的资源连接在一起，进行负载优化，从而能够跨企业边界以"不中断运行"的方式提供计算和数据资源。网格计算技术大大加快分析过程的速度。同时，还能够提高或拓展企业内所有计算资源的效率和利用率，通过对这些资源进行有效优化和整体管理，满足客户要求并降低企业计算机资源的拥有和管理总成本。

网格计算支持所有行业的电子商务应用。例如，飞机和汽车等复杂产品的生产要求对产品设计、产品组装和产品生命周期管理进行计算密集型模拟。其他一些实例还有：通过 Monte Carlo 方法对复杂金融环境的模拟；中国国家计算网格应用到如税务这样的重要行业；在医疗领域最典型的是远程医疗等。

2）网格计算在科研领域的应用

在科学研究领域，研究与开发活动基本上是信息和计算密集型的，涉及使用多种方法，如分析、深入计算、数据挖掘和数据抽取。网格计算可以帮助研究人员提高工作效率、网格技术可以辅助科学家完成重大领域的科学研究。网格计算技术除具备超级计算能力以外，还将不同地域的资源整合在一起，使科学工作者能够紧密合作，充分利用共享的资源（如大型的、昂贵的仪器设备等）。目前，网格计算主要被各大学和研究实验室用于高性能计算的项目。这些项目要求巨大的计算能力，或需要接入大量数据。例如，在美国，网格计要算技术用于生命科学领域，正在成为现实；在物理学研究方面，德国 Max Planck 引力物理研究所与德国和美国多个机构合作，利用网格的超级计算能力共同完成了模拟黑洞的项目。此外，网格计算还受应用到需要大型科学计算的国家级部门，如航天、气象等部门。

6. 网格计算与云计算的不同

与网格计算不同，云计算更多的是由工业界主导发展的一套技术和标准。云计算和网格计算都能够提高 IT 资源的利用率。但是，云计算侧重于 IT 资源的整合，整合后按需提供 IT 资源；网格计算侧重于不同组织间计算能力的连接。云计算依靠 IT 资源供给的灵活性，革新了 IT 产业的商业模式，是基础 IT 资源外包商业模式的典型运用。网格计算是拥有计算能力的结点自发形成联盟，共同解决涉及大规模计算的问题，是基础 IT 资源联合共享模式的运用。未来的网格计算向着标准化服务和协议、技术融合及大型化方向发展。

1.5.5 物联网

1. 物联网的基本概念

物联网是新一代信息技术的重要组成部分，也是信息化时代的重要发展阶段。顾名思义，物联网就是物物相连的互联网。这有两层意思：其一，物联网的核心和基础仍然是互联网，是在互联网基础上的延伸和扩展的网络；其二，其用户端延伸和扩展到了任何物品与物品之间，进行信息交换和通信。物联网通过智能感知、识别技术与普适计算等通信感知技术，广泛应用于网络的融合中，也因此被称为继计算机、互联网之后世界信息产业发展的第三次浪潮。

微课 1-17：物联网

目前，国际上公认的物联网定义是：通过射频识别（RFID）、红外感应器、全球定位系统、激光扫描器等信息传感设备，按约定的协议，把任何物品与互联网相连接，进行信息交换和通信，以实现对物品的智能化识别、定位、跟踪、监控和管理的一种网络。

2. 物联网的原理、含义及本质

1）物联网的原理

物联网是在计算机互联网的基础上，利用 RFID、无线数据通信等技术，构造一个覆盖世界上万事万物的"Internet of Things"。在这个网络中，物品（商品）能够彼此进行"交流"，而无须人的干预。其实质是利用射频自动识别（RFID）技术，通过计算机互联网实现物品（商品）的自动识别和信息的互联与共享。

而 RFID，正是能够让物品"开口说话"的一种技术。在"物联网"的构想中，RFID 标签中存储着规范而具有互用性的信息，通过无线数据通信网络把它们自动采集到中央信息系统，实现物品（商品）的识别，进而通过开放性的计算机网络实现信息交换和共享，实现对物品的"透明"管理。

2）物联网的含义

从两化融合角度分析物联网的含义：

（1）工业化的基础是自动化，自动化领域发展了近百年，理论、实践都已经非常完善。特别是随着现代大型工业生产自动化下应运而生的 DCS 控制系统，更是计算机技术、系统控制技术、网络通信技术和多媒体技术结合的产物。

（2）IT 信息发展的前期其信息服务对象主要是人，其主要解决的问题是解决信息孤岛问题，然后还要将物与人的信息打通。智能分析与优化技术是在获得信息后，依据历史经验以及理论模型，快速做出最优决策。

物联网智库认为物联网的定义源于 IBM 的智慧地球方案，在物联网的十二五规划中，九大试点行业全部都是行业的智能化。无论智慧方案，还是智能行业，智能的根本离不开数据分析与优化技术。数据的分析与优化是物联网的关键技术之一，也是未来物联网发挥价值的关键点。

3）物联网本质

物联网是互联网的应用拓展，应用创新是物联网发展的核心，以用户体验为核心的创新 2.0 则是物联网发展的灵魂。物联网的本质概括起来主要体现在三个方面：一是互联网特征，即对需要联网的物一定要能够实现互联互通的互联网络；二是识别与通信特征，即纳入物联网的"物"一定要具备自动识别与物物通信的功能；三是智能化特征，即网络系统应具有自动化、自我反馈与智能控制的特点。

3．物联网的特征、分类及应用模式

1）物联网的特征

与传统的互联网相比，物联网有其鲜明的特征：

（1）是各种感知技术的广泛应用。

（2）是一种建立在互联网上的泛在网络。

（3）物联网具有智能处理的能力，能够对物体实施智能控制。

2）物联网的分类

物联网按其所面向的对象不同，可分为私有物联网、公有物联网、社区物联网及混合物联网四大类。

（1）私有物联网：一般面向单一机构内部提供服务。

（2）公有物联网：基于互联网向公众或大型用户群体提供服务。

（3）社区物联网：向一个关联的"社区"或机构群体（如一个城市政府下属的各委办局：如公安局、交通局、环保局、城管局等）提供服务。

（4）混合物联网：是上述的两种或以上的物联网的组合，但后台有统一运维实体。

3）物联网的应用模式

根据其实质用途可以归结为三种基本应用模式：

（1）对象的智能标签。通过二维码、RFID 等技术标识特定的对象，用于区分对象个体。例如，生活中使用的各种智能卡、条码标签的使用。

（2）环境监控和对象跟踪。利用多种类型的传感器和分布广泛的传感器网络，可以实现对某个对象的实时状态的获取和特定对象行为的监控，如通过 GPS 标签跟踪车辆位置，通过交通路口的摄像头捕捉实时交通流程。

（3）对象的智能控制。物联网基于云计算平台和智能网络，可以依据传感器网络用获取的数据进行决策，改变对象的行为进行控制和反馈。例如，根据光线的强弱调整路灯的亮度，根据车辆的流量自动调整红绿灯间隔等。

4．物联网的技术架构及建设情况

1）物联网的技术架构

从技术架构上来看，物联网可分为三层：感知层、网络层和应用层。

（1）感知层由各种传感器以及传感器网关构成，包括二氧化碳浓度传感器、温度传感器、湿度传感器、二维码标签、RFID 标签和读写器、摄像头、GPS 等感知终端。感知层的作用相当于人的眼耳鼻喉和皮肤等神经末梢，它是物联网识别物体、采集信息的来源，其主要功能是识别物体，采集信息。

（2）网络层由各种私有网络、互联网、有线和无线通信网、网络管理系统和云计算平台等组成，相当于人的神经中枢和大脑，负责传递和处理感知层获取的信息。

（3）应用层是物联网和用户（包括人、组织和其他系统）的接口，它与行业需求结合，实现物联网的智能应用。

2）物联网的建设情况

物联网技术是一项综合性的技术，是一项系统，国内还没有哪家公司可以全面负责物联网的整个系统规划和建设，理论上的研究已经在各行各业展开，而实际应用还仅局限于行业内部。关于物联网的规划和设计以及研发关键在于 RFID、传感器、嵌入式软件以及传输数据计算等领域的研究。

一般来讲，物联网的开展步骤如下：

（1）对物体属性进行标识，属性包括静态和动态的属性，静态属性可以直接存储在标签中，动态属性需要先由传感器实时探测。

（2）需要识别设备完成对物体属性的读取，并将信息转换为适合网络传输的数据格式。

（3）将物体的信息通过网络传输到信息处理中心，由处理中心完成物体通信的相关计算。

5．物联网的关键技术

在物联网应用中有三项关键技术：

（1）传感器技术，这也是计算机应用中的关键技术。自从有计算机以来就需要传感器把模拟信号转换成数字信号，计算机才能处理。

（2）RFID 标签也是一种传感器技术。RFID 技术是融合了无线射频技术和嵌入式技术为一体的综合技术，RFID 在自动识别、物品物流管理有着广阔的应用前景。

（3）嵌入式系统技术，是综合了计算机软硬件、传感器技术、集成电路技术、电子应用技术为一体的复杂技术。经过几十年的演变，以嵌入式系统为特征的智能终端产品随处可见；小到人们身边的 MP3，大到航天航空的卫星系统。

与以上技术相对应，物联网应用于四大关键领域：RFID、传感网、M2M、两化融合。

6．物联网的产生与发展

1991 年美国麻省理工学院（MIT）的 Kevin Ashton 教授首次提出物联网的概念。1999 年 MIT 建立了"自动识别中心（Auto-ID Center）"，提出"万物皆可通过网络互联"，阐明了物联网的基本含义。早期的物联网是依托射频识别（RFID）技术的物流网络。2005 年

11 月，国际电信联盟（ITU）发布《ITU 互联网报告 2005：物联网》，引用了"物联网"的概念。物联网的定义和覆盖范围有了较大的拓展，不再只是指基于 RFID 技术的物联网。2009 年欧盟执委会发表了欧洲物联网行动计划，描绘了物联网技术的应用前景，提出欧盟政府要加强对物联网的管理，促进物联网的发展。2009 年 1 月 28 日，IBM 首次提出"智慧地球"概念，建议新政府投资新一代的智慧型基础设施。

物联网发展经历了三个阶段。第一阶段：物联网连接大规模建立阶段，越来越多的设备在放入通信模块后通过移动网络、Wi-Fi、蓝牙、RFID、ZigBee 等连接技术连接入网。第二阶段：大量连接入网的设备状态被感知，产生海量数据，形成了物联网大数据。第三阶段：初始人工智能已经实现，对物联网产生数据的智能分析和物联网行业应用及服务将体现出核心价值。Gartner 预测，2020 年物联网应用与服务产值将达到 2 620 亿美元，市场规模超过物联网基础设施领域的 4 倍。该阶段物联网数据发挥出最大价值，企业对传感数据进行分析并利用分析结果构建解决方案实现商业变现。

在我国，物联网概念的前身是传感网。中国科学院早在 1999 年就启动了传感网技术的研究，并取得了一系列的科研成果。2009 年 8 月，时任总理温家宝在无锡视察时提出"感知中国"，无锡市率先建立了"感知中国"研究中心，中国科学院、运营商、多所大学在无锡建立了物联网研究院。2010 年物联网被写入了政府工作报告，发展物联网提升到发展战略高度。"十二五"时期，我国在物联网发展政策环境、技术研发、标准研制、产业培育以及行业应用方面取得了显著成绩，物联网应用推广进入实质阶段，示范效应明显；"十三五"规划纲要明确提出"发展物联网开环应用"，将致力于加强通用协议和标准的研究，推动物联网不同行业不同领域应用间的互联互通、资源共享和应用协同。近年来，在"中国制造 2025""互联网+"等战略带动下，物联网产业呈现蓬勃生机。

 习　　题

一、选择题

1．下列不是计算机特点的是（　　　）。

　　A．记忆能力强　　　　B．计算精度高　　　　C．自主创造能力　　　　D．运算速度快

2．目前普遍使用的微型计算机属于（　　　）计算机。

　　A．大规模和超大规模集成电路时代　　　　B．电子管时代

　　C．中小规模集成电路时代　　　　　　　　D．晶体管时代

3．在下列字符中，其 ASCII 码值最小的一个是（　　　）。

　　A．Z　　　　　　　B．9　　　　　　　C．A　　　　　　　D．a

4．在计算机的内部，一切信息的存取、处理和传输都是以（　　　）形式进行的。

　　A．十六进制　　　　B．ASCII　　　　C．二进制　　　　D．八进制

5．下列几个数中，最大的一个数是（　　　）。

　　A．$(11101)_2$　　　B．$(28)_{10}$　　　C．$(36)_8$　　　D．$(1F)_{16}$

6．根据汉字国标码 GB 2312—1980 的规定，将汉字分为常用汉字（一级）和非常用汉字（二级）两级汉字。二级汉字按（　　　）排列。

  A．偏旁部首笔画多少   B．汉语拼音字母

  C．每个字的笔画多少   D．使用频率多少

7．已知三个字符为：a、Z 和 8，按它们的 ASCII 码值升序排序，结果是（　　　）。

  A．8,a,Z   B．a,8,Z   C．a,Z,8   D．8,Z,a

8．字长为 6 位的无符号二进制整数最大能表示的十进制整数是（　　　）。

  A．64   B．63   C．32   D．31

9．计算机系统由（　　　）两大部分组成。

  A．系统软件和应用软件   B．主机和外围设备

  C．硬件系统和软件系统   D．输入设备和输出设备

10．在计算机应用领域中，CAI 的中文含义是（　　　）。

  A．计算机辅助设计   B．计算机辅助制造

  C．计算机辅助教学   D．计算机辅助测试

11．设机器的字长为 8 位，则十进制数 -39 的补码是（　　　）。

  A．11011001   B．1110011   C．11011000   D．00100111

12．在计算机领域中，通常用 MIPS 来描述（　　　）。

  A．计算机的运算速度   B．计算机的可靠性

  C．计算机的可运行性   D．计算机的可扩充性

13．多媒体技术有很多特征，以下不属于主要特征的是（　　　）。

  A．实时性   B．可视性   C．数字性   D．交互性

14．大数据有四个 V，以下不属于其中之一的是（　　　）。

  A．Volume（大量）   B．Variability（变化性）

  C．Variety（多样）   D．Value（价值密度）

15．以上不是大数据处理关键技术的是（　　　）。

  A．大数据再现   B．大数据存储及管理

  C．大数据分析及挖掘   D．大数据展现和应用

16．物联网的本质概括起来主要体现在三个方面，以下不是其一的是（　　　）。

  A．互联网特征，即对需要联网的物一定要能够实现互联互通的互联网络

  B．识别与通信特征，即纳入物联网的"物"一定要具备自动识别与物物通信的功能

  C．智能化特征，即网络系统应具有自动化、自我反馈与智能控制的特点

  D．服务对象主要是人，其主要解决的问题是将物与人的信息打通。

二、填空题

1．现代计算机的发展，依据计算机所采用的电子器件的不同，将其划分为_____、_____、_____、_____四个时代。

2．按规模分类，通常将计算机分为_____、_____、_____、_____等几类。

3．U 盘是通过_____接口与主机进行数据交换的移动存储设备。

4．在微型计算机中，如果电源突然中断，则存储在_____中的信息不会丢失。

5．十进制数 53.24 转换为二进制数是_____（保留 2 位小数），转换为八进制数是_____，转换为十六进制数是_____。

6．汉字的"保"区位码为 1703，则它对应的国标码等于_____ H。

7．设机器的字长为 8 位，则十进制数 −5 的反码是_____。

8．被称为"人工智能之父"的是_____，他与他的同学一起建造了世界上第一台神经网络计算机。被称为"计算机之父"的是_____，他提出了一个举世瞩目的想法——图灵测试。

9．大数据有四个 V，即其四个层面的特征，分别是_____、_____、_____、和_____。

10．从技术架构上来看，物联网可分为三层_____、_____、和_____。

三、简答题

1．计算机的发展经历了哪几个阶段？各阶段的特点是什么？

2．将下列数字按要求进行转换。

（1）将十进制数 183.625 分别转换成二、八、十六进制数。

（2）将八进制数 70.521 分别转换成二、十六进制数。

（3）将十六进制数 10A.B2F 分别转换成二、八进制数。

3．什么是 ASCII？请查出"c""H""5"的 ASCII 值。

4．计算机系统由哪几个部分组成？各部分的功能是什么？

5．简述计算机系统的基本工作原理。

6．衡量计算机系统性能的主要技术指标有哪些？

7．简述云计算和网格计算的概念，并说明它们之间的区别。

8．简述人工智能的概念及其应用领域。

9．大数据的定义及主要特征是什么？

10．简述网格计算和物联网的概念，并说明它们的基本原理。

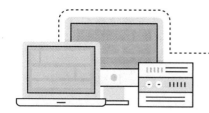

第 2 章

Windows 7操作系统

操作系统（Operating System，OS）是一种系统软件，它管理计算机系统和移动终端系统的硬件与软件资源，控制程序的运行，改善人机操作界面，为其他应用软件提供支持等。它是用户操作计算机以及移动终端的接口，是保证计算机能够正常运行中最重要的系统软件。操作系统是一个庞大的管理控制程序，直接运行在计算机的硬件上，是最基本的系统软件。在整个计算机工作过程中，操作系统能合理地利用相关的软硬件资源为用户提供使用便利、功能强大又可扩展的工作环境。

 **2.1　操作系统概述**

2.1.1　操作系统功能

操作系统位于计算机硬件与用户之间，是用户操作计算机的接口，基本功能包括处理器管理、存储器管理、设备管理、文件管理、网络与通信、用户接口等。

1．处理器管理

CPU 是整个计算机的核心，为了有效地提高 CPU 的利用率，计算机在运行过程中采用多道程序技术，通过进程管理来协调多道程序之间的关系，从而实现 CPU 的充分利用。因而对处理器的管理实际上就是对进程的管理，包括进程控制、进程同步与互斥、进程通信、进程调度。

2．存储器管理

存储器管理的主要任务是管理存储器资源，管理的对象是主存，也称内存，因此存储器管理实际上就是内存的管理，包括内存分配、内存共享、内存保护、内存扩充。

3．设备管理

设备管理的对象是连接在计算机之上的外设。主要任务是对所有外围设备的有效管理，实现用户对设备的高效利用，功能包括外设的分配、外设的控制与处理、共享型外设驱动、虚拟设备。

4．文件管理

在计算机中程序和数据是以文件的形式存在的，因此文件管理是对计算机中程序和数据的管理，它是对计算机软件资源的管理，功能包括文件目录管理、文件操作管理、文件存储空间管理、文件保护管理。

5．网络与通信

网络与通信是实现在计算机中进行人与人、人与计算机、计算机与计算机信息交换的前提。网络与通信管理主要实现的功能包括网上资源管理、数据通信管理、网络安全管理、网络故障管理、网络性能管理、记账管理、网络配置管理。

6．用户接口

用户接口是指用户在操作计算机时的用户界面。操作系统提供给用户操作计算机的界面主要有三种：命令接口、程序接口、图形接口。本书所用的 Windows 7 操作系统使用的是图形接口。

2.1.2　操作系统分类

操作系统的分类方式有多种，根据工作方式不同可分为以下几类：

1．批处理操作系统

在批处理操作系统（Batch Processing）下，计算机的工作方式是首先由用户提交作业，然后操作员利用多个用户提交的作业以一定的顺序输入给计算机形成连续的作业流，接着操作系统自动、依次地执行作业流中的作业，最终由操作员将计算机执行的结果交给用户。典型的批处理操作系统包括 DOS、MVX 等。

2．分时操作系统

在分时操作系统（Time Sharing）下，一台主机上通常连接着多个用户终端，当多个用户终端同时向主机发送服务请求时，操作系统采用时间片轮转的方式轮流为每一台终端处理服务请求。由于操作系统所定义的时间片的时间段非常的短，因此每个用户在轮流使用时间片时感觉不到其他用户的操作。典型的分时操作包括 Windows 系列操作系统，Mac OS 系列操作系统以及 UNIX 操作系统。

3．实时操作系统

在实时操作系统（Real-Time Operating System，RTOS）下，当用户发出服务请求时，系统会快速响应并调度一切可利用的资源来完成服务请求，并负责控制所有实施任务协调一致运行。因此实时操作系统最大的特点就是它的及时响应以及它具有高可靠性。典型常用的实时操作系统包括 VRTX、RTOS 等。

4．网络操作系统

网络操作系统是向网络计算机提供专门服务的特殊操作系统，它是网络的心脏和灵魂。网络操作系统除具备基本操作系统的功能还应具有：为用户提供高效、可靠的网络通信能力，提供多种网络服务功能。它通常分为服务器端和客户端。典型的网络服务器包括Windows Server、UNIX、Linux、NetWare。

5．分布式操作系统

分布式操作是将多台计算机通过网络连接在一起所形成的系统，在该系统下多台计算机可以实现相互通信、资源共享，同时当用户发出服务请求时。请求任务可被分解为多个子任务并合理地被系统调度到位于分布式系统的多台计算机上去并行执行，即在分布式操作系统中所有的任务都可以在系统的任意计算机上运行，它可以实现全系统范围内的任务分配并自动调度各计算机的工作负载。典型的分布式操作系统包括 Mach、Amoeba 等。

2.2　Windows 7 概述

2.2.1　Windows 7 基本运行环境要求

　　Windows 7 操作系统是微软公司于 2009 年发布的一款至今仍较为经典的一款操作系统；具有很好的安全性、稳定性、功能也很强大。Windows 7 操作系统针对不同的用户推出了 6 个不同的版本，分别是初级版（Windows 7 Starter）、家庭基础版（Windows 7 Home Basic）、家庭高级版（Windows 7 Home Premium）、专业版（Windows 7 Professional）、企业版（Windows 7 Enterprise）、旗舰版(Windows 7 Ultimate)。在这些版本中，除了初级版，其他版本都提供了 32 位与 64 位系统供用户进行选择。本章将以 Windows 7 旗舰版 64 位为例，介绍 Windows 7 操作系统。在安装 Windows 7 之前，计算机必须具备一定的硬件环境才能保证系统的安装与正常运行。Windows 7 操作系统的基本硬件配置要求如表 2-1 所示。

表 2-1　Windows 7 基本硬件配置要求

硬 件 名	基 本 要 求	说 明
CPU	1 GHz 32 位或 64 位处理器	安装 64 位 Windows 7 操作系统则要求 CPU 必须支持 64 位运算
内存	1 GB 或者 2 GB	安装 32 位 Windows 7 操作系统需要至少 1 GB 的内存支持，安装 64 位的 Windows 7 操作系统需要至少 2 GB 的内存支持
硬盘	可用硬盘容量要求为 16 GB 或 20 GB	安装 32 位 Windows 7 操作系统需要至少 16 GB 的可用硬盘支持，安装 64 位的 Windows 7 操作系统需要至少 20 GB 的可用硬盘支持
显卡	带有 WDDM1.0 或更高版本的驱动程序的 DirectX 9 图形设备	DirectX 9 图形设备可支持 Windows Aero 特效
其他	DVD 光驱、微软兼容的键盘鼠标等	

2.2.2　Windows 7 操作系统安装

　　安装 Windows 7 操作系统的常用方法有两种：一是光盘安装；二是 U 盘安装。

1. 光盘安装

　　利用光盘进行 Windows 7 操作系统安装之前，用户需要一张 Windows 7 操作系统的光盘。若没有则需要在网上事先下载一个 Windows 7 操作系统镜像文件，然后将镜像文件刻录到光盘中。除此之外利用光盘安装系统要求计算机中有光驱，若计算机没有光驱则无法使用光盘安装。

　　利用光盘进行 Windows 7 操作系统安装的操作步骤如下：

　　（1）设置光盘启动。将光盘放入光驱，启动计算机，在计算机启动的过程中不停地按某个键（【Del】、【Esc】、【F1】、【F2】、【F8】、【F9】、【F10】、【F11】、【F12】），具体按下哪个键与该计算机的主板有关。进入 BIOS 界面，设置 CD/DVD–ROM 为第一启动项。

（2）退出 BIOS 系统。当出现界面弹出 "Windows is loading files" 时，表示系统正在加载安装程序。

（3）选择安装语言版本。默认情况下是中文简体。

（4）进行安装确认，若 Windows 7 操作系统出现故障，可以通过右下角修复计算机进行系统修复，如图 2-1 所示。

（5）阅读并接受 Microsoft 软件许可条款进行继续安装。

（6）选择安装方式，安装 Windows 7 操作系统通常有两种方式：一是升级方式，二是自定义方式。升级方式是一种将当前已安装的 Windows 操作系统替换成 Windows 7 操作系统的一种系统安装方式，该种方式会保留计算机中的文件、设置和程序。而自定义安装方式是一种全新的系统安装方式。采用该种方式将不保留计算机中的文件、用户设置和程序。用户可根据自己的需要进行选择。

（7）若选择自定义安装，则接下来需要进行磁盘分区操作。若需分区则单击图 2-2 中的"驱动器选项（高级）"按钮完成分区操作。如果已经分好区则选择安装系统的分区，将其格式化后，单击"下一步"按钮即可。

（8）单击"下一步"按钮后将会进入系统安装状态，过程大约需要 10~20 min，安装的过程中系统可能需要重启几次，这些过程都是自动的，不需要任何操作。

（9）安装完成之后系统会引导用户进行一些计算机的常规设置，如账户名、密码、产品序列号、Windows 更新方式、网络等。设置完成之后则会进入 Windows 7 桌面。

图 2-1　确认安装界面

图 2-2　磁盘分区图

2．U 盘安装

利用 U 盘进行 Windows 7 操作系统安装之前，用户需要一个 8 GB 以上的 U 盘。同时需要在网上事先下载一个 Windows 7 操作系统镜像文件并安装 U 盘制作工具，然后利用 U 盘制作工具将 U 盘制作成启动盘。

（1）将 U 盘插入计算机 USB 接口，启动计算机，进入 BIOS 界面，设置 U 盘为第一启动项。

（2）接下来的步骤请参考光盘安装系统步骤。

2.3 Windows 7 基本操作

2.3.1 Windows 7 的启动与退出

操作系统是整个计算机系统的控制与管理中心，因此整个计算机系统的正常运行都离不开操作系统，这也意味着启动计算机就会驱动操作系统，关闭计算机则会退出操作系统。

微课 2-1：Windows
7 的启动与退出

1．Windows 7 的启动

当用户需要启动 Windows 7 操作系统时，首先需要检查外设与主机之间的连接是否正确，然后依次打开外设电源开关以及主机电源开关，则系统会自动启动 Windows 7 操作系统。如果计算机中有多个操作系统，则屏幕会显示"请选择要启动的操作系统"，选择 Windows 7 操作系统，按【Enter】键。接下来若设置了用户和密码，则系统会等待用户输入正确的用户和密码之后才进入 Windows 7 操作系统，显示 Windows 7 操作系统的桌面。

2．Windows 7 的退出

当计算机使用完毕，则需要退出当前的操作系统。退出操作系统之前，需事先关闭已经打开的程序和文件，然后单击"开始"按钮，在弹出的菜单中选择"关机"命令即可。若系统存在需要保存的程序或文件，则系统会询问用户是否强制关机或者取消关机。

2.3.2 Windows 7 桌面及窗口

1．Windows 7 桌面

启动 Windows 7 操作系统之后进入的第一个界面则是 Windows 7 操作系统的桌面，如图 2-3 所示。桌面主要由桌面图标、任务栏以及桌面背景构成，还可以设置一些小工具。

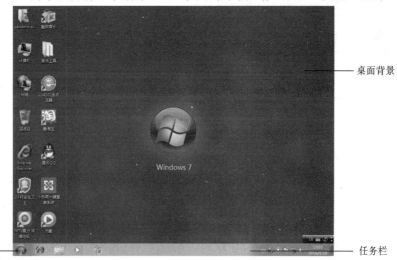

图 2-3　Windows 7 桌面构成

1）桌面图标

桌面图标是由一个小图形以及图形下方的文字构成，一个桌面图标通常表示一个文件、一个程序、一个文件夹或者一个快捷方式。在 Windows 7 操作系统中双击该图标可以打开相应的文件、程序或者文件夹。同时用户可以根据需要对图标的样式进行修改。

2）"开始"按钮

单击 Windows 7 桌面右下角的"开始"按钮，会打开"开始"菜单，如图 2-4 所示，计算机可以实现的所有操作都能通过"开始"菜单来完成，即"开始"菜单集成了系统的所有功能。

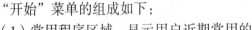

微课 2-2：利用"开始"菜单启动程序

"开始"菜单的组成如下：

（1）常用程序区域：显示用户近期常用的程序。

（2）安装软件区域：光标置于或单击该按钮将显示用户安装在本机中的所有程序。

（3）搜索区域：用户可以通过关键词搜索不明位置的文件、文件夹或网络中的计算机。

（4）用户名及图片：显示当前登录用户名以及图片。

（5）系统文件及文件夹区域：实现计算机中文件与文件夹的管理。

（6）系统设置程序区域：进行计算机系统设置的相关操作。

（7）关机区域：提供用户"切换用户""注销""锁定""重新启动""睡眠"等功能。

3）任务栏

Windows 7 桌面的下方为任务栏，如图 2-5 所示。

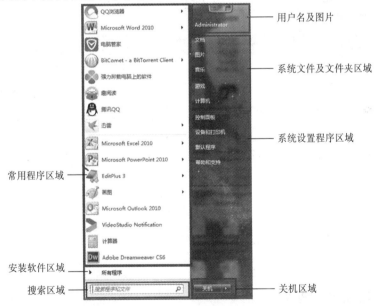

图 2-4　"开始"菜单

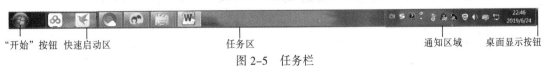

图 2-5　任务栏

"开始"按钮：单击该按钮打开"开始"菜单。

快速启动区：帮助用户快速打开相应的程序。快速启动区中的程序可以自定义。

任务区：当前计算机正在执行的任务相应的最小化图标。任务区中显示高亮状态的图标，在屏幕中会显示该任务对应的窗口。

通知区域：该区域主要用来设置输入法、系统的时间、音量控制、网络等。

"桌面显示"按钮：单击该按钮可以显示 Windows 7 桌面。

4）小工具

为用户使用常用工具的便利，Windows 7 提供了可以设置桌面是否显示常用小工具的功能。常用的小工具包括时钟、日历、天气、幻灯片放映、货币等。若计算机中默认没有用户想要的小工具，也可以在网上下载需要的小工具并安装。在计算机中若用户需要在桌面中显示小工具，可通过右击桌面，在弹出的菜单中选择"小工具"命令实现，如图 2-6 所示。当用户不需要小工具显示在桌面上时，单击小工具窗口右上角的"关闭"按钮即可。

注意：当右击桌面弹出的菜单中没有"小工具"命令时，用户无法调出常用小工具，此时需要打开"控制面板"窗口，选择"卸载程序"，打开图 2-7 所示的窗口，单击"打开或关闭 Windows 功能"，打开图 2-8 所示的对话框，勾选"Windows 小工具平台"复选框，再重启系统即可调出小工具。

图 2-6　开启常用"小工具"

图 2-7　"程序和功能"窗口

图 2-8　"Windows 功能"对话框

2. 窗口

1）窗口的分类与构成

在 Windows 7 中窗口分为三种，分别为应用程序窗口、文档窗口与对话框。

（1）应用程序窗口。当一个程序运行时，在计算机桌面中显示的窗口为应用程序窗口，如图 2-9 所示。

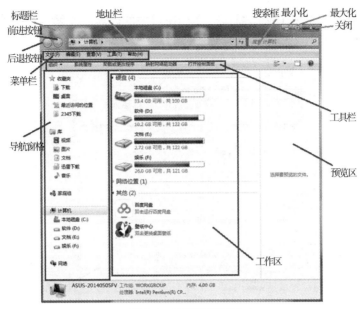

图 2-9　应用程序窗口

标题栏：显示程序名称，同时包含最小化（实现窗口隐藏），最大化或还原（实现窗口满屏显示或满屏后的还原显示）以及关闭（实现关闭当前窗口）这三个按钮。同时右击标题栏可实现窗口的相关操作。

"前进"与"后退"按钮：实现访问相对于当前位置的下一个位置以及退回到上一个位置的功能。

地址栏：显示当前运行程序在计算机中的完整路径。同时工作区中显示的是当前路径下的文件夹列表。

搜索框：通过关键词搜索当前路径下的相关内容。搜索框具有动态搜索过程，当在搜索框中输入一个字时，搜索功能即开启，随着关键字的不断增多，搜索内容会不断地进行筛选，直到检索出符合关键词的精确结果。搜索包含模糊搜索与精确搜索。

菜单栏：有多个子菜单构成，单击每个子菜单时会打开相应的下拉菜单，通过下拉菜单中的命令可以完成一些窗口管理操作。

工具栏：包含一些与当前窗口内容相关的一些命令和功能。

导航窗格：由收藏夹链接（包含下载、桌面、最近访问的文件）、库（一种通过索引与快速搜索访问文件与文件夹的方式）以及计算机（提供整个系统的树状目录列表）三部分构成。

工作区：显示当前窗口路径下的文件与文件夹列表。

预览区：预览当前在工作区域中选中的常用文件，如 Word、Excel、PowerPoint 文件等。用户可根据需要单击工具栏右侧的"预览"打开或关闭窗口预览区。

（2）文档窗口：用来显示文档和数据文件的窗口，它只能运行在某一程序窗口之内，文档窗口都有一个自己的名字，但是没有自己的菜单栏，这是它与应用程序窗口最大的区别，它共享着应用程序的菜单栏，如图 2-10 所示，为一个 Word 文档窗口。应用程序菜单栏中选取的命令同样会作用于文档窗口或文档窗口中的内容。文档窗口通常标题栏、菜单栏、功能区、标尺、工作区、状态栏等构成。

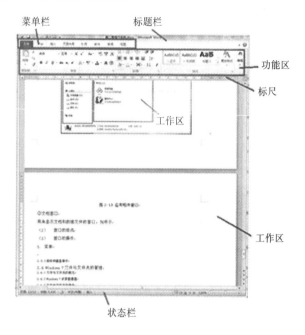

图 2-10　文档窗口

（3）对话框：与用户进行信息交互的窗口。当计算机需要完成某项工作时，为了满足用户的工作需求，则需要得到更多的信息，同时计算机在工作过程也需要展示一些消息给用户。如图 2-11 所示，为一个进行任务栏和"开始"菜单属性设置的对话框。对话框通常包含选项卡、下拉列表框、单选按钮、复选框、文本框和命令按钮等命令。对话框的尺寸不能更改。

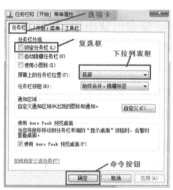

图 2-11　对话框

微课2-3: 改变窗口尺寸

2）窗口的相关操作

（1）改变窗口尺寸

在操作计算机的过程中，用户可以根据需要去更改窗口的尺寸。

单击窗口"最小化"按钮或右击标题栏选择"最小化"命令，会使窗口在桌面中隐藏。

单击窗口"最大化"按钮或右击标题栏选择"最小化"命令或双击窗口标题栏，窗口会满屏显示。

单击窗口"还原"按钮或右击标题栏选择"最小化"命令或双击窗口标题栏，窗口会从满屏还原到原来的尺寸。

将鼠标指针移动到窗口的上边界或者下边界处，当鼠标指针的形状变成双向箭头时，拖动鼠标可以改变窗口的纵向尺寸。

将鼠标指针移动到窗口的左边界或者右边界处，当鼠标指针的形状变成双向箭头时，拖动鼠标可以改变窗口的横向尺寸。

将鼠标指针移动到窗口的任意边角处，当鼠标指针的形状变成双向箭头时，拖动鼠标可以等比例缩放窗口。

（2）窗口移动：将鼠标指针移动到标题栏，拖动鼠标左键到目标位置即可。

微课 2-4：窗口的移动与关闭

（3）窗口关闭：在 Windows 7 中关闭窗口可以由以下几种方式：

① 在任务栏中右击窗口相应的图标，在弹出的菜单中选择"关闭"命令。

② 将鼠标指针移动到标题栏右击，选择"关闭"命令。

③ 单击窗口右上角的"关闭"按钮。

④ 使用【Alt+F4】组合键。

（4）窗口的自动排列。当计算机中打开了多个窗口，将鼠标指针移动到任务栏空白处右击，弹出的菜单如图 2-12 所示，提供了三种窗口排列方式。

图 2-12 窗口自动排列方式设置

微课 2-5：窗口的自动排列

层叠窗口：将当前在计算机中打开的窗口层叠在一起，在此排列方式下，用户只能完整地看到当前活动窗口，其他的窗口只能看到标题栏。

堆叠显示窗口：所有的窗口保证全部显示在桌面屏幕中，同时窗口尽量向水平方向伸展。

并排显示窗口：所有的窗口保证全部显示在桌面屏幕中，同时窗口尽量向垂直方向伸展。

微课 2-6：窗口之间的切换

（5）窗口之间的切换。当计算机中打开了多个窗口，窗口与窗口之间的切换可以通过以下几种方式：

① 在任务栏中单击相应窗口所对应的图标。

② 长按【Alt】键，然后重复按【Tab】键。

③ 长按【Win】键，然后重复按【Tab】键可实现三维窗口切换。

2.3.3 鼠标和键盘操作

鼠标与键盘是用户与计算机进行交互最重要也是最基本的工具。

1. 鼠标的基本操作

（1）指向。移动鼠标指针到某一个对象上，该种操作通常用于显示与对象相关的提示信息。

（2）单击。按下鼠标左键，然后释放，该种操作通常用于选定某个对象或者执行命令。

（3）右击。按下鼠标右键，然后释放，该种操作通常会显示一个与对象相关的下拉菜单。

（4）双击。快速单击鼠标左键两次，该种操作通常用于执行某个程序或者打开某个窗口。

（5）拖动。按住鼠标左键不放，并移动鼠标，该种操作通常用于移动对象。

2. 键盘的基本操作

1）键盘分区

常用的键盘如图 2-13 所示，整个键盘分为五个小区：上面一行是功能键区和状态指示区；下面的五行是主键盘区、编辑键区和辅助键区。其中，部分按键上有两个符号，在上面的字符称为上档字符，下面的字符为下档字符。

图 2-13　键盘示意图

2）主键盘区

主键盘区包括 26 个英文字母，10 个阿拉伯数字和一些特殊符号，另外还附加了以下一些辅助按键。

【Esc】键：退出键。在计算机的应用中主要作用是退出某个程序。例如，我们在玩游戏的时候想退出来，就按一下这个键。

【Tab】键：制表符。在计算机中的应用主要是在文字处理软件中（如 Word）起到等距离移动的作用。例如，我们在处理表格时，不需要用空格键来一格一格地移动，只要按一下这个键就可以等距离地移动。

【Caps Lock】键：大写锁定键。它是一个循环键，再按一下就又恢复为小写。当启动到大写状态时，键盘上的 Caps Lock 指示灯会亮着。注意，当处于大写的状态时，中文输入法无效。

【Shift】键：换档键。可以配合其他的键共同起作用。例如，要输入电子邮件的@，在英文状态下按【Shift】键再按【2】键即可。

【Ctrl】键：控制键。需要配合其他键或鼠标使用。例如，在 Windows 状态下配合鼠标使用可以选定多个不连续的对象。

【Alt】键：可选键。它需要和其他键配合使用来达到某一操作目的。例如，要将计算机热启动可以同时按住【Ctrl】、【Alt】、【Del】键完成。

【Enter】键：回车键。它的主要作用是执行某一命令，或在文字处理软件中起换行的作用。

3）功能键区

【F1】到【F12】键的功能根据具体的操作系统或应用程序而定。

4）控制键区

控制键区中包括插入字符键【Ins】，删除当前光标位置的字符键【Del】，将光标移至行首的【Home】键和将光标移至行尾的【End】键，向上翻页的【Page Up】键和向下翻页的【Page Down】键，以及上下左右箭头。

5）小键盘区

小键盘区有 9 个数字键，主要用于大量输入数字的情况，如在财会的输入方面。另外，五笔字型中的五笔画输入也使用。当使用小键盘输入数字时应按下【Num Lock】键，此时对应的指示灯亮。

6）常用快捷键

F5：刷新	Delete：删除	Tab：改变焦点
Ctrl+C：复制	Ctrl+X：剪切	Ctrl+V：粘贴
Ctrl+A：全选	Ctrl+Z：撤销	Ctrl+S：保存
Alt+F4：关闭	Ctrl+Y：恢复	Alt+Tab：切换
Ctrl+F5：强制刷新	Ctrl+W：关闭	Ctrl+F：查找
Shift+Delete：永久删除	Ctrl+Alt+Del：任务管理	Shift+Tab：反向切换
Ctrl+空格：中英文输入切换	Ctrl+Shift：输入法切换	Ctrl+Esc："开始"菜单
Ctrl+Alt+Z：QQ 快速提取消息	Ctrl+Alt+A：QQ 截图工具	Ctrl+Enter：QQ 发消息
Win+D：显示桌面	Win+R：打开"运行"对话框	Win+L：屏幕锁定
Win+E：打开"计算机"窗口	Win+F：搜索文件或文件夹	Win+Tab：项目切换
cmd：CMD 命令提示符		

2.4　Windows 7 文件与文件夹的管理

计算机中的程序和数据都是以文件的形式保存在存储器上，而为了更好地管理这些文件，计算机采用文件夹来组织和管理文件，因此，文件与文件夹的管理是操作系统最基本的功能之一，同时也是用户操作计算机需要掌握的基本技能之一。

2.4.1　文件与文件夹的概念

1．文件

文件是计算机系统中数据组织和存储的基本单位，具体来说它是具有一定文件名称的一组相关信息的集合。在操作系统中用户对计算机的所有操作都是针对文件进行的。

为了区分不同内容和不同类型的文件，文件名称（文件名）定义为两部分，分别为主文件名与扩展名。主文件名通常体现文件的主要内容，例如该文件是学生的期末考试成绩还是某某竞赛的获奖名单等。扩展名通常体现文件的类型，例如该文件是声音文件还是视频文件或是图片等。

注意： 主文件名可以由用户自行定义，扩展名由创建该文件的应用程序所决定，一般情况下扩展名不能随意修改。

文件名的书写格式：主文件名.扩展名。例如，学生的期末考试成绩.xlsx，它表示当前文件的主要内容是学生的期末考试成绩，文件的类型是一个电子表格。

主文件名的命名规则：用户在进行主文件名命名时，可以使用空格、英文字母（不区分大小写）、数字、汉字和一些特殊的符号，如"#""@""%""$""！"都是被系统允许的，但是不能使用"*""?""\""/"">""<"等字符。主文件名的字符数应该少于 255 个。

常用文件扩展名如表 2-2 所示。

表 2-2　常用文件扩展名

文 件 类 型	扩展名及打开方式
文档文件	.txt（所有文字处理软件或编辑器都可打开）、.doc（Word 及 WPS 等软件可打开）、.hlp（Adobe Acrobat Reader 可打开）、.wps（WPS 软件可打开）、.rtf（Word 及 WPS 等软件可打开）、.html（各种浏览器可打开、用写字板打开可查看其源代码）、.pdf（Adobe Acrobat Reader 和各种电子阅读软件可打开）
压缩文件	.rar（WinRAR 可打开）、.zip（Winzip 可打开）、.arj（用 arj 解压缩后可打开）、.gz（UNIX 系统的压缩文件，用 Winzip 可打开）、.z（UNIX 系统的压缩文件，用 Winzip 可打开）
图形文件	.bmp、.gif、.jpg、.pic、.png、.tif（这些文件类型用常用图像处理软件可打开）
声音文件	.wav（媒体播放器可打开）、.aif（常用声音处理软件可打开）、.au（常用声音处理软件可打开）、.mp3（由 Winamp 播放）、.ram（由 Realplayer 播放）、.wma、.mmf、.amr、.aac、.flac
动画文件	.avi（常用动画处理软件可播放）、.mpg（由 vmpeg 播放）、.mov（由 Activemovie 播放）、.swf（用 Flash 自带的 players 程序可播放）
系统文件	.int、.sys、.dll、.adt
可执行文件	.exe、.com
语言文件	.c、.asm、.for、.lib、.lst、.msg、.obj、.pas、.wki、.bas
映像文件	.map（其每一行都定义了一个图像区域以及当该区域被触发后应返回的 URL 信息）
备份文件	.bak（被自动或是通过命令创建的辅助文件，它包含某个文件的最近一个版本）
临时文件	.tmp（Word、Excel 等软件在操作时会产生此类文件）
模板文件	.dot（通过 Word 模板可以简化一些常用格式文档的创建工作）
批处理文件	.bat、.cmd（在 MS DOS 中，bat 与 cmd 文件是可执行文件，由一系列命令构成，其中可以包含对其他程序的调用）

2．文件夹

计算机中文件有很多，若不进行分类管理势必会造成用户使用的不便。文件夹是文件分类存储的"抽屉"。如果没有文件夹，计算机中大量的信息将杂乱无章。

具体来说文件夹是用来存放文件与其他文件夹的。文件夹的组织形式是倒立的树状层次结构。在整个文件与文件夹的树状层次结构中，文件夹树的最高层称为根目录，每一个逻辑磁盘驱动器只有一个根文件夹。在当前文件夹中所建立的文件夹称为子文件夹。

同样为区分不同文件夹的内容，文件夹也需要一个名字，称为文件夹名。文件夹名与文件的主文件名类似，同时，文件夹名的命名规则与主文件名的命名规则类似，此处不再赘述。同一文件夹下不能有相同名称的文件夹或文件。

将文件夹组织成一个倒立的树状结构之后，在计算机中从根文件夹开始到任何一个文件或者文件夹都有一个唯一的通道与之对应。该通道我们称为路径。同时路径也描述了该文件与文件夹在计算机中的保存位置。例如，E:\2019 年工作\2019 版计算机基础教材表示 2019 版计算机基础教材这个文件夹位于 E 盘的 2019 年工作文件夹下。

2.4.2　Windows 7 资源管理器

"Windows 资源管理器"是用于管理计算机所有资源的应用程序。使用资源管理器可以便于用户操作计算机中的资源，例如计算机中资源的浏览、文件与文件夹的相关操作等。

1．"Windows 资源管理器"的打开

"Windows 资源管理器"的打开有以下几种方式：

方法一：使用【Win+E】组合键。

方法二：右击"开始"按钮，选择"打开 Windows 资源管理器"命令。

方法三：双击桌面中的"计算机"图标或"网络"图标。

方法四：选择"开始"→"所有程序"→"附件"→"Windows 资源管理器"命令。

2．"Windows 资源管理器"常规设置

1）"文件夹选项"对话框

"文件夹选项"对话框是资源管理器中一个非常重要的常规设置对话框，如图 2-14 所示。该窗口包括三个选项卡：

"常规"选项卡：用于设置文件与文件夹的常规属性。例如，项目浏览方式与打开方式等。

"查看"选项卡：设置文件与文件夹的显示方式。例如，文件与文件夹的隐藏、隐藏已知文件类型的扩展名等。

"搜索"选项卡：文件与文件夹搜索设置。

2）工作区文件夹显示方式

查看方式：用户在查看计算机资源的过程中，可以

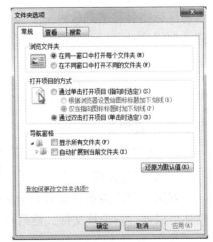

图 2-14　"文件夹选项"对话框

选择文件与文件夹的查看方式，最常用的方法是在资源管理器窗口的空白处右击，在弹出的菜单中选择"查看"命令，在 Windows 7 中提供了八种文件与文件夹的查看方式，如图 2-15 所示。

排列方式：用户在查看计算机资源的过程中，可以根据需要选择文件与文件夹的排列方式，最常用的方法是在资源管理器窗口的空白处右击，在弹出的菜单中选择"排序方式"命令，如图 2-16 所示。

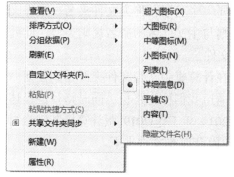

图 2-15　查看方式

图 2-16　排序方式

2.4.3　文件与文件夹的操作

1. 文件与文件夹的选定

Windows 7 中用户对文件与文件夹的操作需遵循"先选中，后操作"的原则。选定文件与文件夹的方法如下：

1）选定某个文件或文件夹

方法：将鼠标指针移动到该项目上，单击即可。

2）选定多个相邻的文件或文件夹

方法：将鼠标指针移动到第一个项目处单击，然后按住【Shift】键，再将鼠标指针移动到最后一个项目处单击，接下来松开【Shift】键即可。或者利用拖动鼠标左键画一个框将所有涉及的项目都框进去。若需要选定的是窗口中所有的文件与文件夹，则可以使用【Ctrl+A】组合键。

3）选定多个不相邻的文件或文件夹

方法：先选定其中一个项目，然后按住【Ctrl】键，接下来依次选定其他项目，然后松开【Ctrl】键即可。

2. 文件与文件夹的打开与关闭

1）文件与文件夹的打开

方法：双击该项目或者右击该项目，在弹出的菜单中选择"打开"命令。对于某些文件还可以通过右击该文件，然后在弹出的菜单中选择"打开方式"命令来打开文件。

微课 2-7：文件与文件夹的选定

2）文件与文件夹的关闭

方法：单击窗口标题栏中"关闭"按钮或者使用【Alt+F4】组合键。

3. 文件与文件夹的新建

若要新建文件与文件夹，先要定位到目标对象所在位置。

1）创建文件夹

方法一：在窗口中选择"文件"→"新建"→"文件夹"命令，然后输入文件夹的名称即可。

方法二：在窗口的工具栏中单击"新建文件夹"命令，然后输入文件夹的名称即可。

方法三：在工作区空白处右击，在弹出的菜单中选择"新建"→"文件夹"命令，然后输入文件夹的名称即可，如图 2-17 所示。

2）创建文件

方法一：打开相应的应用程序进行创建，然后保存到目标所需位置。

方法二：在窗口中选择"文件"→"新建"命令，然后在弹出的菜单中根据需要创建文件的类型选择相应的应用程序命令，接下来输入文件名称即可。

方法三：在工作区空白处右击，在弹出的菜单中选择"新建"命令，然后在弹出的菜单中根据需要创建文件的类型选择相应的应用程序命令，接下来输入文件名称即可。

图 2-17　文件与文件夹的新建

微课 2-8: 文件与文件夹的新建

4. 文件与文件夹的重命名

在 Windows 7 中进行文件与文件夹的重命名常用方法有如下几种：

方法一：右击需要进行重命名的文件或文件夹，在弹出的菜单中选择"重命名"命令，然后在名称位置重新输入一个名称，按【Enter】键或者在空白处单击即可。

方法二：选定需要进行重命名的文件或文件夹，然后再次单击它的名称，在名称位置重新输入一个名称，按【Enter】键或者在空白处单击即可。

方法三：选定需要进行重命名的文件或文件夹，按【F2】键即可。

5. 文件与文件夹的复制与移动

复制与移动的区别：复制是将一个对象产生一个新的副本并粘贴到一个新的位置，原对象的位置不会发生变化，而移动是将原对象粘贴到一个新的位置。在 Windows 7 中进行文件与文件夹的复制与移动的方法如下：

方法一：选中需要复制（或移动）的文件或文件夹，在窗口工具栏中

微课 2-9: 文件与文件夹的重命名

微课 2-10: 文件与文件夹的复制与移动

选择"编辑"→"复制"（或"剪切"）命令，然后在需要粘贴的位置，在窗口工具栏中的"编辑"→"粘贴"命令；或者在窗口的工具栏中选择"编辑"→"复制到文件夹（F...）"（移动到文件夹（V...））命令。

方法二：选中需要复制（或移动）的文件或文件夹，然后右击，在弹出的菜单中选择"复制"（或"剪切"）命令，如图 2-18 所示，然后在需要粘贴的位置空白处右击，在弹出的菜单中选择"粘贴"命令，如图 2-19 所示。

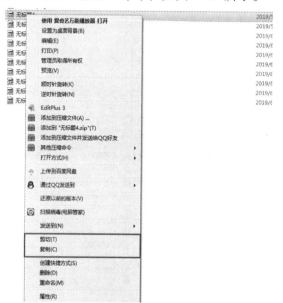

图 2-18　利用快捷菜单进行复制与移动

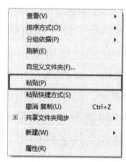

图 2-19　使用快捷菜单进行粘贴

方法三：将源文件夹与目标文件夹同时打开显示在桌面上，在源文件夹中选定待操作对象，然后拖动对象到目标文件夹中，若源文件夹与目标文件夹位于同一磁盘驱动器中则完成对象的移动，若在不同磁盘驱动器中则完成复制。同时在拖动的过程中若按住【Ctrl】键则完成复制操作，若按住【Shift】键则完成移动操作。

方法四：选定需要复制与移动的文件或文件夹，使用【Ctrl+ C】（或【Ctrl+ X】）组合键进行复制（或剪切），然后使用【Ctrl+ V】组合键将对象粘贴到目标位置。

6．文件与文件夹的删除与恢复

1）逻辑删除

方法一：选中需要删除的文件或文件夹，在窗口的工具栏中选择"文件"→"删除"命令，在弹出的对话框中单击"是"按钮。

方法二：选中需要删除的文件或文件夹，右击该对象，在弹出的菜单中选择"删除（D）"命令，在弹出的对话框中单击"是"按钮。

方法三：选中需要删除的文件或文件夹，按【Delete】键，在弹出的对话框中单击"是"按钮。

方法四：选中需要删除的文件或文件夹，拖动到桌面"回收站"图标中。

微课 2-11：文件与文件夹的删除与恢复

　　说明：以上几种删除方式的实质是将待删除的文件从原来的位置移动到桌面的"回收站"中，它是一种不彻底的文件与文件夹的删除方式，若需要彻底地从计算机中删除，可使用物理删除。

　　2）物理删除

　　方法：打开桌面"回收站"，选中需要彻底删除的文件，右击，在弹出的菜单中选择"删除"命令。若需将"回收站"中的文件全部从计算机中彻底删除，则可以右击"回收站"图标，在弹出的菜单中选择"清空回收站"命令；或者打开"回收站"，在空白处右击，选择"清空回收站"命令。若需要在原文件或文件夹的位置彻底的删除该对象，也可以使用【Shift+ Delete】组合键。

　　3）文件和文件夹的恢复

　　若非物理删除文件与文件夹，则被删除的文件可以根据需要进行恢复。

　　方法：双击桌面"回收站"图标，在"回收站"窗口中选定需要恢复的对象，然后右击，在弹出的菜单中选择"还原"命令，对象会还原到被删除前的位置。

7. 对文件与文件夹创建快捷方式

　　快捷方式可以帮助用户从计算机的某一位置快速地打开另一位置的应用程序、文件或文件夹。在 Windows 7 中创建快捷方式的方法如下：

微课 2-12：创建快捷方式

　　方法一：在需要创建快捷方式的位置右击，在弹出的菜单中选择"新建"→"快捷方式"命令，弹出图 2-20 所示的对话框，在该对话框中指定需创建快捷方式对象的完整路径，或单击"浏览（R）..."找到需要创建快捷方式的文件夹，单击"下一步"按钮，输入快捷方式的名称即可完成快捷方式的创建。

图 2-20　"创建快捷方式"对话框

　　方法二：右击需要创建快捷方式的文件或者文件夹，在弹出的菜单中选择"新建快捷方式"命令，可以在当前文件与文件夹处创建一个快捷方式。

　　方法三：右击需要创建快捷方式的文件或者文件夹，在弹出的菜单中执行"发送到（N）"→"桌面快捷方式"命令，可以实现为该对象在桌面中创建一个快捷方式。

　　方法四：在桌面"开始"菜单中，拖动某个程序到桌面中，可以实现为该程序在桌面中创建一个快捷方式。

8．查看文件与文件夹属性

文件或文件夹属性定义了文件或文件夹的某种独特性质。在 Windows 7 中常见的文件或文件夹属性包括只读属性、隐藏属性、存档和索引属性以及压缩或加密属性。用户可以查看，也可以修改文件或文件夹的相关属性。

方法：右击需要查看与修改属性的文件或文件夹，在弹出的菜单中选择"属性"命令，弹出图 2-21 所示的对话框，单击"高级"按钮可以查看与设置对象的存档和索引属性以及压缩或加密属性，如图 2-22 所示。

微课 2-13：文件与文件夹的属性设置

图 2-21　属性对话框

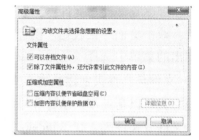

图 2-22　"高级属性"对话框

9．文件与文件夹的查找

在 Windows 7 中需要用到的文件或文件夹，若用户不能明确它的位置，则可以使用查找功能进行查找。

微课 2-14：文件与文件夹的查找

方法一：在"开始"菜单中的搜索区域中输入关键词，在输入的过程中系统会同步显示搜索结果。

方法二：在"资源管理器"窗口的搜索框中输入相关关键词，在输入的过程中系统会同步显示搜索结果，同时可以定义"修改日期"和"大小"两个选项来缩小查找范围。

说明：在使用关键词进行查找时，有模糊查找和精确查找两种方式。

1）精确查找

精确查找是指使用关键字明确地查找，只需在搜索框中输入完整关键词即可。比如查找第二章操作系统.docx 是精确查找。

2）模糊查找

模糊查找时，用户通常不能明确文件或文件夹完整的关键词。比如说查找扩展名为.docx 的文件，并没有明确文件的完整名称，因此为模糊查找。

在进行模糊查找时，通常需要用到两个通配符"？"与"＊"。其中"？"表示通配任意一个字符，"＊"表示通配任意个数字符。例如，要查找扩展名为.docx 的文件，则需在搜索框中输入"＊.docx"。

2.4.4　文件压缩与解压缩

1）文件压缩

压缩文件类似于文件的"真空压缩袋"。保存在文件中的信息通常包含某一信息的重复序列，占用很大的空间，因此，通过网络传输时会比较慢，因此，为了缩减网络传输时间同时节省计算机空间，需要对文件进行压缩处理。Windows 7 系统安装中，通常置入了压缩文件程序，因此用户无须安装压缩软件就能进行文件与文件夹的压缩与解压操作。

方法：选定待压缩的文件与文件夹，然后右击，在弹出的菜单中选择"添加到压缩文件"命令，在该对话框中指定压缩文件的名称以及压缩文件格式，即可完成压缩。

2）解压缩

方法：对于压缩后的文件，后续若需要解压使用，可以双击打开压缩文件，在压缩文件中将待解压的文件拖出到新的位置即可。若需解压压缩文件中的所有文件或文件夹，可右击该压缩文件，选择"解压到"命令或者打开压缩文件选择"解压到"命令，然后在弹出的对话框中指定文件解压后的位置，再单击"确定"按钮。

2.4.5　库和收藏夹

1. 库

库是 Windows 7 操作系统引入的一种新的文件与文件夹管理方式。Windows 7 中的库并非传统意义上的用来存放用户文件的文件夹，它提供了更加便捷的方式去查找所需的文件和文件夹的作用。

简单地说，库可以将用户需要的文件和文件夹集中在一起，就如同网页的收藏夹一样，用户只要单击库中的链接，就能快速打开添加到库中的文件夹，而无关这些文件和文件夹保存在计算机的具体位置。

因此，当用户经常需要使用到某个文件或文件夹，而该文件或文件夹保存的路径比较长时；或者当用户经常需要使用到多个文件或文件夹，而这些文件和文件夹位于计算机大相径庭的多个不同位置时，可以选择将需要用到的文件或文件夹相关的文件夹事先添加到库中，便于用户查找与使用的方便。

1）将文件或文件夹添加到库

方法：在资源管理器窗口中先定位到需要添加到库中的文件或文件夹的位置，然后右击，如图 2-24 所示，在弹出的菜单中选择"包含到库中（I）"命令，在弹出的下一级菜单中选择一个库或者添加到一个新建的库中。

注意：默认情况下，每个账户具有四个预先填充的库，分别为"视频""图片""文档""音乐"。用户在使用库的过程中可以新建库，也可以删除某些库，还可以将库还原到原始状态。

2）将文件或文件夹移除出库

方法：在"资源管理器"窗口中展开相应的库，然后右击该文件夹，如图 2-25 所示，在弹出的菜单中选择"从库中删除位置（L）"命令。

图 2-23　将文件或文件夹添加到库　　　　图 2-24　删除库中的文件夹

需要注意的是，将文件夹从库中删除位置，只是将链接关系删除，并不会将该文件从计算机中删除。

2．收藏夹

在 Windows 7 资源管理器中，加入了可以自定义内容的目录链接到列表"收藏夹"中，如图 2-25 所示。

链接预设了用户常用的目录链接，用户也可以将自己常用的文件夹拖动到这里，如图 2-26 所示。当用户需要访问收藏夹中的目录时，只需打开资源管理器窗口，在导航窗格的"收藏夹"中选择相应的目录链接即可。

图 2-25　收藏夹　　　　　　　　　　　图 2-26　添加到收藏夹

2.4.6　回收站

回收站一个专门用来临时存放被删除的文件或文件夹的文件夹。通常情况下，用户在管理文件或文件夹中被删除的文件或文件夹默认情况下会被移动到回收站中（彻底删除除外），这样可以为用户的误删带来一定的解救方法。

当用户误删了某个文件或文件夹时，双击桌面上的"回收站"图标，在打开的"回收站"窗口中右击已删除的文件或文件夹，在弹出的菜单中选择"还原"命令可撤销之前的删除操作。

若用户将之前删除的某个文件或文件夹彻底从计算机中删除，则可以打开"回收站"，找到已删除的文件或文件夹，右击，在弹出的菜单中选择"删除"命令，则可彻底地删除该文件或文件夹。

回收站的文件太多，通常会占用大量的磁盘空间，如确定回收站中的文件都可删除，可以在桌面中右击"回收站"图标，在弹出的菜单中选择"清空回收站"命令；或者双击桌面的"回收站"图标，在打开的"回收站"窗口工作区的空白处右击，在弹出的菜单中选择"清空回收站"命令。

2.5　Windows 7 控制面板

控制面板是用户进行系统相关设置的一个工具。它提供了计算机软硬件环境的绝大部分功能设置，应用程序的安装与卸载、用户管理、系统的个性化设置等。

2.5.1　控制面板的打开

打开"控制面板"窗口的常用方式有以下几种：

方法一：单击桌面的"开始"按钮，在"开始"菜单中选择"控制面板"命令，即可打开"控制面板"窗口，如图 2-27 所示。

方法二：打开桌面的"计算机"图标，在窗口的工具栏中单击"打开控制面板"按钮。

说明："控制面板"窗口提供了两种视图模式：类别视图、图标视图，两种视图方式可以通过控制面板右上角的"查看方式"下拉列表进行切换。

（1）类别视图。它是将控制面板所能实现的所有系统功能依照类别进行显示，每个类别下再划分子功能模块，如图 2-28 所示。

（2）图标视图。它是将控制面板所能实现的所有系统功能都以图标的形式全部显示在窗口中。

图 2-27　控制面板图标视图

图 2-28　控制面板类别视图

2.5.2　应用程序的安装与卸载

1．应用程序的安装

对于用户来说，要想让计算机完成某项任务，则计算机中必须安装相应的程序才能进行。例如，想要浏览网页，则必须安装浏览器软件；想要即时聊天通信，则需安装 QQ 或者微信等软件。

下面以金山打字通软件的安装为例，阐述软件的安装常用方式。

（1）打开浏览器利用搜索引擎搜索相关软件的安装包并下载到计算机中。

（2）打开安装包（若安装包是压缩文件请先解压再打开），在安装包中找到安装文件（安装文件通常是一个可执行文件即扩展名为.exe 的文件），双击可执行文件，如图 2-29 所示。通常会打开相应的软件

微课 2-15：应用程序的安装

图 2-29　金山打字通程序安装可执行文件

的安装向导，用户根据向导完成安装即可。注意软件的安装位置尽量不要选择在 C 盘中。

2．应用程序的卸载

当用户不需要使用某软件，为了让计算机腾出更多的空间，可以选择将该软件卸载。接下来以金山打字通软件的卸载为例演示软件的卸载。

微课 2-16：应用程序的卸载

在"控制面板"窗口中选择"卸载程序"，在打开的窗口中找到相应的程序，双击或者右击后选择"卸载"命令，将会出现卸载程序向导，根据向导一步一步即可完成改程序的卸载。

2.5.3　用户管理

1．用户账户

在使用计算机的过程中，每一个用户都可以创建一个账户以满足个性化需求。每个用户都可以通过自己的账户账号与密码来访问计算机。

Windows 7 操作系统中定义了三种类型的用户账户类型，不同类型的账户具有不同的操作计算机权限，如可以访问哪些文件和文件夹、可以对计算机进行哪些更改设置。这三种账户类型分别是管理员账户（Administrator）、标准用户账户以及来宾账户（Guest）。

1）管理员账户

拥有对整个计算机系统的控制权，能够改变系统设置，可以安装与卸载程序，可以访问计算机中的所有文件与文件夹。除此之外它具有控制其他用户的权限，例如，创建与删除其他用户账户。在 Windows 7 中至少需要一个计算机管理员账户。

2）标准用户账户

在默认情况下所创建的账户都是标准用户账户，该账户下可以允许用户进行常规的系统设置，但这些设置只会作用于当前的账户，不会对其他用户产生任何影响，它适用于计

算机的日常管理。

3）来宾账户

该种账户在默认情况下是被禁用的，需要管理员账户将权限开启。该账户的登录不需要密码。适用于临时使用计算机的用户。

2. 用户账户的管理

1）创建用户账户

创建用户账户是管理员账户最基本的权限之一。用户在安装 Windows 7 过程中，第一次启动时建立的用户账户就属于管理员账户。在管理员账户下新建用户账户的方法如下：

打开"控制面板"窗口，在该窗口中选择添加或删除用户账户，打开图 2-31 所示的窗口，单击"创建一个新账户"按钮，在弹出的窗口中设定账户名称以及账户类型，即可成功创建。

2）更改用户账户设置

在计算机使用的过程中若需更改用户账户设置，如更改账户名称、创建与修改密码、更改账户图片、删除账户等操作，可以在图 2-30 所示窗口中，单击相应的账户，在弹出的窗口中选择相应的功能命令即可。

3）切换用户账户

Windows 7 可以实现多个独立用户在系统中的快速切换，即多个用户共享同一台计算机。

方法：打开"开始"菜单，在"开始"菜单的右下角单击"关机"按钮右侧的箭头，在弹出的下一级菜单中选择"切换用户"命令，在界面中选择相应需切换的账户。

微课 2-17：创建用户账户

微课 2-18：主题设置

图 2-30　账户管理窗口

2.5.4　个性化设置

为了满足用户个性化需求，在 Windows 7 中提供了用户个性化设置，包括主题、桌面背景、窗口的颜色、声音以及屏幕保护程序。

1. 主题设置

主题是由预设的桌面背景、操作窗口、系统按钮、活动窗口和自定义颜色、字体等构成，用户可以使用内置的某个主题，也可以联机使用其他主题，如图 2-31 所示。

2. 桌面背景

在图 2-31 所示的窗口中选择"桌面背景"命令，弹出图 2-32 所示的窗口，用户可以在图片列表框中选择作为背景的图片，也可以单击"浏览"

微课 2-19：桌面背景设置

按钮，浏览其他位置的图片或者在网络中查找需要的图片。

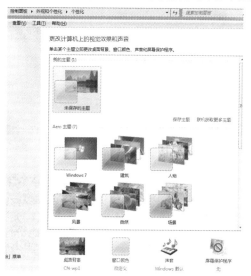

图 2-31　主题设置

图 2-32　背景设置

3. 窗口颜色

在图 2-31 所示的窗口中，选择"窗口颜色"命令，在弹出的窗口中用户可以设置包括窗口边框、"开始"菜单、任务栏的颜色。

4. 声音

在图 2-31 所示的窗口中，选择"声音"命令，弹出图 2-33 所示的对话框，用户可以设置应用于 Windows 和程序事件中的一组声音，也可以选择现有方案或保存修改后的方案。

5. 屏幕保护程序

在图 2-31 所示的窗口中，选择"屏幕保护"命令，弹出图 2-34 所示的对话框，用户可以设置应用于系统的屏幕保护程序，以及等待时间的设置。

图 2-33　声音设置

图 2-34　屏幕保护程序设置

微课 2-20：屏幕保护程序

2.5.5　时钟、语言和区域设置

时钟、语言和区域设置提供了用户进行系统常用属性设置的功能，包括日期和时间的设置、区域与语言的设置。

1．日期和时间设置

方法：在"任务栏"的语言区域中右击，选择"调整日期/时间（A）"命令或者在"控制面板"分类视图中选择"时钟、语言和区域"→"日期和时间"，可以打开"日期和时间"对话框，如图 2-35 所示。在"日期和时间"选项卡中可以分别对当前系统的日期、时间及时区进行设置，在"Internet 时间"选项卡中可以设置当前系统时间与 Internet 时间同步。

2．区域与语言设置

方法：在"控制面板"分类视图中选择"时钟、语言和区域"→"区域和语言"，可以打开图 2-36 所示的对话框。在"格式"选项卡下，可以设置数字格式、货币格式、日期格式、时间格式、排列方式等；在"位置"选项卡中可以设置当前计算机的位置；在"键盘和语言"选项卡中可以进行输入法的设置与安装和卸载；在"管理"选项卡中可以对复制设置、更改系统区域设置。

图 2-35　"日期和时间"对话框　　　　　图 2-36　"区域和语言"对话框

2.5.6　字体的安装与卸载

1）字体的安装

在操作系统中，要想显示某种字体的文字，必须保证当前系统已经安装了该字体。

方法：下载字体文件或复制字体文件，在控制面板图标视图中单击"字体"，打开图 2-37 所示的窗口，在窗口空白处粘贴字体文件即可。

2）字体的卸载

当确认系统中不需要某个字体时，可以将其卸载。

方法：首先打开图 2-37 所示的窗口，右击需要卸载的字体，在弹出的菜单中选择"删

微课 2-21：字体的
安装与卸载

除"命令即可。

图 2-37　字体设置窗口

2.5.7　鼠标与键盘设置

1. 鼠标设置

鼠标是计算机必不可少的输入设备，在控制面板中可以对鼠标的属性进行设置。

方法：在控制面板的图标视图中选择"鼠标"，可打开图 2-38 所示的"鼠标 属性"对话框，在"鼠标键"选项卡中能够对鼠标的双击速度和单击效果等功能进行设置；在"指针"选项卡中可以对鼠标指针图案进行调整；在"指针选项"选项卡中可以调整移动速度、轨迹显示等；在"滑轮"选项卡中能够对带有滑轮的鼠标进行滑轮功能设置；在"硬件"选项卡中能够查看鼠标的驱动信息，方便及时进行更新和检查是否运转正常。

2. 键盘设置

方法：在控制面板的图标视图中选择"键盘"，可打开图 2-39 所示的"键盘 属性"对话框，在"速度"选项卡中可以设置字符的重复延迟和重复速度。重复延迟时间越长，则按下键后出现相应字符的时间就越长。重复速度越快，则按下键后，重复出现的时间越短。

图 2-38　"鼠标 属性"对话框

图 2-39　"键盘 属性"对话框

2.6　Windows 7 设备管理

2.6.1　磁盘管理

磁盘是计算机存储程序与数据的硬件设备，用户对磁盘的管理包括磁盘属性的查看、磁盘格式化、磁盘的备份与还原、磁盘的清理以及磁盘碎片整理、检查磁盘等。

1．磁盘属性的查看

在磁盘驱动器图标上右击，在弹出的菜单中选择"属性"命令，可以打开磁盘属性对话框，如图 2-40 所示。

"安全"选项卡：用户对磁盘操作权限设定。

"以前的版本"选项卡：可以实现对磁盘来自还原点或 Windows 备份的还原。

"配额"选项卡：是对允许用户使用的磁盘空间容量的设置。默认情况下该功能是禁用的，系统管理员能够开启磁盘配额功能，并设置两个值：

（1）磁盘配合限度：用于指定允许用户使用的磁盘空间容量，当用户使用磁盘空间超过所指定的磁盘空间限额时，系统会阻止其进一步使用磁盘空间并记录该事件。

（2）磁盘配额警告：用于指定用户接近其配额限度的值，当用户使用的磁盘空间超过指定的磁盘空间警告级别时，系统会记录该事件，但是磁盘仍然可以继续被用户使用。

"常规"选项卡：可以修改磁盘卷标，显示磁盘的类型、文件系统、打开方式、已用空间及可用空间等信息。

"工具"选项卡：可以对磁盘进行查错、碎片整理以及备份操作。

"硬件"选项卡：查看磁盘硬件信息或更新驱动程序。

"共享"选项卡：对当前驱动器在局域网上进行共享设置。

2．磁盘格式化

磁盘是用户保存程序和数据的硬件设备，磁盘的格式化实现三大功能，它们分别是：划分磁道和扇区、建立目录区和文件分配表以及检查整个磁盘不可读和坏的扇区，并对其加注标记。磁盘的格式化为后期程序和数据的存储奠定了基础。同时磁盘的格式化是对磁盘中原有程序的数据的彻底清除，因此格式化之前要对文件或文件夹进行备份，并关闭位于该磁盘上的所有文件或程序。

进行磁盘格式化操作的步骤如下：

（1）以管理员身份登录系统，否则会提示权限不够而导致无法进行格式化操作。

（2）打开"计算机"窗口，右击需要进行格式化的磁盘驱动器图标，在弹出的菜单中选择"格式化(A)..."命令，如图 2-41 所示。

（3）在弹出的格式化对话框中，需对格式化的参数进行设置，如图 2-42 所示。各参数含义如下：

"文件系统"：可选择 NTFS 还是 FAT32 格式进行格式化，通常情况下硬盘建议使用 NTFS 格式，U 盘建议使用 FAT32 格式。

图 2-40　磁盘属性对话框

图 2-41　快捷菜单

"分配单元大小"：格式化的磁盘分配容量。

"快速格式化"：当磁盘以前已经做过格式化操作时，将删除磁盘文件，实现快速格式化。

（4）设定好想要的参数之后单击"确定"按钮，即可进行格式化。

3. 磁盘的备份与还原

计算机的磁盘在使用的过程中可能会遇到病毒感染、意外断电、人为损坏等意外情况的发生，为保证磁盘的数据在发生意外的情况下不丢失，用户可以对磁盘进行事先备份，具体操作步骤如下：

（1）右击相应的待备份的磁盘驱动器图标，在弹出的菜单中选择"属性"命令。

（2）在弹出的磁盘属性对话框中选择"工具"选项卡，如图 2-43 所示，单击"开始备份"按钮，系统会提示备份还原操作。

图 2-42　格式化对话框

图 2-43　"工具"选项卡

4. 磁盘的清理

在使用计算机的过程中，用户需要经常安装、删除、下载软件，这些操作会使的磁盘上存留下大量的临时文件和垃圾文件。这些文件越来越多，不仅会占用磁盘空间，还会降低系统运行的整体性能。因此需要定时进行清理来释放无用文件所占的磁盘空间。

在 Windows 7 中，"磁盘清理"工具可以清理包括临时文件、Internet 缓存文件、下载文件以及其他无用文件。磁盘清理的方法有以下两种：

方法一：选择"开始"→"所有程序"→"附件"→"系统工具"→"磁盘清理"命令。打开"选择驱动器"对话框，在该对话框中选中需要磁盘清理的磁盘驱动器，单击"确定"即可完成清理。

方法二：打开磁盘属性对话框，在"常规"选项卡中选择执行"磁盘清理"命令。

5．磁盘碎片整理

当应用程序所需的物理内存不足时，操作系统会在硬盘中产生磁盘临时交换文件，把该文件所占的硬盘空间虚拟成内存。虚拟内存管理程序会对硬盘频繁读写，产生大量的碎片。同时用户对文件的删除、软件的卸载、上网等也会产生大量的碎片。而磁盘碎片过多会使系统在访问文件时需要进行多次寻找，引起硬盘性能的下降，严重的还会缩短硬盘的寿命，因此需要进行定时的磁盘碎片整理。

方法一：选择"开始"→"所有程序"→"附件"→"系统工具"→"磁盘碎片整理程序"命令。

方法二：打开磁盘属性对话框，在"常规"选项卡中单击"立即进行碎片整理"按钮即可。

6．检查磁盘

当磁盘出现各种逻辑错误和不正常的现象时，可以通过"检查磁盘"工具来对磁盘进行扫描，并自动修复文件系统错误和坏扇区。具体操作如下：

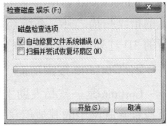

① 打开磁盘属性对话框。

② 选择"工具"选项卡，如图 2-43 所示。

③ 单击"开始检查"命令，弹出图 2-44 所示的对话框。在对话框中根据需要设置"磁盘检查选项"，单击"开始"按钮即可完成磁盘检查。

图 2-44 检查磁盘对话框

2.6.2 硬件与驱动程序的安装

硬件是计算机中实实在在的物理部件，对于连接在计算机的微处理器控制上的硬件通常包括两类：即插即用与非即插即用。例如 U 盘、主板、硬盘、光驱属于即插即用型的硬件，而显卡、声卡、网卡等属于非即插即用的设备。

1）即插即用设备

即插即用设备若连接到计算机的相应接口端，Windows 7 系统会自动检测该硬件并自动查找该设备相应的驱动程序加以安装以便用户后续使用该设备。通常在 Windows 7 系统中预先安装了大量的设备驱动程序，如果系统中没有该硬件对应的驱动程序，在计算机已经联网的情况下，系统将自动检查 Windows Update 站点，查看是否有该设备的驱动程序。驱动程序安装成功后，系统会弹出提示消息，则用户即可使用设备。

2）非即插即用设备

非即插即用设备通常需要安装设备的驱动程序才可以使用。

（1）使用安装程序安装。某些硬件在购买时，都提供了安装程序。用户只需将设备插入到相应的计算机接口，然后运行安装程序，按安装程序提示进行操作即可。

（2）使用设备管理器安装。将设备插入到相应的计算机接口，在"控制面板"窗口的"图标"视图下单击设备管理器，在"设备管理器"窗口列表中右击相应的设备，在弹出的快捷菜单中选择"扫描检测硬件改动"命令，扫描完成后弹出"驱动程序安装"对话框，按照安装向导的提示完成驱动安装即可。

2.7 Windows 10 操作系统

2.7.1 Windows 10 操作系统概述

随着计算机技术的迅猛发展，Windows 10 系统是微软公司推出的最新的一代跨平台及设备应用的操作系统，该操作系统旨在让人们的日常计算机操作更加简单快捷，为用户提供高效易行的工作环境。Windows 10 改变了以前的操作逻辑，提供了更好的屏幕触控支持。

2.7.2 Windows 10 的新增功能

1. 生物识别技术

Windows 10 新增的 Windows Hello 功能带来了一系列对于生物识别技术的支持。除了常见的指纹扫描之外，系统还能通过面部或虹膜扫描让用户进行登入。同时，用户需要使用新的 3D 红外摄像头来获取到这些新功能。

2. Cortana 搜索功能

Cortana 是一款私人助手服务，它可以帮助用户搜索硬盘内的文件，进行系统设置，甚至搜索互联网中的其他信息，同时还能进行时间与地点的备忘设置。

3. 平板模式

Windows 10 提供了针对触控屏设备优化的功能，同时还提供了专门的平板电脑模式，"开始"菜单和应用都以全屏模式运行。同时系统会自动在平板电脑与桌面模式间进行切换。

4. 多桌面

如果用户没有多显示器配置，但依然需要对大量的窗口进行重新排列，那么 Windows 10 的虚拟桌面应该可以帮到用户。在该功能的帮助下，用户可以将窗口放进不同的虚拟桌面中，并在其中进行轻松切换。使原本杂乱无章的桌面也就变得整洁起来。

5. "开始"菜单的进化

微软在 Windows 10 中带回了用户期盼已久的"开始"菜单功能，并将其与 Windows 8 开始屏幕的特色相结合。单击屏幕左下角的 Windows 按钮，打开"开始"菜单之后，用户不仅会在左侧看到包含系统关键设置和应用列表，还会出现动态磁贴。

6. 任务切换器

Windows 10 的任务切换器不再仅显示应用图标，而是通过大尺寸缩略图的方式内容进行预览。

任务栏的微调：在 Windows 10 的任务栏中，新增了 Cortana 和任务视图按钮，与此同时，系统托盘内的标准工具也匹配上了 Windows 10 的设计风格。可以查看到可用的 Wi-Fi 网络，或是对系统音量和显示器亮度进行调节。

7. 贴靠辅助

Windows 10 不仅可以让窗口占据屏幕左右两侧的区域，还能将窗口拖动到屏幕的四个角落使其自动拓展并填充 1/4 的屏幕空间。在贴靠一个窗口时，屏幕的剩余空间内还会显示出其他开启应用的缩略图，点击之后可将其快速填充到这块剩余的空间当中。

8. 通知中心

Windows Phone 8.1 的通知中心功能也被加入到了 Windows 10 中，让用户可以方便地查看来自不同应用的通知，此外，通知中心底部还提供了一些系统功能的快捷开关，如平板模式、便笺和定位等。

9. 命令提示符窗口升级

在 Windows 10 中，用户不仅可以对 CMD 窗口的大小进行调整，还能使用辅助粘贴等熟悉的快捷键。

10. 文件资源管理器升级

Windows 10 的文件资源管理器会在主页面上显示出用户常用的文件和文件夹，让用户可以快速获取到自己需要的内容。

11. 新的 Edge 浏览器

为了追赶 Chrome 和 Firefox 等热门浏览器，微软淘汰掉了老旧的 IE，带来了 Edge 浏览器。Edge 浏览器虽然尚未发展成熟，但它的确带来了诸多的便捷功能，比如和 Cortana 的整合以及快速分享功能。

12. 计划重新启动

Windows 10 会询问用户希望在多长时间之后进行重启。

13. 设置和控制面板

Windows 10 沿用了 Windows 8 的设置应用，该应用会提供系统的一些关键设置选项，用户界面也和传统的控制面板相似。而以前版本中的控制面板依然存在于系统中，提供一些设置应用所没有的选项。

14. 兼容性与安全性增强

只要能运行 Windows 7 操作系统，就能更加流畅地运行 Windows 10 操作系统。针对固态硬盘、生物识别、高分辨率屏幕等都进行了优化支持与完善。在安全性上，除了继承旧版 Windows 操作系统的安全功能之外，还引入了 Windows Hello、Microsoft Passport、Device

Guard 等安全功能。

15．新技术融合

在易用性、安全性等方面进行了深入的改进与优化。针对云服务、智能移动设备、自然人机交互等新技术进行融合。

2.8 移动终端操作系统

随着智能移动设备的普及与发展，现代的智能移动设备已经具有极为强大的处理能力，它也是一个超小型的计算机系统，可以完成复杂的处理任务。常用的移动终端操作系统有 Android 操作系统、iOS 操作系统、Windows Phone 操作系统。

1．Android 操作系统

Android 是 Google 开发的基于 Linux 平台的开源手机操作系统。它包括操作系统、用户界面和应用程序—— 移动电话工作所需的全部软件，而且不存在任何以往阻碍移动产业创新的专有权障碍。谷歌与开放手机联盟合作开发了 Android，这个联盟由包括中国移动、摩托罗拉、高通、宏达和 T-Mobile 在内的 30 多家技术和无线应用的领军企业组成。Android 操作系统是目前主流的移动终端操作系统之一，使用 Android 手机品牌有华为、小米、OPPO、三星等。

2．iOS 操作系统

iOS 是由苹果公司于 2007 年发布的一款移动操作系统，最初设计用在苹果手机 iPhone 上，后来陆续使用到苹果的一系列智能移动设备中（iPod、iPad 等）。它是一款类 UNIX 商业操作系统。

3．Windows Phone 操作系统

Windows Phone（简称 WP）是微软发布的一款智能手机操作系统，它将微软旗下的 Xbox Live 游戏、Xbox Music 音乐与独特的视频体验集成至手机中。微软公司于 2010 年 10 月正式发布了智能手机操作系统 Windows Phone，并将其使用接口称为 Modern 接口。2011 年 2 月，诺基亚与微软达成全球战略同盟并深度合作共同研发。

它的优点是：运行流畅，操作逻辑新颖，BUG 较少，学习成本低。缺点是：应用数量较少，应用更新周期长。

2015 年 1 月，微软召开主题为"Windows 10，下一篇章"的 Windows 10 发布会，发布会上提出 Windows 10 将是一个跨平台的系统。这意味着，2010 年发布的 Windows Phone 品牌将正式终结，被统一命名的 Windows 10 所取代。

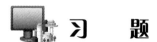

习　　题

一、选择题

1．Windows 7 是一款（　　　　）。

A．系统软件　　　　　　　　　　　　B．应用软件

C．数据库软件　　　　　　　　　　　D．语言处理程序

2．在 Windows 7 中，若要打开某个对象，通常情况下可以采用（　　　）鼠标。

　　A．单击　　　　　　B．双击　　　　　　C．右击　　　　　　D．三击

3．Windows 7 中主文件名最多可以由（　　　）个字符构成。

　　A．64　　　　　　　B．128　　　　　　　C．256　　　　　　　D．255

4．Windows 7 中，（　　　）决定文件的类型。

　　A．文件大小　　　　B．主文件名　　　　C．文件内容　　　　D．扩展名

5．在 Windows 7 中，能实现中英文切换的组合键是（　　　）。

　　A．【Ctrl+Shift】　B．【Ctrl+空格】　C．【Shift+空格】　D．【Ctrl+Tab】

6．下列账户类型中不属于 Windows 7 操作系统的是（　　　）。

　　A．计算机管理员　　B．标准用户　　　　C．来宾用户　　　　D．超级用户

7．在 Windows 7 中，要选中所有的文件可以使用（　　　）组合键。

　　A．【Ctrl+C】　　　B．【Ctrl+A】　　　C．【Ctrl +Z】　　　D．【Ctrl+X】

8．在 Windows 7 中，下列文件名正确的是（　　　）。

　　A．abc?.doc　　　　B．ab|c.d　　　　　C．ab c.d　　　　　D．a<b.c

9．Windows 7 桌面的基本组成是（　　　）。

　　A．任务栏、日历、窗口　　　　　　　B．任务栏、钟表、窗口

　　C．任务栏、桌面背景、桌面图标　　　D．任务栏、桌面背景、桌面图标、日历

10．在 Windows 7 的资源管理器中，在不同磁盘间拖动文件，可以实现文件的（　　　）。

　　A．移动　　　　　　B．打开　　　　　　C．删除　　　　　　D．复制

二、填空题

1．在安装 Windows 7 的最低配置中，内存的基本要求是＿＿＿＿＿＿＿ GB 及以上。

2．Windows 7 操作系统允许同时运行＿＿＿＿＿＿＿个应用程序。

3．磁盘清理的主要作用是＿＿＿＿＿＿＿。

4．在 Windows 7 中，显示在应用程序窗口最顶部的称为＿＿＿＿＿＿＿。

5．在 Windows 7 中窗口的排列方式有＿＿＿＿＿＿＿种。

6．文件通配符包括＿＿＿＿＿＿＿和＿＿＿＿＿＿＿。

7．在 Windows 7 中，【Ctrl+C】组合键的功能是＿＿＿＿＿＿＿。

8．在 Windows 7 中，有三种不同类型的用户账户，它们是＿＿＿＿＿＿＿、＿＿＿＿＿＿＿、

＿＿＿＿＿＿＿。

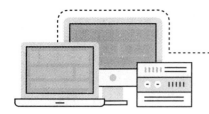

第 **3** 章

Word 2010文字处理软件

3.1 Word 2010 概述

Word 2010 是 Microsoft 公司推出的 Office 2010 办公软件的核心组件之一，它是一个功能强大的文字处理软件。使用它不仅可以进行简单的文字处理，如图文的输入与编辑、字体和段落格式设置等，制作一些简单文件，如调查报告、通知、菜单等；还能制作出图文并茂的文档，如海报、电子板等，并能利用样式、引用、域、分节、文档自动引用等功能，进行长文档的排版和特殊版式编排，如邮件合并、科技论文排版、书籍排版、论文排版等。

3.1.1 Word 2010 的启动与退出

1. 启动 Word 2010

（1）选择"开始"→"所有程序"→"Microsoft Office"→"Microsoft Word 2010"命令（见图 3-1），可启动 Word 2010 软件（见图 3-2）。

图 3-1 选择"Microsoft Word 2010"命令   图 3-2 Word 2010 启动界面

（2）若安装 Office 2010 时创建了桌面快捷方式，可直接双击桌面上的 Word 2010 快捷方式图标，启动 Word 2010。

2. 退出 Word 2010

（1）在打开的 Word 文档中，选择"文件"→"退出"命令，可退出 Word 2010。

（2）在打开的 Word 文档中，可直接单击窗口右上角的"关闭"按钮，可退出 Word 2010。

（3）使用【Alt+F4】组合键。

3.1.2 Word 2010 工作窗口

图 3-3 所示为 Word 2010 的工作界面，要先熟悉各菜单选项下所展示的各功能组中的每个命令。通过工作界面，可了解到 Word 文档的基本信息，比如窗口顶端居中显示文件名，居左

为常用的保存、撤销、恢复命令，居右为常用的最小化、最大化（还原）、关闭文档按钮。

图 3-3　Word 2010 工作界面

每一个选项卡由多个功能组组成，每个功能组由多个命令按钮组成。

在文本编辑区，回车符（又称段落标记）所在位置均可输入文字，图片、文本框、艺术字可任意位置插入。

在基本状态栏中，可了解当前文档的页码及字数，以及当前是"插入"文字状态还是"改写"文字的状态。

在视图切换区，可通过单击，从五种不同视角查看该文档。

比例缩放按钮可以放大缩小当前文档编辑页面，也可使用快捷键【Ctrl】+滚动鼠标滑轮来缩放当前文本编辑区。

窗口分割按钮可以将一个文档分成两个窗口工作，适用于文档较长、上下文有关联的文档。

3.2　文件的基本操作

Word 文件作为一个独立的文件整体，可进行一些常用操作。

3.2.1　文件的新建与保存

1．Word 文档的创建

（1）打开 Word 2010 软件，即可创建一个新的 Word 文档，自动命名为"文档 1.docx"。

（2）在已经打开的 Word 文档中，选择"文件"→"新建"命令，在打开的界面中选择"空白文档"，在窗口右侧单击"创建"按钮，可打开新文档窗口，如图 3-4 所示。

图 3-4　在打开的文档中新建文档

（3）可在任意一个文件夹的空白处右击，在弹出的菜单中选择"新建"→"Microsoft Word 文档"命令，即可在文件夹中生成一个新的 Word 文件"新建 Microsoft Word 文档.docx"，如图 3-5 所示。

图 3-5　使用鼠标快捷菜单新建 Word 文档

2．Word 文档的保存

可单击 Word 窗口左上角的"保存"按钮 <kbd>💾</kbd>；也可选择"文件"→"保存"或者"另存为"命令，应该注意"另存为"后的文件，是指在原来文件基础上进行修改后的文件，原来的文件不变；还可以直接单击"关闭"按钮，会弹出提示对话框，单击对话框中的"保存"按钮即可。

3.2.2　查看文件的基本信息

当文件创建并保存后忘记了保存位置时，可打开任意 Word 文档，通过"文件"→"最近所用文件"找到之前打开的文件。如果要为当前文档设置打开密码，修改保护、检查问题、设置文档属性（作者、标题、主题、机密等），则选择"文件"→"信息"命令，如图 3-6 所示。

图 3-6　文档信息视图

3.2.3　文件打印与保存类型

1. 文件打印

当文档编辑完成并保存后，需要在纸质媒介上打印，则选择"文件"→"打印"命令，如图 3-7 所示，可先设置好打印的区域、纸张、缩放打印方式，在窗口右边可以预览打印的效果。

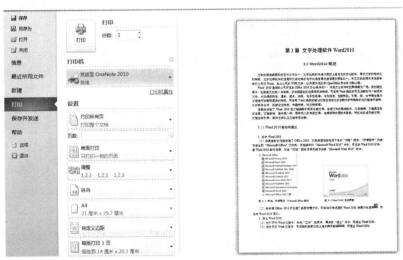

图 3-7　文件打印选项

2. 文件保存类型

Word 文档创建后默认的文件格式为".docx"，可以选择"文件"→"保存并发送"命令更改文件格式类型，在"文件类型"中单击"更改文件类型"，展开可变换的"文档文件类型"，如图 3-8 所示，其中"另存为其他文件类型"则显示更多可保存的格式。选择"创建 PDF/XPS 文档"选项，可将文档转换成 PDF 文件（只读文件）。

图 3-8　文件的保存类型

3.2.4　文件选项设置

在文件的选项中，可以对 Word 2010 的编辑环境做一个整体调整，比如希望 Word 在编辑时能每 5 分钟自动保存，取消一些自动更正的设置等，都在要"Word 选项"对话框中设置。选择"文件"→"选项"命令，打开图 3-9 所示的对话框。

图 3-9　"Word 选项"对话框

（1）在"常规"选项卡中，可修改"配色方案""用户名"等基本信息。

（2）在"显示"选项卡中，可选择文档内容在窗口中的显示方式及打印时的显示方式。

（3）在"校对"选项卡可"更改 Word 更正文字和设置其格式的方式"，比如设置或取消一些"自动更正"的选项、确定是否要检查拼写与语法错误等。

（4）在"保存"选项卡可以自定义文档保存方式，如默认格式、保存自动恢复信息时间间隔、非法关闭时，可保留上次自动保存的版本、文件的默认存储位置等。

（5）在"高级"选项卡可设置更多更改，如编辑选项更改、剪切复制粘贴选项更改、显示文档哪些内容、窗口中显示哪些常用按钮等。

3.3 文档视图

Word 2010 为用户提供了五种查看文档的方式，称为视图。在每处视图下看到的文档效果是不一样的，视图的选择不会改变文档原本的内容。在"视图"→"文档视图"组中（见图 3-10），可选择视图方式。也可单击窗口右下角状态栏中的"视图"按钮进行视图切换。

图 3-10　"视图"选项卡

1．页面视图

可以显示 Word 2010 文档的打印结果外观，主要包括页眉、页脚、图形对象、分栏设置、页面边距等元素，是最常用、最接近打印结果的一种视图。

2．阅读版式视图

这是适合阅读的一种视图，它以图书的分栏样式显示文档（默认显示两页）。在阅读版式视图中（见图 3-11），用户还可以单击"工具"按钮选择各种阅读工具。单击"视图选项"按钮修改阅读时可做的操作，单击"关闭"按钮，关闭当前的视图，回到页面视图。

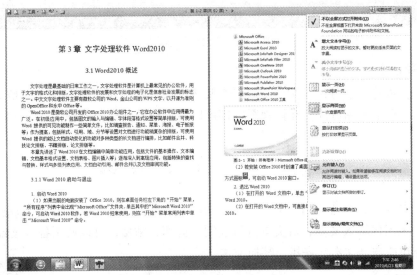

图 3-11　阅读版式视图效果

3．Web 版式视图

以网页的形式显示文档，Web 版式视图适用于发送电子邮件和创建网页。

4．大纲视图

用于文档的设置和显示标题的层级结构，并可以方便地折叠和展开各种层级的文档。大纲视图广泛用于 Word 2010 长文档的快速浏览和编辑设置中。进入大纲视图后，选项卡中自动弹出"大纲"选项卡，用于编辑长文档，列提纲，设置大纲级别（1 级~9 级），如图 3-12 所示。在这种视图下，可以清楚地看到插入的一些特殊的分页标志，如"分节符"。若将光标置于某段文字中，单击"大纲"→"大纲工具"→"大纲级别"下拉列表，可设置该段文字的级别。单击 ＋，可展开光标所在级别的下级内容；单击 ━，可折叠光标所在级别的细节内容。在"显示级别"下拉列表中，可选择当前想要最多显示几级大纲。若要退出大纲视图，可单击"关闭大纲视图"按钮。

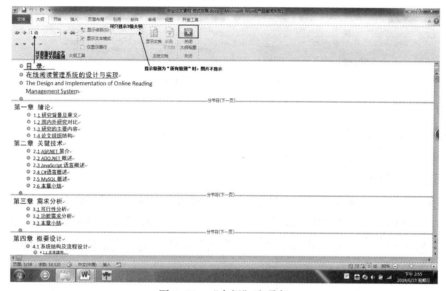

图 3-12　"大纲"选项卡

5．草稿视图

取消了页面边距、分栏、页眉页脚和图片等元素，仅显示标题和正文，是最节省计算机系统硬件资源的视图方式。在该视图中还可以清楚地看到"分节符"。

3.4　文　本　编　辑

在文档中编辑文本是 Word 提供的基本功能，可以使用任何一种输入法在 Word 编辑区输入文本，对文本进行复制、剪切、粘贴，可以使用各种方法选择快速选择文本、查找、替换文本。

微课3-1：Word 2010
文本及特殊符号输入

3.4.1　文本输入

打开 Word 文档后，将光标置于文本编辑区，通过"美式键盘"输入键盘上显示的字符，通过各种"中文输入法"输入汉字，并且在各种"中文输入法"提示界面中有"软键盘",可通过右击"软键盘",进行选择,输入一些特殊的符号,如 §、☆、◎、※等。

3.4.2　文本剪贴板

"开始"→"剪贴板"组提供了文本的复制、剪切、粘贴及格式复制操作。当复制或者剪切了 N 块文本,粘贴时,默认粘贴最后一次文本。若单击"剪贴板"任务窗格中的按钮 ⃞,打开"剪贴板"任务窗格(见图 3-13),显示了之前 N 次复制或剪切过的文本块,可单击选择之前复制的某块文本块,进行粘贴。

当选择一段设置了格式的文本进行复制,粘贴时若只想要纯文本,不需要图片或其他格式,则单击"开始"→"剪贴板"组→"粘贴"下拉按钮,单击"只保留文本"按钮 🅰。"粘贴"下拉列表中各选项如图 3-14 所示,每个选项按钮的含义都可以通过鼠标指针指向而显示出来,单击"选择性粘贴"按钮,可以打开"选择性粘贴"对话框,如图 3-15 所示,选择某种形式的粘贴效果。

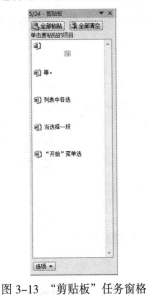

图 3-13　"剪贴板"任务窗格　　图 3-14　粘贴选项　　图 3-15　"选择性粘贴"对话框

"剪贴板"组中的"格式刷"命令 🖌,不用于复制文本,而用于复制某段文本的格式,然后将格式应用到另一段文本。若双击此命令,可将复制的格式应用到多段文本。

3.4.3　查找替换与选择

1. 查找

在"开始"→"编辑"组中,提供了"查找"命令,可以通过它查找文档中文本或其他内容。

例如,想要查一下当前文本"[1]"还在文档的哪些位置出现,则可以单击"开始"→"编辑"组→"查找"按钮,会在窗口的左侧弹出"导航"窗格,显示出该文本在文档中出现的位置段,如图 3-16 所示。若另外要查

微课 3-2:Word 2010
查找操作的使用

文本"[2]"出现个数及位置，则先选择文本"[2]"，然后单击"查找"图标，从"导航"窗格查看。若要停止查找，则关闭"导航"窗口即可。

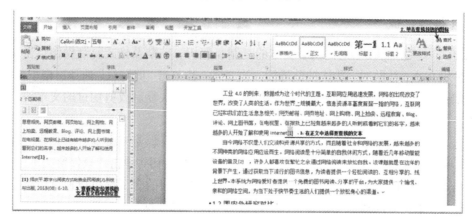

图 3-16　查找当前文本出现的位置

如果要查找某文档是否存在某文本，则打开文档后，单击"开始"→"编辑"组→"查找"→"高级查找"按钮，打开"查找和替换"对话框。比如，要查找文档中是否有文本"B/S"，则在"查找和替换"对话框的"查找"选项卡，"查找内容"文本框中输入"B/S"，如图 3-17 所示，单击"更多"按钮，展开更多精确查找的选项。单击"阅读突出显示"按钮，可显示出总共出现多少次"B/S"文本；单击"查找下一处"按钮，可在文档中一个一个查看找到的文本。

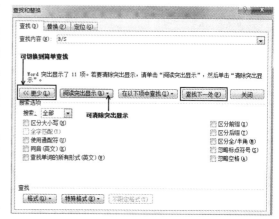

图 3-17　查找特定文本

2. 替换

替换功能不仅可以替换文字，还可替换字体格式，甚至一些特殊的符号；不仅可以进行精确替换，还可以进行模糊替换，甚至达到批量删除指定文本的功能。

微课 3-3：Word 2010 替换操作的使用

例如，将文档中所有"分析"二字的颜色改成"红色"。

单击"开始"→"编辑"组→"替换"按钮，在打开的"查找和替换"对话框"替换"选项卡中，按图 3-18 所示进行设置。"查找内容"输入"分析"，"替换为"文本框中输入"分析"，然后单击"格式"下拉按钮，选择"字体"命令，打开"替换字体"对话框，将"字体颜色"改为"红色"，单击"确定"按钮，回到"查找和替换"对话框，单击"全部替换"按钮。

例如，要将所有的"相×以沫"改成"相濡以沫"，此时需要用替换功能中的通配符选项。

打开"查找与替换"对话框"替换"选项卡，将光标置于"查找内容"文本框中，勾选"使用通配符"复选框，然后在"查找内容"文本框中输入"相?以沫"，在"替换为"文本框中输入"相濡以沫"，再单击"全部替换"按钮，如图 3-19 所示。

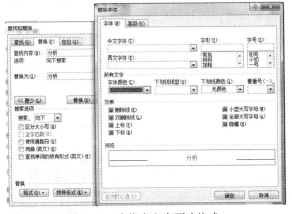
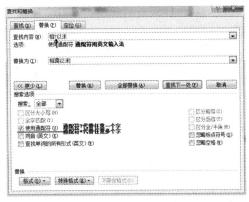

图 3-18　为指定文本更改格式　　　　图 3-19　模糊查找与替换

例如，一些特殊格式的替换，将手动换行符改成段落标记、删除所有的空行、删除某些特殊的标点符号等，这些不能在"查找内容"中输入的符号，可用"特殊格式"按钮提供的列表选择。

打开"查找与替换"对话框"替换"选项卡，将光标置于"查找内容"文本框中，单击"特殊格式"下拉按钮，弹出特殊符号列表，所有在 Word 文档中用到的一些特殊标点均有出现。如果要删除某个特殊符号，在"查找与替换"对话框的"替换为"文本框中保持空白，不输入即可。比如，要删除文档中的所有空行，即将两个段落标记替换成一个段落标记，直到查找到 0 个或 1 个为止。

3．选择文本块

在 Word 文档中选择文本或者图片或者其他对象，可用鼠标、用快捷键选择，也可用 Word 提供的命令选择。

（1）最通用的方式即按下鼠标左键并拖动，选择一块区域。

（2）如果是选择一个段落，可将鼠标指针置于该段任意位置，三击鼠标左键。

微课 3-4: 在 Word 中如何选择文本

（3）如果是选择整个文档，即全选，最快捷的方式是用【Ctrl+A】组合键；其次是将鼠标指针置于左侧页边距位置，三击鼠标左键；还可以单击"开始"→"编辑"组→"选择"→"全选"按钮。

（4）若要选择垂直区域文本块，可以按住【Alt】键，同时按下鼠标左键拖动来选取。

（5）如果要选择所有格式类似的文本，则先选择带某种格式的文本，单击"开始"→"编辑"组→"选择"→"选定所有格式类似的文本（无数据）"按钮。

3.5　文档基本格式

在文档编辑过程中，其最基本的格式即为字体、段落的格式设置，也包括字体、段落格式设置集合（样式）。在 Word 2010 中其基本格式设置在"开始"选项卡中（见图 3-20）。

图 3-20　"开始"选项卡

微课 3-5："字体"组中各命令的使用

3.5.1　字体格式

文本的字体包括中西文字体、字形、字号、颜色、效果、间距等内容。本小节将对 Word 2010 中字体功能组列出的各命令功能进行简要描述。

表 3-1　"字体"组中的命令集

图　标	命令功能及举例说明
A⁺ A⁻	为所选文字直接增大字号（若当前所选文字为小四号，单击增大字号按钮，直接将字号增大到四号）、减小字号
Aa▾	更改英文单词的大小写（可将所选英文设置为全部大写、全部小写、每词首字母大写、首句字母大字）
🅰️	清除所选内容的全部格式，只留下纯文本
wén文	可以为所选文字添加拼音，若安装了微软拼音输入法，文字的拼音自动出现，可在"拼音指南"对话框中进行检查修正；若没有安装，则需要用其他中文输入法软键盘中的"拼音"进行手动输入
A	在一组字符或句子周围应用边框
A	对所选文本应用部分艺术字的效果，如阴影、发光等效果
aby	以不同颜色的"荧光笔"效果，高亮显示文本
A	为所选文本应用灰色底纹背景
Ⓐ	为选择的单个文字周围加圈（○□△◇），以强调显示
abc	在所选文字的中间画一条线，表示删除
x₂ x²	在文字基线上方、下方创建小字符，如 $\log_2 x$
A▾	为文字更改颜色
B I U▾	为文字添加加粗、倾斜、下画线效果

"字体"对话框是设置文本字体的重要方式。

方法：单击"字体"组右下角的 ▫ 图标，打开"字体"对话框，如图 3-21 所示，在"字体"选项卡中，可对选定的一段文本同时设置中文、英文字体、字形、字号、颜色等设置；在"高级"选项卡中，可对选定的文本加宽或紧缩字符间距。

图 3-21　"字体"对话框

3.5.2　段落格式

文档由多个段落的文本组成，段落格式可设置段落项目符号、段落编号、段落的对齐方式、缩进距离、行距、段间距，以及中文习惯版式等。"段落"组中的命令集如表 3-2 所示。

微课 3-6:"段落"组中各命令的使用

表 3-2　"段落"组中的命令集

图　标	功　　能	应　用　举　例
≔ ▾	为段落创建项目符号	防溺水安全常识： ◇　小学生应在成人带领下游泳。 ◇　不要独自在河边、水库边玩耍。 ◇　不去非游泳区游泳。 ◇　不会游泳者，不要下水游泳，即使带着救生圈也不安全。 ◇　游泳前要做适当的准备活动，以防抽筋
≔ ▾	为多个段落创建数字或者字母编号	防溺水安全常识： 1. 小学生应在成人带领下游泳。 2. 不要独自在河边、水库边玩耍。 3. 不去非游泳区游泳。 4. 不会游泳者，不要下水游泳，即使带着救生圈也不安全。 5. 游泳前要做适当的准备活动，以防抽筋
⛶ ▾	启动多级列表	与标题样式联合使用，具体参考 3.5.3 节
⊠ ▾	自定义中文或混合文字版式	（1）纵横混排：如，锄禾日当午，可单独将某几个字横向排布。 （2）合并字符、双行合一：如，湖南省 永州市 旅游文化局。 （3）调整宽度：为选定文本调整所占据的宽度（增大或减少）。 （4）字符缩放：与调整宽度大同小异，将文字缩放后，所占据宽度会减少

续表

图　标	功　能	应用举例
	显示段落标记和其他隐藏的格式符号	如果此按钮按下，可看到空格符号、制表符、分页符、分节符等
	文字对齐方式：左对齐、居中对齐、右对齐	针对某一个段落的文字，设置后的效果与图标效果一致
	文字对齐方式：两端对齐、分散对齐	两端对齐： 段落对齐方式没满一行的效果。 分散对齐： 段　落　对　齐　方　式　没　满　一　行　的　效　果。
	更改行与行之间的间距或者段前、段后间距	对于不严格要求行间距，或者段间距的设置，此法好用
	设置所选文字或段落的背景色	如背景效果
	为段落添加边框线	（1）设置段落或文字的边框，如3.6.5节页眉设置。 （2）在空行处添加一条横线。 （3）绘制表格

"段落"对话框可对缩进与间距、分页与换行、中文版式做更详细的设置。

方法：单击"开始"→"段落"功能组右下角的 图标，打开"段落"对话框，如图3-22所示。

图3-22　"段落"对话框

（1）"缩进和间距"选项卡，可设置段落的对齐方式、大纲级别、缩进距离、段间距、行间距。

（2）"换行和分页"选项卡，"孤行控制"用于防止该段的第一行出现在页尾，或者最后一行出现在页首，否则该段整体移到下一页；"与下段同页"用于控制该段与下一段同页，如表格的标题；"段中不分页"防止该段从中间分页，否则该段整体移到下一页；"段前分页"用于控制该段必须重新开始一页。

（3）"中文版式"选项卡，对中文习惯下的换行分段进行特别处理，一般按默认选项，即符合中文版式习惯。

3.5.3 样式与多级列表

样式是一组格式集合，它集字体、段落、编号与项目符号、多级列表格式于一体。利用样式可以使文档格式随样式同步自动更新，以达到快速改变文字格式，高效统一文档格式的目的。另外，标题使用样式，是生成自动目录的前提。Word 样式分为内置样式和自定义样式。

多级列表应用到样式，并与样式进行超链接后，可以轻松实现为标题添加逻辑层次分明的多级编号。而且其分层的编号还可以动态改变，若删除或增加某一章某一节，则其后的多级编号会自动更新，所有其他标题都不用重新设置，此种方式，能为编辑长文档，或者编辑层次级别较多的文档节约很大一部分时间，同时这些多级编号也是自动生成目录的基础。

1. 样式的应用

Word 提供了多种内置样式，其格式已经预定义好，若对字体、段落等没有要求，只为层次分明及美观考虑，可直接选择某一样式应用。

（1）展开样式列表。选择需要应用样式的文本，单击某一样式如"标题 1"，则所选文本，单击"开始"→"样式"下拉列表，展开如图 3-23 所示，应用了"标题 1"样式。

（2）展开样式窗格。单击"开始"→"样式"功能组右下角 图标，展开如图 3-23 右图所示的下拉列表，用鼠标指针指向"标题 1"，则显示出"标题 1"预定义的字体、段落等格式设置。若要应用暂未显示出来的更多样式，如"标题 3""标题 4""题注"等，则单击"样式"窗格右下角的"选项"按钮，打开图 3-24 所示的"样式窗格选项"对话框，在"选择要显示的样式"下拉列表中选择"所有样式"。

图 3-23 样式列表及样式窗格

图 3-24 "样式窗格选项"对话框

2. 修改已有样式

考虑到内置样式所定义的字体、段落等格式与论文、实际文档等所要求的样式有一定差距，可以在原有样式名称上，对格式进行修改，然后再应用。比如修改"标题 1"样式，方法如下：

（1）右击图 3-23 所示样式列表或样式窗格中的"标题 1"样式，在弹出的菜单中选择"修改"命令，弹出图 3-25 所示的"修改样式"对话框。

微课3-7: 修改样式

可对该样式的"名称""样式基准""后续段落样式""字体""段落"等格式进行修改。

（2）在该对话框左下角单击"格式"按钮，选择"字体"命令，则打开"字体"对话框进行字体格式设置；或者选择"段落"命令，打开"段落"对话框进行段落格式设置。

（3）当"格式"设置完成后，返回"修改样式"对话框，勾选"自动更新"复选框，则当前文档中，所有应用了该样式的文本会自动更新到刚才修改后的格式，同时生成一个新的样式名。如果修改样式是为了以后使用，则可不勾选"自动更新"复选框，也就是说，当前文档还没有任何文字应用修改前的该样式。

（4）样式修改完成，单击"确定"按钮。则之前应用了"标题 1"样式的文本，格式均自动修改。

3. 新建样式

当所有样式的名称均不满意时，可新建自己的样式。单击"样式"窗格左下角的"新建样式"按钮，打开图 3-26 所示的"根据格式设置创建新样式"对话框，可以修改"名称"，如命名为"论文一级标题"；可选择"样式类型"，如"段落"；"样式基准"，以已有的某种样式为基准；"后续段落样式"，一般而言，后续样式为"正文"比较合理；单击该对话框左下角"格式"下拉按钮，同样可以设置"字体""段落"等一系列格式集。

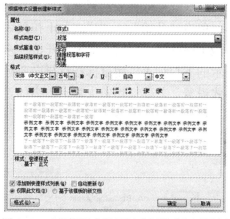

图 3-25 "修改样式"对话框　　　　图 3-26 "根据格式设置创建新样式"对话框

4. 文档快速样式

在"开始"选项卡"样式"组中提供了"更改样式"按钮，可以更改当前文档使用的样式集（即样式列表中所列样式的格式）、颜色、字体及段落间距。如果想要更改此文档的样式集，则单击"更改样式"下拉按钮，在展开的列表中指向"样式集"，在样式集列表中通过指向进行预览并选择某样式集，如图 3-27 所示。

5. 管理并复制样式

当为某一个文档"样式案例一"设置好一系列样

图 3-27 更改样式集（快速样式）

式后，想要将另一个文档"样式案例二"也应用相同的样式，则可使用"样式"
窗格底部的"管理样式"按钮，将"样式案例一"中的样式导出到"样式案例
二"中。具体操作如下：

微课3-8：复制样式

（1）单击"样式"窗格底部的"管理样式"按钮，打开"管理样式"
对话框，如图 3-28 所示。

（2）单击"导入/导出"按钮，打开"管理器"对话框。

（3）如图 3-29 所示，单击"管理器"对话框中右边的"关闭文件"
按钮，该按钮会变成"打开文件"按钮，单击该按钮，在"打开"对话框中，文件格式最
好选择"所有文件（＊）"，选择"样式案例二"文档。

（4）返回"管理器"对话框后，按住【Ctrl】键，在"在样式案例一.docx"中选择需要
复制到"样式案例二.docx"中的样式名称，单击中间的"复制"按钮，可将一个文件中的
样式复制到另一个文件中。

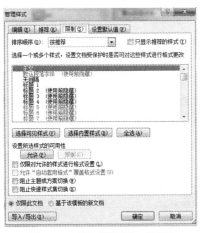

图 3-28　"管理样式"对话框

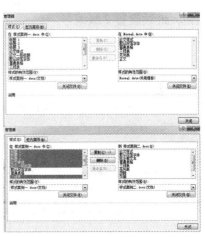

图 3-29　"管理器"对话框

6. 定义多级列表并关联到标题样式

为了在各级标题上设置自动编号，通常会用到"多级列表"功能，为
了解决各级标题编号在修改时的烦琐，可以定义"新的多级列表"或者"新
的列表样式"，这两种定义的区别在于："新的多级列表"一经定义，会
出现在"列表库"中，但不能修改，只可直接应用或者删除；"新的列表
样式"一经定义，会出现在"列表样式"中，通过右击该样式，对编号再
次修改。定义新的列表样式方法如下：

微课 3-9：定义与
修改多级列表样式

（1）单击"开始"→"段落"组→"多级列表"下拉按钮，在展开的
如图 3-30 所示的列表中，选择"定义新的列表样式"命令。

（2）在打开的如图 3-31 所示的"定义新的列表样式"对话框中，可以编辑列表样式的
"名称""格式"等（若此时不定义任何格式，则会使用标题样式的格式），单击该对话框
左下角的"格式"按钮，选择"编号"命令，打开"修改多级列表"对话框。

（3）在"修改多级列表"对话框中，单击左下角的"更多"按钮，则展开图 3-32 所示

的更多选项。然后，按以下步骤为各级标题关联多级编号：

① 在"单击要修改的级别"列表框中选择"1"，它对应标题样式中的"标题 1"和"标题"，该栏中其他大纲级别2~9，分别对应标题样式中的标题2~标题9。

②在"将级别链接到样式"下拉列表中选择"标题1"，在"要在库中显示的级别"下拉列表中选择"级别1"，"起始编号"选择"1"。

③"此级别的编号样式"按要求选择，比如，"一级标题"为"第一章、第二章..."的编号格式，则可选择"一，二，三……（简）"选项，然后在"输入编号的格式"中出现灰色的自动编号"一"，只需在编号"一"的左右两边分别输入"第"和"章"，如图 3-33 所示。则"标题 1"样式的编号设置完成，不单击"确定"按钮，继续设置 2 级编号。

图 3-30　多级列表

图 3-31　"定义新列表样式"对话框

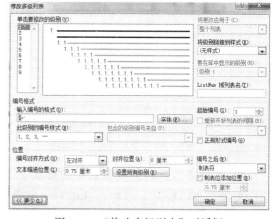

图 3-32　"修改多级列表"对话框

④ 选择级别"2"，在"将级别链接到样式"下拉列表中选择"标题2"，只是当1级"编号样式"改成中文简体后，2级标题的编号格式若不是"一、1"，而是"1.1"时，要勾选图3-33中的"正规形式编号"复选框。不单击"确定"按钮，继续设置3级编号。

⑤ 选择级别"3"，在"将级别链接到样式"下拉列表中选择"标题3"，其他默认。其中图3-33"位置"区域组中，若所有三个级别的对齐方式都是左对齐，不缩进，则需要调整"编号对齐方式"为"左对齐"，编号的"对齐位置为"为"0厘米"，"编号之后"通常加一个"空格"；标题"文本缩进位置"可适当调整为"2字符"。

⑥ 如果在设置2级大纲编号时，不小心将"输入编号的格式"文本框中自动出现的"1.1"删除，则不能手动在该文本框中输入"1.1"，而是需要先选择"包含的级别编号来自"下拉列表中的"级别1"，此时"输入编号的格式"文本框中自动生成编号"1"，然后在"1"

后面输入"."后，在"此级别的编号样式"下拉列表中，选择"1，2，3……"样式，此时系统会自动在"."分隔符后添加表示 2 级标题的编号数字"1"。也就是说，对于 2 级编号"1.1"，其中的第一个"1"是"包含的级别编号来自""级别 1"，而第二个"1"则为"此级别的编号样式"；同理对于 3 级编号"1.1.1"，其中的第一个"1"是"包含的级别编号来自""级别 1"，而第二个"1"是"包含的级别编号来自""级别 2"，第三个"1"为"此级别的编号样式"。只有明白各分隔符"."前后的级别，才能在编号发生错误时进行修正。

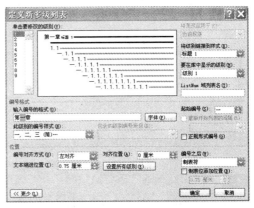

图 3-33　设置多级编号格式

⑦ 当所有的级别都设置好编号后，单击"确定"按钮。

（4）如果刚才定义的多级列表样式的编号格式需要修改，则单击"开始"→"段落"组→"多级列表"下拉按钮，右击该列表样式，选择"修改"命令，可按前面的第（2）、（3）步进行修改。

（5）此时，三级标题与编号自动关联完毕。文档中某段文字应用了"标题 1"样式后，则其编号自动为"第一章　×××"；当另一段文字再应用一次"标题 1"样式时，其编号自动为"第二章　××××"。

 ## 3.6　页面布局与排版

通常情况下，用 Word 制作的文档都需要纸质稿呈现，即使以电子稿形式呈现，为了视觉上的效果也会对页面进行排版。对于一些长文档，如毕业论文、书籍、文书，以及一些在格式上要求严格的专业论文，通常在页面排版上用到"自动"功能，这些"自动"的功能包括页眉与页码、题注与脚注、交叉引用、目录等。

3.6.1　页面布局

文档的编辑与排版，除了对其中的文字、图片、表格等进行格式设置外，对其中作为一个小整体的每个页面，需要进行页面布局的设置，包括纸张大小、纸张方向、页面背景、页边距、分栏、分节等。

1. 页面设置

如果文档对页面设置的要求不高，则可以单击"页面布局"→"页面设置"组中的常用按钮，如图 3-34 所示，对页边距、纸张方向、纸张大小进行简单设置。而对于排版要求较高的文档，则要单击"页面设置"组右下角的按钮，在打开的"页面设置"对话框中（见图 3-35）进行详细设定。以下将对"页面设置"的各选项卡中各栏内容进行简要说明。

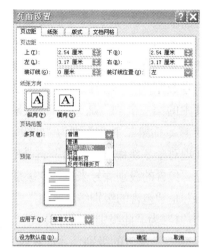

图 3-35 "页面设置"对话框

图 3-34 "页面布局"选项卡

（1）"页边距"选项卡可对页面的页边距、纸张方向、页码范围进行设置。其中：

① "页边距"：指文本编辑区的最上、最下、最左、最右位置距页面边缘的距离。

② "装订线"：如果为 0 厘米，则不需要装订线，一般针对装订无要求的文件。

③ "装订线位置"：只有左、上两个，即只能在页面左边和上边进行装订。

④ "多页"下拉列表："对称页边距"是指左、右页边距标记会修改为"内侧""外侧"边距，同时"预览"框中会显示双页，且设定第 1 页从右页开始。一般而言，需要双面打印的文件，并且左、右页边距可不相等的，应该使用对称页边距。"拼页"是指，将两张小幅面的编排内容拼在一张大幅面纸张上，适用于按照小幅面内容编排，大幅面纸张打印的情况，如试卷，在 A4 纸上进行编辑排版，打印时使用 A3 纸。"书籍折页"是指，将纸张一分为二，中间是折叠线，打印效果类似于请柬等开合式文档，请柬打开为正面，正面的左面为第 2 页，右面为第 3 页，请柬背面的左面为第 4 页，右面为第 1 页，再合并后，页码为正序 1、2、3、4。

⑤ "应用于"：即当前设置应用于哪个文字块。其中"所选文字"是指，仅应用于当前所选定的文字。Word 将自动在所选文字的前后各插入一个"下一页"分节符，使当前所选文字单独存在于一页中。"插入点之后"是指，在当前插入点位置插入一个"下一页"分页符，使其后的文字从下一页开始，并且其后到下一节开始之间的文字使用当前页面设置。

（2）"纸张"选项卡主要对纸张大小及纸张来源进行选择与设置。如图 3-36 所示，纸张大小中应用最多的是 A4 纸，它属于设计印刷的标准尺寸。该选项卡右下角还有一个"打印选项"按钮，单击该按钮，可以选择图 3-37 所示的几个选项。

（3）"版式"选项卡可以对节的起始位置、页眉页脚距边界的位置、垂直对齐方式等进行设置。

① 节的起始位置，如图 3-38 所示，有五种可选项。

② 奇偶页不同是指，在奇数页和偶数页分类中，使用不同的页眉或页脚；首页不同一般是指在文档首页使用不同的页眉或页脚，以区别文档首页与其他页面的不同。

③ 垂直对齐方式是指，在设置文本内容，调整文字的垂直间距时，使段落或者文章中的文字沿垂直方向对齐的一种对齐方式。垂直对齐方式决定段落相对于上或下页边距的位置，它包含四种方式：顶端对齐（默认）、居中、两端对齐、底端对齐。当一页中文字未排满时，这四种对齐方式排版的效果就非常明显。如图 3-39 所示，同样的两段文字，分别设置了垂直对齐方式为"顶端对齐""居中""两端对齐""底端对齐"后，效果就非常明显。

④ "行号"按钮，适用于在阅读过程中需要标记某内容所在行数的情况，如名人手稿、法律文书等。如图 3-38 所示，单击"行号"按钮打开"行号"对话框，勾选"添加行号"复选框后，该对话框中所有灰色区变成可选项，然后按需求选择即可。

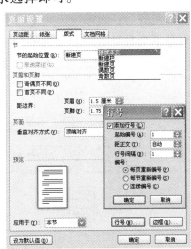

图 3-36　"纸张"选项卡　　　图 3-37　"打印选项"对话框　　　图 3-38　"版式"选项卡

图 3-39　不同垂直对齐方式效果图

（4）"文档网格"选项（见图 3-40）可对文档中选定的文字块的文字对齐方式、文档的网格、每行字符数、每页行数等进行设置。其中：

① "文字排列方向"默认为"水平"。

② "网格"栏与"字符数"及"行数"栏相互呼应。"无网格"：采用默认的字符网格，包括每行字符数、字符跨度、每页行数和行跨度等。"只指定行网格"：采用默认的每行字符数和字符跨度，允许设定每页行数（1~48）或行跨度，改变其中之一，则另一个数值将随之改变。"指定行和字符网格"：允许设定每行字符数、字符跨度、每页行数、

行跨度。改变了字符数（或行数），跨度会随之改变。"文字对齐字符网格"：可以设定每行字符数和每页行数，但不允许更改字符跨度和行跨度。

③ "绘图网格"按钮是为了方便调整图形位置与尺寸而设置的。当文档中图形对象较多时，为了使各图形能较快地调整到理想状态，"绘图网格"将起到一定作用。打开"绘图网格"对话框（见图 3-41），其中"对象对齐"：该选项被选中时，拖动对象会使对象与其他对象的垂直和水平边缘的网格线对齐。"网格设置"：设置网格线的垂直与水平间距。"网格起点"：勾选"使用页边距"复选框，则使左、上页边距作为网格起点，若不勾选，则自己设置水平与垂直起点。"显示网格"：勾选"在屏幕上显示网格线"复选框，则会在屏幕上按所设定的"垂直间隔"和"水平间隔"显示网络线。"网格线未显示时对象与网格对齐"：如果勾选此复选框，则拖动对象时对象会自动吸附到最近的网格线上，否则，对象不会自动吸附到最近的网格线上。

图 3-40 "文档网格"选项卡

图 3-41 "绘图网格"对话框

【例 3-1】在使用"形状"绘图前，做了图 3-42 所示的选择，绘制图形时会出现垂直与水平网格线，而且，在一个形状与另一个形状用直线连接时，各控制点会自动变成红色，当连接红色的控制点后，移动某个形状时，连接线会跟着关联的形状自动伸缩，如图 3-43 所示。

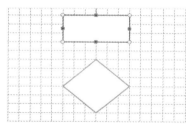

图 3-42 绘制形状并用直线连接

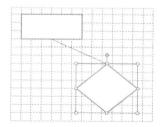

图 3-43 移动互相连接的形状

2. 页面背景

页面背景的设置包括三个内容：页面水印、页面颜色、页面边框。

1）页面水印设置

（1）直接应用列表中的水印。单击"页面布局"→"页面背景"组→"水印"下拉按钮，在展开的下拉列表中（见图 3-44），通过滚动条，选择已有的水印效果。

微课 3-10：页面背景设置

（2）自定义水印。如果没有想要的水印效果，则单击列表中"自定义水印"按钮，打开图 3-45 所示的"水印"对话框，选择"图片水印"，单击"选择图片"按钮选择一张图片，可设置图片的缩放与冲蚀效果；选择"文字水印"，可输入水印的"文字"内容及文字内容的字体、字号、颜色、版式、半透明。

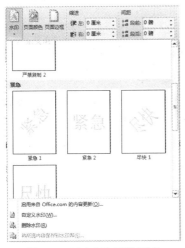

图 3-44　"水印"下拉列表

图 3-45　"水印"对话框

（3）删除水印。当不需要水印效果时，直接单击"水印"下拉列表中的"删除水印"按钮，水印效果消失。

2）页面颜色设置

（1）页面颜色。单击"页面布局"→"页面背景"组→"页面颜色"下拉按钮，如图 3-46 所示，可以直接选择一种"主题颜色"或者"标准颜色"；也可以单击"其他颜色"按钮，从更丰富的"标准"颜色或者"自定义"颜色中进行选择。

（2）页面效果。单击"页面布局"→"页面背景"组→"页面颜色"→"填充效果"按钮，打开图 3-47 所示的"填充效果"对话框，其中有四个选项卡。"渐变"选项卡中，可以为三种"颜色"（单色、双色、预设）设置"透明度""底纹样式""变形"效果。"纹理"选项卡中，可按纹理的名称选择

图 3-46　"页面颜色"下拉列表

一张纹理作为页面背景，也可以添加新的图片进入纹理列表中。"图案"选项卡中，可按"图案"名称选择一张图案，并设置图案线条的前景色和背景色。"图片"选项卡中，可以选择一张图片，作为页面的背景。

（3）删除页面背景。单击"页面布局"→"页面背景"组→"页面颜色"→"无颜色"按钮，不管之前是否设置了页面颜色和填充效果，均被删除。

3）页面边框设置

单击"页面布局"→"页面背景"组→"页面边框"按钮，打开图 3-48 所示的"边框和底纹"对话框的"页面边框"选项卡，该选项卡只对文档的页面设置边框。在"设置"一栏中，选择"方框""阴影""三维""自定义"四类边框的一种，只有"自定义"可为边框设置多种样式的线条。在"样式"栏中选择页面边框的线条样式。在"颜色"一栏中，选择边框线条的颜色。在"宽度"一栏中选择边框线条的粗细。在"艺术型"一栏中，选择边框的艺术形态，"艺术型"与"样式"只能应用一种。在"应用于"一栏中，选

图 3-47 "填充效果"对话框

择此种设定好的页面边框样式将应用于"整篇文档"还是"本节"、"本节首页"还是"本节除首页的其他页"。"横线"按钮，只会在文档光标所在处插入一条自选横线，不会生成页面边框。删除页面边框，选择"设置"一栏中的"无"即可，之前设置的页面边框全部清除。

例如，设置图 3-49 所示的页面边框，其操作步骤如下：

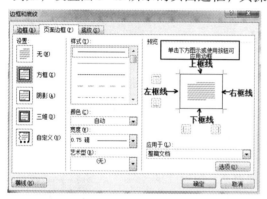

图 3-48 "边框和底纹"对话框

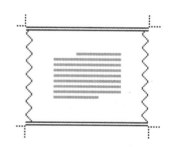

图 3-49 页面边框示例

（1）将光标置于文档任意位置，单击"页面布局"→"页面背景"组→"页面边框"按钮。

（2）在打开的图 3-48 所示的对话框中，选择"样式"中的"双线"，"颜色"选择"深红"，"宽度"选择"0.75 磅"，在"预览"一栏中，可看到页面的四边均为深红色双线边框。

（3）选择"设置"一栏中的"自定义"选项，再次选择"样式"中的"单波浪线"，"颜色"选择"红色"，"宽度"选择"1.5 磅"，此时的"预览"区边框样式没有改变。

（4）单击"预览"区 左框线、右框线，使（3）中设置的线条样式应用于页面的左右边框上。

（5）"应用于"选择"本节-仅首页"，单击"确定"按钮。

3．主题应用

主题应用于整篇文档，单击"页面布局"→"主题"组→"主题"下拉按钮，打开图 3-50 所示的"主题"下拉列表，可选择某一种"内置"主题，主题包括"颜色""字体"

"效果"三个内容。其中"颜色"除了"内置"主题已经定义好的关于文字、背景、超链接等的颜色，还可以自定义；"字体"除了"内置"主题中已定义的之外，还可以自定义本文的标题与正文的字体；"效果"只能选择"内置"主题中的某一种效果，主要针对文档中插入的形状及 SmartArt 图形的默认效果选项。

4．稿纸设置

单击"页面布局"→"稿纸"组→"稿纸设置"按钮，打开"稿纸设置"对话框，如图 3-51 所示，可以将 A3、A4、B4、B5 四种类型的纸张设置成常用的稿纸类型。图 3-52 所示是按图 3-51 所示的选项进行设置后的效果。

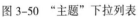

图 3-50 "主题"下拉列表

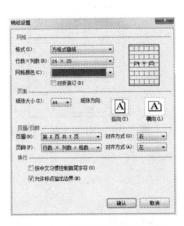

图 3-51 "稿纸设置"对话框

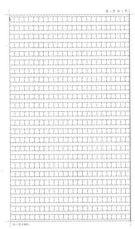

图 3-52 稿纸示例

3.6.2 分栏与首字下沉

分栏与首字下沉是文字排版的特殊设置。"分栏"操作常见于各种学术期刊上，首字下沉在各种报纸、板报上则是常见的。

1．分栏

单击"页面布局"→"页面设置"组→"分栏"下拉按钮，打开图 3-53 所示的下拉列表，若对分栏没有更多要求，可在"分栏列表"中直接选择"两栏"或者"三栏"，"一栏"则为正常文档，即不分栏。若对栏数、栏宽等有更多要求，则单击"分栏列表"中的"更多分栏"按钮，打开"分栏"对话框（见图 3-54），在"栏数"中输入分栏数量；确定是否需要栏与栏之间的"分隔线"；确定"栏宽是否相等"；设置每一栏的"宽度"或者"间距"；将设置的分栏效果"应用于""整篇文档"或者"选定文字"。

2．首字下沉

光标置于需要设置首字下沉的段落中，单击"插入"→"文本"组→"首字下沉"下拉按钮，打开图 3-55 所示的下拉列表，"无"选项即取消首字下沉设置；"下沉"选项即默认光标所在段落首字下沉三行；"悬挂"选项即该段首字挂在其他文字的左边；"首字下沉选项"选项可对首字下沉的行数、首字字体、首字距该段其他文字之间的距离进行设置，如图 3-56 所示。

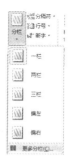

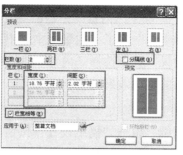

图 3-53　"分栏"下拉列表　　　图 3-54　"分栏"对话框

图 3-55　"首字下沉"下拉列表　　　图 3-56　"首字下沉"对话框

3.6.3　文档分页与分节

1. 分页符

分页符分为自动分页和强制分页两种。

自动分页也称软分页，即当正常输入文字一页已满，自动跳到下一页，Word 是按照页面的设置自动对文档进行分页。对于自动分页，在"段落"对话框中还为用户提供了四种用于调整段落自动分页的属性选项。这些在 3.5.2 节中也提到过。

强制分页也称硬分页，当一个页面中文字已输入完成，但页面还有留白，却需要另起一页输入其他文字时，就需要强制分页，即手动插入分页。方法为：单击"页面布局"→"页面设置"→"分隔符"下拉按钮，在图 3-57 所示的下拉列表中，"分页符"选择"分页符"；也可以通过按【Ctrl+Enter】组合键实现快速硬分页。

2. 分节符

文档"节"不同于书籍里的章节，但概念上是相似的。"节"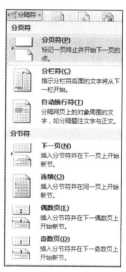

图 3-57　强制分页符

是一段连续的文档块，同节的页面拥有同样的边距、纸型或方向、打印机纸张来源、页面边框、垂直对齐方式、页眉和页脚、分栏、页码编排、行号及脚注和尾注。如果没有插入分节符，Word 默认一个文档只有一个节，所有页面都属于这个节。若想对页面设置不同的页眉页脚，必须将文档分为多个节。

【例 3-2】有一篇短文共 3 章，如果要为该文中的各章页眉添加各章的标题，且各章从新的一页开始，请为文档分节。则为各章设置分节的操作如下：

（1）通过分析可知，各章自成一节，即应将第 1 章与第 2 章以及第 3 章内容用分节符分开。

（2）将光标置于第 2 章首字符前，展开"页面布局"→"页面设置"→"分隔符"下拉列表，选择"分节符"一栏中的"下一页"，即将第 1 章与第 2、3 章分成不同节。

（3）将光标置于第 3 章首字符前，用相同方式插入"分节符"，此时第 2 章与第 3 章分属不同节。

（4）单击"开始"→"段落"→"显示/隐藏编辑标记"按钮 ⸀，可查看具体的"分节符""分页符"等标记。

3.6.4　文档自动引用

引用功能可以为文档排版时的修改提供便捷，常见的引用类型有编号、标题、题注、脚注、尾注、文档部件等，它们都是域的某种表现形式。

1．题注与脚注

题注与脚注在编辑论文及书籍时经常用到，题注常用于表格、图片、公式较多的文档中，为它们进行自动按序编号；脚注或者尾注常用于对特殊名词、专有名词等的解释说明，置于当前页面底部或者文档末尾。

（1）插入题注。若要为表格设置题注，则将光标置于表格上方的空段落处，单击"引用"→"题注"组→"插入题注"按钮，在打开的"题注"对话框（见图 3-58）中选择标签；若没有符合要求的标签，则单击"新建标签"按钮，在"新建标签"对话框中输入自定义的标签如"表 4."，并单击"确定"按钮，返回"题注"对话框，"题注"文本框中将显示内容"表 4.1"；还可单击"删除标签"按钮删除标签，也可单击"编号"按钮，对标签的编号格式进行设置。

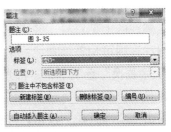

图 3-58　"题注"对话框

（2）插入脚注。将光标置于需要设置脚注的名词后，单击"引用"→"脚注"→"插入脚注"按钮，则该名词后出现一个上标形式的数字"1"，并且该页文档编辑区的左下底部出现一条短线，短线以下可对该名词进行解释说明。如图 3-59 所示，在当前页插入了四个脚注。

微课 3-13：如何插入脚注与尾注

单击"引用"→"脚注"组的对话框启动器按钮，在弹出的"脚注和尾注"对话框（见图 3-60）中对脚注的位置及格式进行设置，设置完后，单击"应用"按钮，并关闭对话框。

（3）插入尾注。将光标置于需要设置尾注的名词后，单击"引用"→"脚注"→"插入尾注"按钮，则该名词后出现一个上标形式的符号"i"，并且在当前节的尾部出现一条短线，短线以下可对该名词进行解释说明，如图 3-59 所示。双击尾注标记"i"可跳转到尾注编辑位置。

同样，插入尾注后，可通过单击"引用"→"脚注"组的对话框启动器按钮，在弹出的"脚注和尾注"对话框对尾注的位置及格式进行设置，设置完后，单击"应用"按钮，并关闭对话框。

图 3-59　插入尾注示例　　　　　　　图 3-60　"脚注和尾注"对话框

（4）脚注与尾注相互转换。若要将所有的脚注转换成尾注，则在打开的"脚注和尾注"对话框中，"位置"一栏中选择"脚注"，单击"转换"按钮，在打开的"转换注释"对话框中选择"脚注全部转换为尾注"单选按钮，单击"确定"按钮，返回"脚注和尾注"对话框，此时"位置"一栏自动选中"尾注"，可对已经转换成尾注的信息设置位置及格式，并单击"应用"按钮，关闭该对话框。

（5）删除脚注和尾注。若从多个脚注或尾注中删除某一个，则在正文中找到某个脚注或尾注的上标符号，并删除它，与之相关的解释信息会自动删除。若要删除所有的脚注或尾注，则可用替换功能：单击"开始"→"编辑"组→"替换"按钮，在打开的"查找和替换/替换"选项卡中，将光标定位在"查找内容"文本框，单击"特殊格式"下拉按钮，在其下拉列表中，选择"尾注标记"或者"脚注标记"，"替换为"文本框中保持默认，单击"全部替换"按钮，可将所有的脚注或尾注删除。

2．交叉引用

单击"引用"→"题注"组→"交叉引用"按钮，打开图 3-61 所示的"交叉引用"对话框，选择"引用类型"，并勾选"插入为超链接"复选框，然后选择"引用哪一个题注"，并选择"引用内容"。

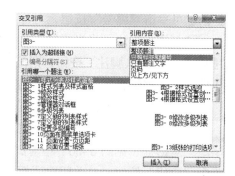

注意：若要用交叉引用，则正文中必须应用了"交叉引用"对话框"引用类型"中提到的样式才可以，比如正文中标题应用了"标题 1、标题 2、标题 3"样式，正文中图、表名称应用了"题注"，正文中应用了"开始"→"段落"组中的"编号"等，则在设置

图 3-61　"交叉引用"对话框

交叉引用时，"交叉引用"对话框才能根据"引用类型"列出该类型所有项的列表。

【例 3-3】文档中所有图片的标题均用题注，如正文中文字有"如图 3-10 所示"，以便应用交叉引用，图名编号项因修改而变成"图 3-12"时，正文中的引用"如图 3-10 所示"的编号项"图 3-10"能自动变化为"图 3-12"。

操作步骤如下：

将光标置于正文文字"如"之后，单击"引用"→"题注"组→"交叉引用"按钮，在打开的"交叉引用"对话框中，"引用类型"选择"图 3-"，"引用哪一个题注"选择"图 3-10******"，"引用内容"选择"只有标签和编号"，单击"插入"按钮，并关闭对话框，则正文"如"之后出现　"图 3-10"，单击该文字，会发现文字自带灰色底纹。

3. 文档部件

文档部件是对某一段指定文档内容（文本、图片、表格、段落等文档对象）的保存和重复使用。就是说你能把图片、表格、某段常用文字或者页眉页脚格式固定下来，存到文档部件里面，以后使用时就跟零件一样，随时使用。"文档部件"命令所在位置："插入"→"文本"组→"文档部件"；"页眉和页脚工具/设计"→"插入"组→"文档部件"。

1）新建构建基块–自动图文集

如果某段文字，或者某几段文字，或者某图片经常出现，则可将其放入文档部件中，以免不停地查找、复制、粘贴。比如，在文档编辑时，经常用到数字标号"①②③④⑤⑥⑦⑧⑨⑩"，可将其加入到文档部件中备用。操作步骤如下：

（1）先在正文中输入该串数字标号，并选择它们。

（2）单击"插入"→"文本"组→"文档部件"→"自动图文集"→"将所选内容自动保存到自动图文集库"按钮，如图 3-62 所示。

（3）打开"新建构建基块"对话框，"名称"可改为"细分点"；存储的"库"可选择"自动图文集"；"类别"选择"常规"，除非想要创建新的类库；"选项"选择"仅插入内容"。

（4）下次应用时，打开"自动图文集"列表，如图 3-63 所示，单击"细分点"的内容即可将数字标号"①②③④⑤⑥⑦⑧⑨⑩"插入到光标所在位置。

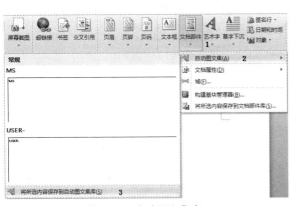

图 3-62　自动图文集库

图 3-63　新增图文集库

2）域

Word 域类似数据库中的字段，实际上，它就是 Word 文档中的一些字段（或称变量）。每个 Word 域都有一个唯一的名字，但可取不同值。用 Word 排版时，若能熟练使用 Word 域，可增强排版的灵活性，减少许多烦琐的重复操作，提高工作效率。大致包含以下类别的域：编号、等式和公式、链接和引用、日期和时间、索引和目录、文档信息、文档自动化、用户信息、邮件合并。本小节将对常用的文档部件域的使用进行简介。

微课 3-14：文件部件——域的使用

域是 Word 中的一种特殊命令，它由花括号、域名（域代码）及选项开关构成。域代码类似于公式，域选项开关是特殊指令，在域中可触发特定的操作。Word 域的一般格式：｛域名[域参数][域开关]｝，其中域参数和域开关是可选项。它与 Excel 中的公式相似，域代码类似于公式，而域结果类似于公式产生的值，域结果与 Excel 公式产生的值一样，也会根据文档的变动或相关因素的变化自动更新。

在域使用之后，应知道一些常用的快捷键，方便进一步修改或者操作域：

【Shift+F9】组合键可在单个域的域结果和域代码之间进行切换显示。【Alt+F9】组合键可对文档中所有域的域结果和域代码之间进行切换显示。【F9】功能键可在域为选中状态下时，更新结果。【Ctrl+F11】组合键可锁定该域，从而禁止这个域被自动更新。【Ctrl+Shift+F9】组合键使域结果成为普通文本。

单击"插入"→"文本"组→"文档部件"下拉按钮，在展开的列表中选择"域"，打开"域"对话框。

（1）StyleRef 域：它属于"链接与引用"类别。功能为：插入具有某样式的段落中的文本。比如，选择"样式名"为"标题 1"，将会在光标所在位置，插入当前页应用了"标题 1"样式的那段文字。若"域选项"中勾选了"插入段落编号"，则插入当前页应用了"标题1"样式并设置了多级列表编号的段落编号，如"一、1、第一章"等。图 3-64 对其中的选项做了说明

（2）Date 域：它属于"日期和时间"类别。功能为：插入当前系统的日期。

比如，若要插入某种特定格式的当前时间，比如"2019/06/09"，从图 3-65 列出的日期格式类型可知，并没有需要的格式类型，则可先单击某种已有的日期格式，如"2019/6/4Tuesday"，并在"日期格式"文本框中将已有格式修改为"yyyy/MM/dd"。

图 3-64　StyleRef "域"对话框选项说明

（3）Page 域：它属于"编号"类别。功能为：插入当前页的页码。

（4）SectionPages 域：它属于"编号"类别。功能为：插入当前节的总页数。

比如，某文档包含封面和正文两大内容，要在正文页脚处插入"第 X 页，共 Y 页"格式的页码，封面不计入总页码数（注意：通过"插入"→"页"组→"封面"命令插入的

封面，不计入文档总页数。当前例题的封面不是插入的），则首先将封面与正文分成不同节，接下来可以将光标置于正文第一页的页脚处，输入文字"第页，共页"，然后光标置于"第"之后，单击"页眉和页脚工具/设计"→"插入"组→"文档部件"/"域"命令，在打开的"域对话框"中，"类别"选择"编号"；"域名"选择"Page"；单击"确定"按钮；将光标置于"共"字之后，继续打开"域"对话框，在"编号"类别中选择"SectionPages"，单击"确定"按钮。

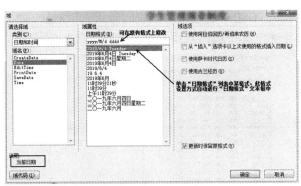

图 3-65　Date 域选项说明

（5）NumPages 域：属于"文档信息"类别。功能为：插入当前文档总页数（不包括"插入"的"封面"数）。

（6）MacroButton 域：属于"文档自动化"类别。功能为：运行具体自动操作功能的宏代码，如图 3-66 所示。

比如，设计一张要填写的表格，其填写内容最好给点提示，选择的"宏名"为"AcceptAllChangesShown"，在"显示文字"文本框中输入"[单击输入讲师或副教授或教授]"（见图 3-67），再单击"确定"按钮。若要对"显示文字"进行修改，比如，再加入"助教"二字，则可使用【Alt+F9】组合键切换到域代码，如图 3-68 所示，输入要修改的文字，再按【Alt+F9】组合键回到域结果界面。然后单击该灰色区域，输入"副教授"，则之前的域"显示文字""[单击输入助教或讲师或副教授或教授]"更新为"副教授"三个字。

图 3-66　MacroButton 域 　　　　　　　　　图 3-67　插入一个宏名示例

姓名：张平和
职称：{ MACROBUTTON　AcceptAllChangesShown [单击输入助教或讲师或副教授或教授] }

图 3-68　打开域代码

3）插入构建基块

构建基块有 Word 自带的，也可以通过自己定义加入，作为以后重复利用，也可对已有的构建基块进行删除。

比如要在文档中创建一种日历表格，可先查看构建基块中是否有合适的日历样式。单击"插入"→"文本"组→"文档部件"→"构建基块管理器"按钮，打开图 3-69 所示的对话框，单击"库名"列的列标题，按库名排序，更容易找到所需要的表格。该对话框中左边为"构建基块"列表，右边为所选构建基块的样式 "预览"，可分别单击"日历 1、2、3、4"进行预览，并选定某个构建基块，单击"插入"按钮。

图 3-69 "构建基块管理器"对话框

4）保存到文档部件库

当自定义的某些段落及文字、图片、表格等内容将会重复使用，先选定这些内容，然后单击"插入"→"文本"组→"文档部件"→"将所选内容保存到文档部件库"按钮，打开"新建构建基块"对话框，按照前面提到的方法保存。

4．自动目录

常用的设置目录方式为"插入目录"，并进行目录格式设置，之后不管文档中各章节标题如何变化，只需要 "更新目录域"这一个操作即可。使用此法的前提是，各章节的标题必须应用标题样式。设置自动目录的方法如下：

（1）将光标置于需要插入目录的位置，如"目录"标题的下一行。

（2）单击"引用"→"目录"组→"目录"下拉按钮，展开图 3-70 所示的下拉列表，若对目录的格式不做要求，则可选择"内置"一栏中的"自动目录 1"或"自动目录 2"；若对目录的格式要求严格，则单击"插入目录"按钮，打开"目录"对话框，如图 3-71 所示。

（3）在"目录"对话框的"常规"/"格式"下拉列表中，默认选项为"来自模板"，此时的"修改"按钮为可用状态，其他"格式"如"古典、优雅、流行..."均不可以修改。每一种"格式"都可在"打印预览"列表框中进行查看。目录的"显示级别"一般为"3"级。"格式"选择"来自模板"，单击"修改"按钮，打开图 3-72 所示的"样式"对话框。

微课 3-15: 为文档生成自动目录

（4）在"样式"对话框中，选择"目录 1"，单击"修改"按钮，打开"修改样式"对话框，如图 3-73 所示，对"目录 1"的字体、段落等进行修改，再单击"确定"按钮，返回"样式"对话框，再选择"目录 2""目录 3"等级别进行格式修改，当所有将要列出级别的"样式"都修改的，单击"确定"按钮，返回"目录"对话框，再单击"确定"按钮。

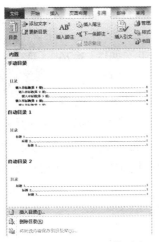

图 3-70　"目录"下拉列表

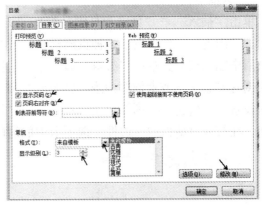

图 3-71　"目录"对话框

图 3-72　"样式"对话框

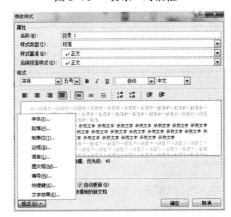

图 3-73　"修改样式"对话框

（5）此时，光标所在处自动出现自定义格式的目录域。当正文中各级标题有更改，需要重新更新目录时，可右击目录域，在弹出的快捷菜单中选择"更新域"（见图 3-74）命令，在打开的"更新目录"对话框中选择"更新整个目录"（见图 3-75）。

图 3-74　目录域快捷菜单

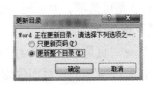

图 3-75　"更新目录"选项

3.6.5 文档页眉页脚与页码

一般的书籍都有在每页的"上边距"标示章节标题，在"下边距"标示 微课 3-16：为文档编辑页眉
页码，这些在上、下边距上输入的文字称为页眉、页脚，即页眉总是在页面
顶端，而页脚总是在页面底端。

1. 页眉

单击"插入"→"页眉和页脚"组→"页眉"下拉按钮，如图 3-76
所示，"内置"一栏提供了多种页眉样式，若符合要求，可直接单击，并
在页眉中输入相应文本；"编辑页眉"命令则提供空白页眉编辑区，按需
设置图片或者文字或者域等内容；"删除页眉"命令则删除页眉区所有内容，但如果在页
眉区设置了段落边框，则要单击"开始"→"段落"→"边框和底纹"→"边框和底纹"
按钮，在打开对话框的"边框"选项卡中取消段落边框的应用（见图 3-77 中箭头所指）。

图 3-76 "页眉"下拉列表

图 3-77 "边框"选项卡

2. 页脚

单击"插入"→"页眉和页脚"组→"页脚"下拉按钮，如图 3-78 所示，"内置"一
栏提供了多种页脚样式，若符合要求，可直接单击，并在页脚中输入相应文本；"编辑页
脚"命令则提供空白页脚编辑区，按需设置图、文、域等；"删除页脚"命令则删除页脚
区所有内容。

3. 页码

为页面添加页码时，需要注意三个内容：一是页码出现在页面中的位置； 微课 3-17：为文档设置页码
二是编号的格式，三是可选项，为页码的形态。在设置页码时，会自动打开
"页眉和页脚工具"选项卡。

单击"插入"→"页眉和页脚"组→"页码"下拉按钮，如图 3-79
所示，其中有"页面顶端"、"页面底端"、"页边距"和"当前位置"
四个选项，包含两个内容：一是页码出现在页面中的位置，包括顶端（页

眉区）、底端（页脚区）、侧边（左右边距区）、正文光标所在位置（当前位置）；二是页码的基本形态，包括"普通数字""第 X 页""X/Y"。单击"设置页码格式"按钮，打开图 3-80 所示的对话框，可设置页码的"编号格式"，有"1、-1-、I、A、一、甲"等多种格式，可设置页码包含"章"节号，可设置页码的"起始页码"。

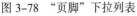

图 3-78　"页脚"下拉列表　　　图 3-79　"页码"下拉列表　　　图 3-80　"页码格式"对话框

在长文档的编辑中，一般先设置页码格式，再选择页码"位置"，最后设置页码的形态，如"第 X 页，共 Y 页"。

【例 3-4】请为当前文档（见图 3-81）按如下要求添加页眉和页脚：①在页面底端正中插入页码，封面不显示页码；目录页页码从 1 开始，页码格式为"I, II, III..."；正文页码从 1 开始，页码格式为"1，2，3..."。②在页面顶端插入页眉，封面页不显示页眉；目录页页眉文字为"目录"；正文页页眉文字为各章编辑和内容，如"第一章　本报告的数据来源"，且要求页眉文字和章内容可随正文中内容的变化自动更新。③重新更新文档目录。

图 3-81　需要设置页眉与页脚的"当前文档"

分析：①②中，各章及封面、目录页的页眉或页码均不相同，则需要为封面、目录页、正文各章分成不同节。另外，②中要求页眉文字和章内容可随正文中内容的变化自动更新，此处需要插入文档部件（文档部件中域的内容）。③需要用到自动目录的知识。

操作步骤：

（1）分节。将光标置于"目录"页标题之前，单击"页面布局"→"页面设置"组→"分隔符"→"分节符/连续"按钮，将封面页单独放在一节中。勾选"视图"→"显示"组→"导航窗格"复选框，在左侧的导航窗格列表中，单击第一章的标题，再单击"页面布局"→"页面设置"组→"分隔符"→"分节符/下一页"按钮，再用此方法，为第二章、第三章……进行分节。

（2）设置封面及目录页页码。双击"封面"页的页脚位置，进入页脚编辑区，在自动打开的"页眉和页脚工具/设计"→"选项"组中勾选"首页不同"复选框（见图3-82），在页脚区删除该页页码。将光标置于"目录"页的首页页脚区，取消勾选"首页不同"复选框，单击"页眉和页脚工具/设计"→"页眉和页脚"组→"页码"→"设置页码格式"按钮，在弹出的"页码格式"对话框中，将"编号格式"设置为"I, II, III, ..."，将"起始页码"设置为"I"，单击"确定"按钮。然后，继续单击"页眉和页脚工具/设计"→"页眉和页脚"组→"页码"下拉按钮，选择"页面底端"/"普通数字2"。

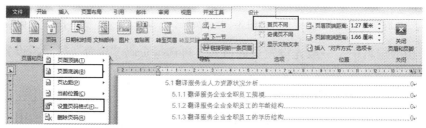

图3-82　"页眉和页脚工具/设计"选项卡

进入页眉与页脚的方法：直接双击页眉或页脚所在的位置，如图3-83所示。单击"插入"→"页眉和页脚"组→"页眉"或"页脚"或"页码"/"页面底端"按钮等。

图3-83　页眉页脚区

（3）设置第一章页码。首先，将光标置于第一章首页的页脚编辑区，取消勾选"页眉和页脚工具/设计"→"选项"组→"首页不同"复选框，同时取消"导航"组→"链接到前一条页眉"按钮的选中状态。然后，单击"页眉和页脚"组→"页码"→"设置页码格式"按钮，在"页码格式"对话框中的"起始页码"设置为"1"，单击"确定"按钮。继续单击"页眉和页脚"组→"页码"下拉按钮，在列表中选择"页面底端"/"普通数字2"。

（4）其他各章页码设置。从第二章开始，均取消勾选"首页不同"复选框，"起始页码"设置为"续前节"。

（5）设置目录页页眉。将光标置于目录页页眉编辑区，取消"链接到前一条页眉"按钮的选中状态，输入文本"目录"，单击"开始"→"段落"组→"居中"按钮。

（6）设置第一章页眉。光标置于第一章页眉编辑区，取消"链接到前一条页眉"按钮的选中状态，将显示的文本"目录"删除，然后单击"插入"→"文本"组→"文档部件"→"域"按钮，在打开"域"对话框中，"类别"选择"链接和引用"，"域名"列表框中选择"StyleRef"，在"域属性/样式名"列表框中选择"标题 1"样式，勾选右侧"域选项"中的"插入段落编号"复选框，如图 3-84 所示，单击"确定"按钮，此时页眉处插入"第一章"，即页眉自动输入本章"章节编号"。在自动输入的编号后输入一个空格，继续单击"文档部件"按钮，打开"域"对话框，"域名"列表框中选择"StyleRef"，"域属性/样式名"列表框中选择"标题 1"样式，取消勾选"域选项"复选框。单击"确定"按钮，此时，页眉中自动插入第一章的标题文字"中国翻译服务业基本状况"。其他各章的页眉自动变化。

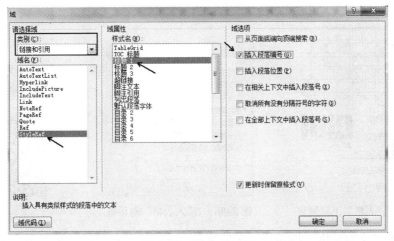

图 3-84　"域"对话框

（7）关闭页眉页脚。单击"页眉和页脚工具/设计"→"关闭"组→"关闭页眉和页脚"按钮。

（8）更新目录。单击导航窗格中的"第四章"，在正文中将"第四章"所在段落改为"正文"文本，即改为 3.4 节的正文内容。然后，将光标置于目录域中，右击，在弹出的快捷菜单中选择"更新域"命令，在弹出的对话框中选择"更新整个目录"，单击"确定"按钮。

（9）保存并关闭文档。

微课 3-18：页眉页脚案例解析

3.7　Word 表格

在设计文档时，不应当只有纯文字，更需要图片、图表、表格来点缀，以便让整篇文章条理更清晰，让画面更丰富。在 Word 2010 中，表格是由行和列的单元格组成的，可以在单元格中输入文字、图片、公式等，使文档内容变得更加直观、形象，增强文档的可读性。

3.7.1　插入表格

在 Word 文档中插入一张新的表格，即新建表格，或称为插入表格，其操作方法如下：

单击"插入"→"表格"→"表格"下拉按钮，在展开的列表中（图 3-85）中，选择某种插入表格的方法，一旦光标在表格中，则会自动出现"表格工具/设计"/"布局"两个选项卡。

新建表格即插入表格，在图 3-85 中的各选项，其含义及方法如下：

（1）"插入表格"一栏中，可直接创建最多 8 行 10 列的表格，即如果表格的行、列数不超过 8、10，则可直接单击，并在光标处生成一个自适应页面宽度的表格。

（2）单击"插入表格"按钮，可打开图 3-86 所示的"插入表格"对话框，可设置表格的行数、列数以及表格各列宽"自动调整"的方式。单击"确定"按钮，可在光标处生成表格。

图 3-85 "表格"下拉列表

图 3-86 "插入表格"对话框

微课 3-19：插入或新建表格

（3）单击"绘制表格"按钮后，鼠标指针变成一支笔的样式，可按下左键并拖动，绘制表格的边框线，此时"绘制表格"按钮为选中状态（高亮显示），当表格绘制完，需要单击"绘制表格"按钮，取消高亮显示。

（4）"文本转换成表格"命令，可将带有特定分隔符的文本块转换成表格，这些分隔符有"回车号""空格""制表符""逗号"或者自定义的其他符号。比如，正文中有三段文字，如图 3-87 所示，每个词之间用【Tab】键（又名制表符）隔开，若要将这三段文字转换成 3 行 6 列的表格，其操作如下：

① 仅选择此三段文字，包含三个回车号，用于确定表格的行数。注意不要多选任意一个空的回车号。

② 单击"插入"→"表格"组→"表格"→"文本转换成表格"按钮，打开图 3-88 所示的"将文字转换成表格"对话框，其中"行数"不可选，它会自动按第①步所选的行数固定；"列数"会根据"分隔符"的数量给出一个默认值，若减少默认列数，生成的表格，数据可能错乱；若增加默认列数，生成的表格会增加空的列。"文字分隔位置"选择"制表符"，若不能判断分隔符是制表符还是空格，可单击"开始"→"段落"组中的 ↙ 按钮，显示所有的编辑标记。

③ 单击"确定"按钮，生成图 3-89 所示的表格。

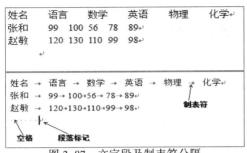

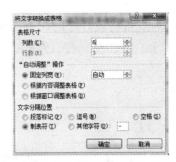

图 3-87　文字段及制表符分隔

图 3-88　"将文字转换成表格"对话框

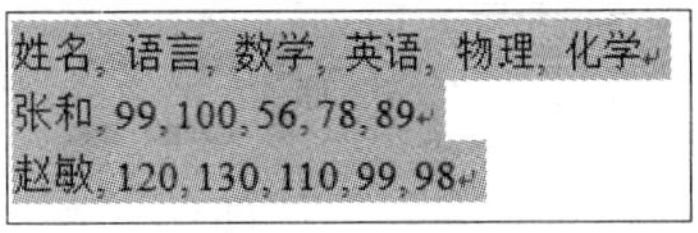

姓名	语言	数学	英语	物理	化学
张和	99	100	56	78	89
赵敏	120	130	110	99	98

图 3-89　文字转换成正确的表格

④ 同理，可将表格转换成文本。操作：光标置于表格中，单击"表格工具/布局"→"数据"组→"转换为文本"按钮，打开"表格转换成文本"对话框，选择"文字分隔符"，此处选择"逗号"，则结果如图 3-90 所示。

姓名, 语言, 数学, 英语, 物理, 化学
张和, 99, 100, 56, 78, 89
赵敏, 120, 130, 110, 99, 98

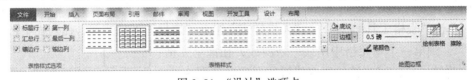

图 3-90　表格转换成文本

（5）单击"Excel 电子表格"按钮，则可在光标位置插入一张电子表格，并自动打开"电子表格"的"设计"选项卡，在表格中输入数据，进行编辑，编辑完成后，单击 Word 文档任意处，即可退出 Excel 表格的编辑。若要重新编辑该插入的电子表格，可双击该表格。

（6）单击"快速表格"按钮，可展开内置的表格样式，这些样式也是"文档部件"中的"构建基块"，单击某种合用的表格样式，即可创建一个自带样式及数据的表格。

3.7.2　表格边框设计

当表格插入到文档后，可能还需要对表格的边框、底纹等进行修饰，在"表格工具/设计"选项卡中，提供了修改表格边框及底纹、表格样式的方法，如图 3-91 所示。

图 3-91　"设计"选项卡

1. 表格边框

表格中的每个单元格、行、列都是由四面框线合围而成，因此，表格边框线的设置，可针对单元格、行、列、表格的四条框线进行。

（1）设置单元格边框：将光标置于要设置的单元格；单击"表格工具/设计"→"绘图边框"组→"笔样式"下拉按钮，如图 3-92（a）所示，选择一种边框，若不需要边框，单击"无边框"；单击"笔画粗细"下拉列表，如图 3-92（b）所示，选择框线粗细；单击"笔颜色"下拉按钮，如图 3-92（c）所示，选择框线的颜色，此时框线的样式已然定好；单击"表格工具/设计"→"表格样式"组→"边框"下拉按钮，如图 3-93 所示，单击某

个命令选项，可将设计好的线条样式，应用于光标所在单元格的某条框线上，对于单元格，可选择"上、下、左、右、外框线、斜上、斜下框线"。

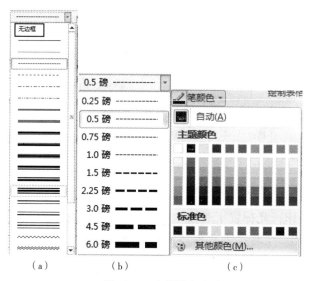

图 3-92　边框样式选项

图 3-93　"边框"下拉列表

（2）设置"行、列、表格"的框线：选择要设置框线的连续 N 行/列（N>=1，若是选择整个表格，单击表格左上角的表格选择器⊞即可）；在"绘图边框"组中单击任意一个选项，"绘制表格"均会自动选定，其他操作与设置单元格边框的操作相同；在"表格样式"→"边框"下拉列表中按要求选择一项，注意，所选定的多行/列为一个整体。

比如，要设计图 3-94 所示的一张表格，其操作步骤如下：

① 在文档中插入一个 7 行 4 列的表格。

② 将光标置于第一个单元格，单击"表格工具/设计"→"绘图边框"组→"笔样式"下拉按钮，选择一条"单实线"，"笔画粗细"选择"0.25 磅"，此时"绘制表格"按钮自动按下。

③ 单击"表格工具/设计"→"表格样式"组→"边框"下拉按钮，在列表中选择"斜下框线"，则第一个单元格中出线一条斜线，在该单元格内换行，将第一行的回车符使用空格键往后移动到图 3-94 所示的第一格。

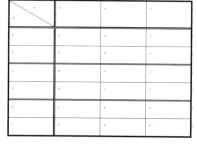

图 3-94　表格边框举例

④ 选择整个表格，单击"表格工具/设计→"绘图边框"组→"笔样式"下拉按钮，选择一条"单实线"，"笔画粗细"选择"2.25 磅"，此时"绘制表格"按钮自动按下。

⑤ 单击"表格工具/设计"→"表格样式"组→"边框"下拉按钮，在列表中选择"外侧框线"，则表格添加了一个粗线外框。

⑥ 选择第一行，单击"表格工具/设计"→"绘图边框"组→"笔样式"下拉按钮，选择一条"粗细线"，"笔画粗细"选择"2.25 磅"，此时"绘制表格"按钮自动按下。

单击"表格工具/设计"→"表格样式"组→"边框"下拉按钮，在列表中选择"下框线"，则第一行的下框线更新。

⑦ 选择第一列，直接单击"表格工具/设计"→"表格样式"组→"边框"下拉按钮，在列表中选择"右框线"，则第一列右框线更新。因第 1 行下框线与第 1 列右框线一样，所以设置一次后，第二次直接应用即可。

⑧ 第 3 行的下框线与第 5 行的下框线设置方法一样，因此选择好第 3 行后，按第⑥步的方法选择"双实线"，"边框"下拉列表中选择"下框线"；再选择第 5 行，"边框"下拉列表中选择"下框线"即可。

微课 3-20：设置表格边框和底纹的方法

2. 表格底纹

选择需要设置底纹的单元格区域，表格底纹的设置方法：

（1）简单的添加颜色底纹，单击"表格工具/设计"→"表格样式"组→"底纹"下拉按钮，可对表格设置"主题颜色""标准色""其他颜色"的底纹色。

（2）添加带图案样式的底纹，单击"表格工具/设计"→"表格样式"组→"边框"→"边框和底纹"按钮，打开图 3-95 所示的对话框，选择"底纹"选项卡，其中"填充"一栏就是第一种颜色底纹；"图案"一栏，可选择一种图案样式，它包含不同百分比灰度的样式，也包含不同线条交织的图案样式，还可为这些图案样式设置颜色；"应用于"下拉列表中，如果选择的是单元格的部分区域，此处选择"单元格"；若选择的是整个表格，此处选"表格"。

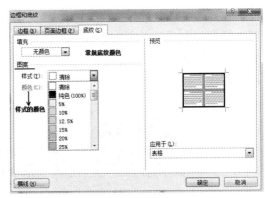

图 3-95　"底纹"选项卡

3. 表格样式

表格样式针对表格中的各个位置设置了边框、底纹、表内文字格式。表内各个位置包括：整个表格、标题行、汇总行、首列、末列、奇带条行/列、偶带条行/列。单击"表格工具/设计"→"表格样式"组的"其他"下拉按钮，展开图 3-96 所示的列表，可自己定义新的表格样式，也可以对已有的内置样式进行修改。

（1）应用现有样式。在正文中选择一张表格，单击图 3-96 所示列表中的某种内置样式，即可将该样式应用于所选表格。

微课 3-21：修改表格样式

（2）修改样式。右击图 3-96 所示列表中的某种样式，在弹出的快捷菜单中选择"修改表格样式"命令，打开"修改样式"对话框（见图 3-97），在"名称"文本框中，可输入新的表格样式名称，在"样式基准"下拉列表中可选择一种与结果样式最接近的基准；在"将格式应用于"下拉列表中选择一项，即可开始对其字体、边框、底纹进行设置；"格式"按钮中

基本包含了关于表格特征的所有设置，其中"条带"选项包含"行段带中的行数""列区段中的列数"。

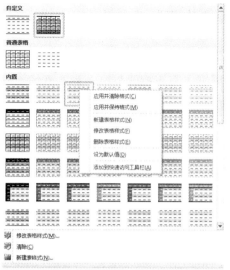

图 3-96　表格样式列表

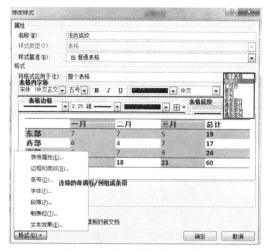

图 3-97　"修改样式"对话框

比如，要将内置样式"浅色底纹 – 强调文字颜色 2"样式修改成图 3-98 所示的样式，即"标题行""汇总行"添加"橙色，强调文字颜色 6，淡色 60%"底纹；三条奇条带填充"橙色"底纹；三条偶带条填充"浅蓝色"底纹；取消表格左右边框，保留表格内横竖所有框线。操作步骤如下：

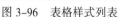

图 3-98　修改后的内置表格样式

① 新建一张表格，在"表格工具/设计"→"表格样式"组的下拉列表中，右击"浅色底纹 – 强调文字颜色 2"样式，在弹出的快捷菜单中选择"修改表格样式"命令。

② 在图 3-99 的"修改样式"对话框中，单击"格式"按钮，选择"条带"命令，打开"条带"对话框，设置如图 3-100 所示，将之前的 1 行 1 列的条带，改成 3 行条带，并单击"确定"按钮，返回"修改样式"对话框中。

③ "将格式应用于"下拉列表中选择"奇条带行"，"边框"下拉列表中选择"内部框线"，"底纹"选择"橙色"。此时的奇条带行已经设置完成。不关闭对话框，继续设置偶条带行、标题行、汇总行格式。

④ "将格式应用于"下拉列表中选择"偶条带行"，"边框"下拉列表中选择"内部框线"，"底纹"选择"浅蓝色"，此时的偶条带行已经设置完成。

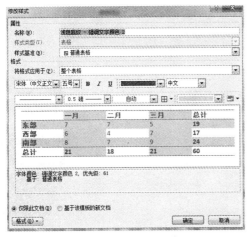

图 3-99　"修改样式"对话框

图 3-100　"条带"对话框

⑤ "将格式应用于"下拉列表中选择"标题行"，"边框"下拉列表中选择"内部框线"，"底纹"选择"橙色，强调文字颜色 6，淡色 60%"；同样的方法设置"汇总行"的边框及底纹，单击"确定"按钮。

⑥ 此时，第①步中新建的表格，所应用的样式，已经改成图 3-98 所示的样式。注意，此时并没有看到汇总行的样式，是因为没有勾选"表格工具/设计"→"表格样式选项"组→"汇总行"复选框。

（3）新建样式。将光标定位于已有的表格中，在"表格工具/设计"→"表格样式"组的"其他"下拉列表中选择"新建表样式"命令，打开图 3-101 所示的对话框，可为新样式设置"名称""样式类型""样式基准"，样式基准默认为"普通表格"这种基准便于修改。之后再设置表格的各元素对象，即对"将格式应用于"下拉列表中的各选项，进行字体、边框、底纹的设置，更进一步的设置需要单击"格式"按钮进行。

比如，建立"三线表"样式，以便之后使用，要求表格只保留整个表格的上、下框线，线条粗细为 1.5 磅，保留标题行的下框线，线条粗细为 0.5 磅，表格内不添加任何底纹，其中表格内文字字体为 5 号、宋体、不加粗。其操作步骤如下：

① 光标置于表格任意单元格，单击"表格工具/设计"→"表格样式"组的"其他"下拉按钮，在其下拉列表中单击"新建表样式"按钮，打开图 3-101 所示的对话框。

② 在"根据格式设置创建新样式"对话框的"属性"一栏中，"名称"改为"三线表"，"样式类型"为"表格"，"样式基准"为"普通表格"。

③ "格式"一栏，"将格式应用于"选择"整个表格"，字体选择为"宋体""五号"、取消"B"的加粗显示，"线条样式"选择"单实线"，"磅数"选择"1.5 磅"，"框线"应用于"上框线""下框线"，"底纹"选择"无颜色"。

④ "将格式应用于"选择"标题行"，只修改线条的"磅数"为"0.5 磅"，"框线"应用于"下框线"。单击"确定"按钮，三线表样式设置完成。

⑤ 选择整张表格，单击样式列表"自定义"一栏中的"三线表"样式，即可应用该样式。

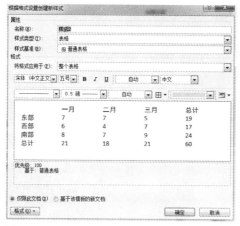

微课 3-22：新建三
线表样式

图 3-101　"根据格式设置创建新样式"对话框

3.7.3　表格布局与数据处理

在表格的"布局"选项卡中，可对表格属性、行列的插入与删除、单元格的合并与拆分、表格中文本对齐方式、表格中的数据进行处理。将光标置于表格中，选择"表格工具/布局"选项卡，如图 3-102 所示，与表格布局相关的操作，基本可以在该选项卡中完成。

图 3-102　"布局"选项卡

1. 表格属性

从图 3-102 上看，在"表"组中，将光标置于表格任意单元格，单击"选择"下拉按钮，可对表格的"单元格、行、列、整个表格"进行选择（见图 3-103）；当表格的边框线条因设计要求取消显示时，可单击"查看网格线"按钮，可以看到表格所有虚线边框线，以便在表格中输入文字；单击"属性"按钮将打开一个"表格属性"对话框，如图 3-104所示，可对表格的对齐方式及位置，行、列、单元格的高度或宽度进行固定。在"表格属性"的"行"选项卡中，可根据所选行，指定行高，设置固定的行高值；可以勾选"跨页断行"复选框，即当一行中输入的文字过多，需要跨页时，该行可断成多页，从而保持整张表格的完整性。

2. 表格的行列单元格

若要为表格插入新的行、列、单元格，先将光标置于表格的某单元格中，在"表格工具/布局"选项卡的"行和列"组中单击"在上/下方插入"或者"在左/右方插入"按钮；若要删除表格中的行、列、单元格甚至整个表格，可单击"删除"下拉按钮（见图 3-105），在展开的列表中选择要删除的对象。

图 3-103　"选择"下拉列表　　　图 3-104　"表格属性"对话框　　　图 3-105　"删除"下拉列表

若要将多个单元格合并成一个单元格，先选择要合并的单元格区域（单元格区域必须连续），此时"表格工具/布局"→"合并"组→"合并单元格"按钮呈可用状态，单击该按钮，所选单元格区域合成一个单元格；若要将一个单元格拆分成多个单元格，先将光标置于要拆分的单元格中，单击"拆分单元格"按钮，打开图 3-106 所示的"拆分单元格"对话框，设置拆分行列数。

当一个表格位于一页的顶端（见图 3-107）若要在该表格上方面插入表格标题"表 1-1 示例"，则可使用"拆分表格"命令，将光标置于该表第一行的任意单元格，单击"拆分表格"按钮，则第一行的前面拆分出一个空白段落标记，可用于输入表格标题"表 1-1 示例"。若要将表格的第 1~2 行和 3~5 行拆分成两个表格，将光标置于第 3 行的任意单元格，单击"拆分表格"按钮，其拆分后的效果如图 3-108 所示。

图 3-106　"拆分单元格"对话框　　　　图 3-107　位于页面顶端的表格

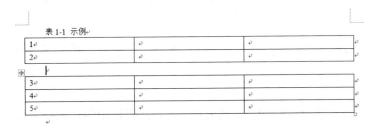

图 3-108　拆分表格示例

微课 3-23：表格单元格的操作

3．表格中文本及对齐方式

（1）自动调整行高列宽。若要调整表格的行高与列宽，可以在"表格工具/布局"选项卡"单元格大小"组中进行设置，若表格中各列不一样宽，可单击"分布列"按钮，使表格内各列同宽；若表格中各行不一样高，可单击"分布行"按钮，使表格内各行同高；若表格中填写好了文字，整张表格的大小可通过单击"自动调整"→"根据内容自动调整表格"按钮来自适应（见图3-109），或者直接设置表格的固定列宽，其单位默认为"厘米"，输入"宽度"值后，按【Enter】键确认；同样，若希望整张表格的宽度与页面等宽，可通过单击"自动调整"→"根据窗口自动调整表格"按钮调整。

（2）设置单元格边距。单元格边距与页面边距的定义雷同，即边距内是不可以输入文字的，即文字与单元格边框间的距离；另外还可以对单元格之间的距离进行设置。单击"表格工具/布局"→"对齐方式"组→"单元格边距"按钮，打开图3-110所示的"表格选项"对话框，若按该图所示的数据值进行设置，则其效果如图3-111所示。

图 3-109　自动调整行高列宽命令

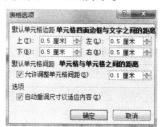

图 3-110　"表格选项"对话框

微课3-24：表格文本对齐方式的设置

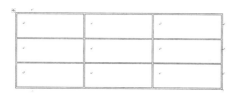

图 3-111　设置了单元格边距的表格示例

（3）设置单元格内文本的对齐方式。每个单元格内都有一个段落标记，要设置单元格内文字的对齐方式，可以认为就是设置文字段落的对齐方式，"表格工具/布局"→"对齐方式"组提供了非常直观的命令，共9种，分别为"靠上两端对齐、靠上居中对齐、靠上右对齐、中部两端对齐、水平居中、中部右对齐、靠下两端对齐、靠下居中对齐、靠下右对齐"，除了可以使用这9种命令对文字进行水平方向和垂直方向的对齐设置外，利用"开始"→"段落"组中的对齐方式，可设置文本水平方向对齐；单击"表格工具/布局"→"表"组→"属性"按钮，在弹出对话框的"单元格"选项卡的"垂直"一栏，可设置单元格内文字的垂直对齐方式。

4. 表格中数据排序与公式

Word 表格中单元格在没有进行合并的情况下，其名称与 Excel 表格中的单元格名称一致，行号从1开始，按数值顺序递增，列号从A开始，按字母顺序递增，因此，Word 每张表格的第一行第一列名称为A1，第一行第二列名称为B1……。Excel 表格提供了强大的数据处理功能，Word 表格只提供了基本数据处理功能：排序、公式。

（1）数据排序。在 Word 表格中进行排序，其数据也要像 Excel 数据一样满足要求，即数据各列有列标题，且每列中的数据值与数据类型基本一致。比如表 3-3 中的数据满足排序要求。若要对该表除最后一行外的其他行，按"高数"的数据值由小到大进行排序，其操作为：选择要进行排序的表格的前 10 行数据；单击"表格工具/布局"→"数据"组→"排序"按钮，打开图 3-112 所示的"排序"对话框；在"主关键字"一栏中选择数据表的列标题"高数"，"类型"为"数字"，"升序"，单击"确定"按钮。

表 3-3　成绩表

学　　生	高　　数	C　语　言	计算机引论	军事理论	总　　分	平　均　分
陈龙	83	87	86	92		
陈全胜	78	80	79	80		
蒋琰	83	64	87	85		
雷浩洁	72	84	75	94		
李元	83	88	63	90		
刘元	71	77	77	87		
邵伟男	72	80	93	88		
张利	65	80	71	87		
周磊	85	86	82	89		
各科平均分						

（2）表格中公式应用。对于表 3-3 的"总分"列及"平均分"列进行计算，可直接使用公式。将光标置于第二行"总分"列单元格；单击"表格工具/布局"→"数据"组→"公式"按钮，打开图 3-113 所示的"公式"对话框；公式组成：=函数名（参数），对话框中公式"=SUM(LEFT)"即对光标所在单元格的左边连续的数值型数据进行求和；"编号格式"下拉列表中选择"0"，单击"确定"按钮；表格中出现计算出的结果"348"，此数值是公式域的结果，选择该域并复制，选择要计算的其他单元格区域并粘贴，在选定状态下，按【F9】键更新域值，结果如图 3-114 所示；将光标置于第二行"平均分"列单元格，打开"公式"对话框；公式为：=AVERAGE(B2:E2)，"编号格式"下拉列表中选择"0.00"，单击"确定"按钮；复制该公式域，粘贴到要计算的其他"平均分"单元格，但此处用【F9】键不能自动更新，只能依次修改第三行"平均分"单元格的公式：=AVERAGE(B3:E3)、第四行"平均分"单元格公式为=AVERAGE(B4:E4)……；将光标置于"各科平均分"行"高数"列单元格，公式为=AVERAGE(ABOVE)，并将该公式域复制到第 11 行的 C、D、E 列，使用【F9】键更新域结果。

图 3-112　"排序"对话框

图 3-113　"公式"对话框

学生	高数	C语言	计算机引论	军事理论	总分	平均分
陈龙	83	87	86	92	348	87.00
陈全胜	78	80	79	80	317	79.25
蒋琰	83	64	87	85	319	79.75
雷浩洁	72	84	75	94	325	81.25
李元	83	88	63	90	324	81.00
刘元	71	77	77	87	312	78.00
邵伟男	72	80	93	88	333	83.25
张利	65	80	71	87	303	75.75
周磊	85	86	82	89	342	85.50
各科平均分	76.89	80.67	79.22	88		

微课3-25：数据的排序与公式的应用

图3-114 公式计算结果

对"公式"对话框中"编号格式"及"粘贴函数"进行简要说明，如表3-4和表3-5所示。

表3-4 "编号格式"各选项说明

编号格式	格式说明	格式举例
#,##0	数值带千分位分隔符	3,000
#,##0.00	数值保留两位小数，带千分位分隔符	3,000.00
¥#,##0.00;(¥#,##0.00)	正数（负数）：数据值显示人民币符号，保留两位小数，带千分位分隔符	¥3,000.00
0	数值保留至整数	3000
0%	带百分比型不保留小数位的类型	30%
0.00	数值保留两位小数	3000.00
0.00%	带百分比类型的保留两位小数的数值	30.00%

表3-5 "粘贴函数"功能说明

函数名	功能	函数名	功能
ABS(参数)	求参数绝对值	INT(x)	返回数值或公式 x 中小数点左边的数值即整数
AVERAGE(参数)	求参数平均值	MIN(一列数)	返回一列数中的最小值
PRODUCT(参数)	返回一组值的乘积	MAX(一列数)	返回一列数中的最大值
COUNT(一列数)	返回列表中的项目个数	MOD(x,y)	返回数值 x 被 y 除得的余数
FALSE	返回 0	TRUE	返回数值 1
DEFINED(x)	如果表达式 x 是合法的，则返回值为 1；如果无法计算表达式，则返回值为 0	NOT(x)	如果逻辑表达式 x 为真，则返回 0（假）；如果表达式为假，则返回 1（真）
SIGN(x)	如果 x 是正数，则返回值为 1；如果 x 是负值，则返回值为 −1	ROUND(x,y)	返回数值 x 保留指定的 y 位小数后的数值，x 可以是数值或公式的结果
OR(x,y)	如果逻辑表达式 x 和 y 中的一个为真或两个同时为真，则返回 1（真）；如果表达式全部为假，则返回 0（假）	AND(x,y)	如果逻辑表达式 x 和 y 同时为真，则返回值为 1；如果有一个表达式为假，则返回 0

（3）重复标题行。如果一张表格数据量较大，可能会跨页续表，将光标置于表格第一行（标题行），单击"表格工具/布局"→"数据"组→"重复标题行"按钮，若表格连续到第二页，则第二页的第一行自动出现表格第一行中的标题。

3.8 图 文 混 排

Word 2010 提供了多种插图功能及文本功能供我们设计一个优质文档,这些功能所提供的对象成员可以很好地为文档起到锦上添花的作用,它们包括各种图片与剪贴画、各种形状及其组合、定义好的 SmartArt 图形、图表、艺术字、文本框、特殊符号与公式等。

单击"插入"选项卡,可任意选择需要插入到文档中的非文本对象,如图 3–115 所示。

图 3–115 "插入"选项卡

3.8.1 图片与剪贴画

在文档中插入图片或剪贴画后,重点是设置图片格式。

（1）将光标置于想要插入图片的位置,单击"插入"→"插图"组→"图片"按钮,打开"插入图片"对话框,选择多张本机上存储的图片到文档中。选择图片时,菜单选项卡上会自动展示出"图片工具/格式"选项卡（见图 3–116）,用于美化、调整、排列图片。

（2）光标置于想要插入剪贴画的位置,单击"插入"→"插图"组→"剪贴画"按钮,工作窗口右侧打开"剪贴画"任务窗格,如图 3–117 所示,输入"搜索文字"找到与文字相关的剪贴画,单击想要的剪贴画,此画即插入到文档中。此时,选项卡上同样会出现"图片工具/格式"选项卡。

微课 3-26: 插入并设置图片格式

图 3–116 "图片工具/格式"选项卡

若想要对插入的图片或剪贴画进行处理,以更好地适应文档的需要,可使用"图片工具/格式"提供的命令进行修改。

（1）"调整"功能,可删除图片背景、更正亮度对比度、重新着色、应用艺术效果、压缩图片以降低存储空间、更改图片（替换图片）、重设图片（还原）。

比如,"删除背景"功能的使用。先选择图片,单击"图片工具/格式"→"调整"组→"删除背景"按钮,自动列出"背景消除"选项卡（见图 3–118）,且所选图片出现一片玫红色区域,此区域即系统认定的背景区域,拖动玫红区内的 8 个控制点,可不断调整所要删除的背景范围（见图 3–119）,当玫红区（背景）确定后,单击"背景消除"选项卡中"保留更改"按钮以确定图片效果。

图 3-117　"剪贴画"窗格　　图 3-118　"背景消除"选项卡　　图 3-119　玫红色背景选定区

（2）"图片样式"功能，提供了多种图片总体样式列表，还提供了可单独设置图片边框、图片效果的选项，此外，还可以将多个图片设置成某种 SmartArt 样式的图形。

（3）"排列"功能，决定着图片在文档中的位置。

① "位置"功能，决定所选图片在当前页面的位置，如图 3-120 所示，若一页中有多张图应用同一个位置，则多张图会在同一位置中叠加，不便于区分，也不够美观，应尽量避免。

② "自动换行"功能，决定所选图片与其附近的文本位置关系。如图 3-121 所示，"嵌入型"指图片作为一个巨型文字，与其他文字共排，但通常图片设置为"嵌入型"时，会让图片单独占据一行。"四周型环绕"~"上下型环绕"指文字会按小图标的样式环绕在图片周围，此时，可对图片"编辑环绕顶点"。当图片设置为"衬于文字下方"和"浮于文字上方"时，将图片、页面默认为多个层次，图片层次不同，可能会遮挡下方图片，可单击"上移一层""下移一层"按钮显示图片。

③ "选择窗格"功能，可打开"选择和可见性"对话框，如图 3-122 所示，显示图片所在页上的所有形状，可以对这些图片进行隐藏、显示、排序操作。

图 3-120　图片在一页中的位置　图 3-121　图片与已有文字的位置关系　图 3-122　"选择和可见性"对话框

④ "对齐"功能，可对多个设置为非"嵌入型"换行格式的图片进行对齐操作，如图 3-123 所示。

⑤ "组合"功能，可将多个设置为非"嵌入型"换行格式的图片组合成一张图，也可

取消组合。

⑥ "旋转"功能，可将图片进行某个角度的旋转，其具体旋转角度如图 3-124 所示。

（4）"大小"功能，决定图片的显示大小（比例显示）、外形等。

单击"图片工具/格式"→"大小"组→"裁剪"→"裁剪"按钮，可对所选图进行修剪，修剪掉的形状被隐藏起来，除非单击"图片工具/格式"→"调整"组→"压缩图片"按钮，确定删除被裁剪部分，则被剪形状被删除。如图 3-125 所示，图片还可以被裁剪为其他形状。

单击"大小"组右下角的按钮 ，打开"布局"对话框的"大小"选项卡，如图 3-126 所示，以更改图片或形状大小的具体值。

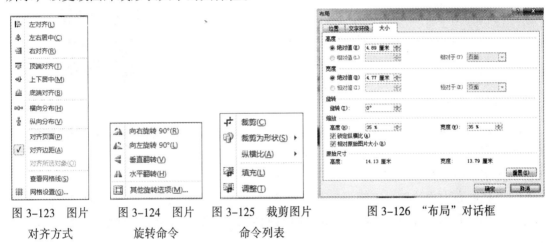

图 3-123　图片　　　图 3-124　图片　　　图 3-125　裁剪图片　　　图 3-126　"布局"对话框
对齐方式　　　　　旋转命令　　　　　命令列表

3.8.2　形状

形状是图片的补充，Word 提供了多种形状给用户，包括线条、基本形状、箭头、流程图、公式形状等，如图 3-127 所示。每个形状可以单独使用，也可以组合成新的形状。在Word 2010 中，单击某个形状，在文档编辑窗口中按下鼠标左键进行拖动，即可绘制该形状，此形状默认的换行方式为"浮于文字上方"。

形状列表的最后一个命令为"新建绘图画布"，单击此命令后，可在工具窗口画出一块绘图区域，然后将所有要组合的形状绘制在此区域，使用绘图画布有一个好处：可以在画布中拖动鼠标左键，一次性选择画布中的所有形状，以便组合，但在 Word 2010 的画布中，没有提供"对齐"功能。若要使多个形状"对齐"，可在 Word 2010 窗口中直接绘制，此时如果要将多个形状组合，则按住【Ctrl】或者【Shift】键的同时，单击各形状，进行组合。

比如，要使用形状制作一个红灯笼，如图 3-128 所示，可以在画布中绘制，也可在一个空白的 Word 文档中绘制。其制作过程如下：

（1）单击"形状"下拉按钮，在其下拉列表中选择"新建绘图画布"。

图 3-127 "形状"下拉列表

图 3-128 自绘组合形状

微课 3-27: 插入并设计形状

（2）在画布中绘制一个椭圆形，在"图片工具/格式"→"形状样式"列表中选择"中等效果的红色"，然后在"形状填充"下拉列表中选择一种渐变填充。右击椭圆形，在弹出的快捷菜单中选择"添加文字"命令，输入汉字"福"，并设置字体字号。

（3）在画布中再绘制一个矩形，其"形状填充"颜色为"橙色"，"形状轮廓"的粗细选择"0.75 磅"，将使用快捷键【Ctrl+D】复制该矩形，将两个矩形分别放在椭圆形的上、下端。

（4）在画布中再绘制一条曲线，"形状轮廓"选择"橙色"，作为灯笼的挂绳。

（5）绘制一条直线，"形状轮廓"选择"橙色"，并将此直线复制多次，调整好位置，作为灯笼的流苏。

（6）选择一个形状，按【Ctrl+方向键】组合键可以对形状进行微移，将所有形状移到最恰当的位置。

（7）用鼠标框选画布中所有形状，单击"图片工具/格式"→"排列"组→"组合"命令。

（8）剪切组合好的形状，按【Delete】键删除画布，将形状粘贴到 Word 窗口中。

在"格式"选项卡的"艺术字样式"组中也能设置图片中文字的效果，如图 3-129 所示。

图 3-129 "格式"选项卡

3.8.3 SmartArt 图形与图表

1. SmartArt 图形

在文档编辑过程中，对于用文字描述的一些具有一定逻辑关系的文字，可转换为

SmartArt 来描述，可以让表述简洁、明快、一目了然。Word 2010 归纳了 7 种类型的逻辑关系：并列、流程、循环、层次结构、关系、矩阵、金字塔等。

微课 3-28：插入 SmartArt 图形

比如，在文档中插入 SmartArt，描述校园歌唱大赛比赛流程：初赛、复赛、决赛，则可单击"插入"→"插图"组→"SmartArt"按钮，打开图 3-130 所示的对话框，在对话框左侧选择"流程"类别，中间区选择第二个，对话框右侧显示该流程名称"步骤上移"及基本描述，单击"确定"按钮，在光标处插入一个 SmartArt 图形编辑区，如图 3-131 所示。

单击 SmartArt 图形编辑区，出现"SmartArt 工具/设计"选项卡，如图 3-132 所示，可对 SmartArt 图形更改布局、颜色、样式；在"创建图形"组中，可添加形状，比如在"复赛"之后再加一个"复活赛"，则在 SmartArt 图形编辑窗口选择"复赛"，单击"添加形状/在后面添加形状"按钮即可。

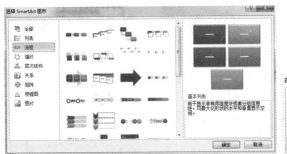

图 3-130　"选择 SmartArt 图形"对话框

图 3-131　SmartArt 图形编辑窗口

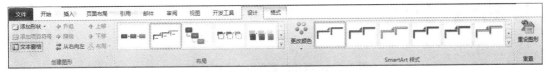

图 3-132　"SmartArt 工具/设计"选项卡

"SmartArt 工具/格式"选项卡如图 3-133 所示，可对 SmartArt 图形中的单个形状进行格式设置。比如，更改"复活赛"的形状，则选择 SmartArt 图形的第三个形状，单击"SmartArt 工具/格式"选项卡→"形状"组→"更改形状"下拉按钮，在其下拉列表中选择一种形状，并设置其"形状样式"，如图 3-134 所示。

图 3-133　"SmartArt 工具/格式"选项卡

2．图表

图表是将大量文本数据用可视化的方式进行展示，它是 Excel 的一个插件。光标置于要插入图表的位置，单击"插入"→"插图"组→"图表"按钮，弹出"插入图表"对话框（见图 3-135），选择图表类型，单击"确定"按钮，整个 Word 窗口被"图表工具"的 Excel

窗口占据，如图 3-136 所示，在 Excel 表格中输入具体要制作成图表的数据值，并单击右上角的"关闭"按钮，会将之前输入的数据生成图表，如图 3-137 所示。若要对图表继续修改，可单击 Word 中生成的图表，使用选项卡中出现的"图表工具"进行设置，此图表工具与 Excel 提供的图表工具使用方法一样，请参考 Excel 章节进行学习。

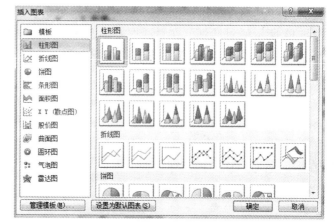

图 3-134　修改 SmartArt 图形格式　　　　图 3-135　"插入图表"对话框

图 3-136　制作图表所用的表格工具

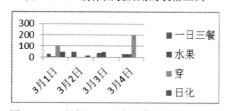

图 3-137　根据 Excel 表格数据生成的图表

3.8.4　艺术字与文本框

艺术字与文本框是一种图片类型的文字，它们既有文字的属性，也有图片的属性。若要插入艺术字：单击"插入"→"文本"组→"艺术字"下拉按钮（见图 3-138），选择一种艺术样式。若要插入一个文本框，则单击"插入"→"文本"组→"文本框"下拉按钮（见图 3-139），选择"绘制文本框"，在文档任意位置插入文本框。

插入的文本框与艺术字，在文档中默认换行方式为"浮于文字上方"，并在选项卡中出现"绘图工具/格式"选项卡，如图 3-140 所示，"形状样式"用于调整艺术字或者文本框的外部边框，通常会将"形状填充"设置为"无填充颜色"，将"形状轮廓"设置成"无轮廓"，以保持"字"的纯粹性。"艺术字样式"用于设置框内"文字"的表现形式，包括为文字填充颜色（"文本填充"），为文字描边（"文本轮廓"），为文字设置阴影、发光、弯曲效果（"文本效果"）。

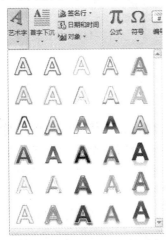

图 3-138　"艺术字"下拉列表

图 3-139　"文本框"下拉列表

微课 3-29：插入文本框与艺术字

图 3-140　"绘图工具/格式"选项卡

3.8.5　公式与特殊符号

如果要在文档中插入数据公式，可单击"插入"→"符号"组→"公式"下拉按钮，选择内置的公式进行修改，或者单击"插入新公式"按钮，打开"公式工具/设计"选项卡（见图 3-141），设计新的数学公式。

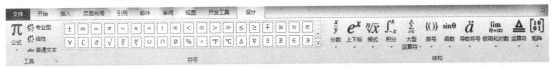

图 3-141　"公式工具/设计"选项卡

如果要在文档中插入一些特殊符号，可单击"插入"→"符号"组→"符号"→"其他符号"按钮，打开"符号"对话框的"符号"选项卡，如图 3-142 所示，可通过"字体"下拉列表和"子集"下拉列表分类展示符号，进行选择。对于特殊符号的输入，也可以使用"中文输入法"的软键盘（见图 3-143 和图 3-144）输入对应符号。

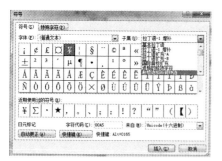

图 3-142　"符号"对话框	图 3-143　输入法软键盘列表	图 3-144　软键盘

3.9　邮件合并

在办公室的日常文书工作中，常遇到给多人发送信件的情况，不管这些信件是邀请还是问候，或者是成绩单、通知书、准考证或者一些书签，它们都有一个共同特点：基本格式一致，绝大部分主体内容一样，只有极少数内容或数据不同。这类文件，如果用"邮件合并"功能，可省略所有重复的工作。

邮件合并过程中涉及两个文档：第一个文档为"主文档"，包含所有共同部分，即格式和绝大部分主体内容；第二个文档为"数据源"，即每个文档中的特殊部分或特定内容。在执行邮件合并时，会将这两个文档关联起来，就是将"数据源"合并到"主文档"中，然后在"主文档"中选择"数据源"文档中部分内容进行特定内容插入，并为"数据源"每条记录生成一个新的文件。

要批量生成文件，第一步，准备好"数据源"文件。邮件合并所需要的数据源，除可以使用由 Word 创建表格外，其他可以利用的数据也非常多，像 Excel 工作簿、Access 数据库、Query 文件、Foxpro 文件内容，甚至文本文件。只要有这些文件存在，邮件合并时就不需要再创建新的数据源，直接打开这些数据源使用即可。需要注意的是：不管是哪一种数据源，必须要保证第一行是标题行；如果是文本文件，其数据也是以行列形式排列，行与行用回车符分开，列之间用空格分开。

第二步，打开"主文档"Word 文件，单击"邮件"→"开始邮件合并"组→"开始邮件合并"下拉按钮（见图 3-145），选择邮件合并的类型，常用类型为"信函""信封""标签"。

图 3-145　"邮件"选项卡

第三步，在 Word 主文档，与"数据源"进行关联，并使用"数据源"文件中的各列数据值。

3.9.1　信函类邮件合并

信函类包括之前提到的邀请函、请柬、家长信、通知书、奖状等。在进行邮件合并时，可使用"邮件合并分步向导"，也可手动进行，不用向导。

微课 3-30：信函类邮件合并

比如，新的学期开始了，学生会为新生们准备了一台晚会，将邀请校领导及院领导来指导观看，学生会干事，利用邮件合并功能，设计了邀请函。

1. 邮件合并分步向导

（1）设计主文档。新建一个 Word 文件，在"页面布局"选项卡中，设置"纸张方向"为"横向"；"纸张大小"为"自定义"的"20×15"；"页边距"根据文字多少自行选择。按图 3-146 输入文字，并插入艺术字"邀请函"，其效果可以自定义；并选择一张图片粘贴到该文档，图片的"自动换行"方式为"衬于文字下方"，并对图片的大小进行缩放或裁剪，以适应文档的页面。最后设计好的主文档，如图 3-146 所示。保存该文档，命名为"晚会邀请.docx"，不要关闭。

图 3-146　主文档文件内容

（2）单击"邮件"→"开始邮件合并"组→"开始邮件合并"下拉按钮，展开其列表，其中"普通 Word 文档"表明当前文档没有与任何数据源关联，如果与数据源进行了关联，该主文档不能随意删除，且数据源文件也不能随意删除。因此，若要断开已经有关联的 Word 文档及数据源文档的联系，需单击"普通 Word 文档"按钮，使之变得"普通"。单击"邮件合并分步向导"按钮，工作窗口右侧出现"邮件合并"窗格。

（3）在邮件合并分步向导（见图 3-147）中，第 1 步，选择"信函"。第 2 步，选择"使用当前文档"。第 3 步，选择"使用现有列表"，单击"浏览"按钮选择数据源文件，打开"选择表格"对话框，注意勾选"数据首行包含列标题"复选框，单击"确定"按钮后，打开"邮件合并收件人"对话框，单击"筛选"按钮，弹出"筛选和排序"对话框，按图 3-148 筛选出"校领导"和"院领导"，单击"确定"按钮。第 4 步，将光标置于主文档"尊敬的"之后，单击"邮件合并窗格""其他项目"按钮，弹出"插入合并域"对话框，选择"姓名"，单击"插入"按钮，关闭对话框；光标置于主文档的"（）"内，再次单击"邮件合并"窗格中的"其他项目"按钮，在"插入合并域"对话框选择"职称"，单击"插入"按钮（见图 3-149），关闭对话框。第 5 步，单个预览合并后的数据（即特定可变化的数据）。第 6 步，单击"编辑单个信函"，弹出"合并到新文档"对话框（见图 3-150），选择"全部"，单击"确定"按钮，则生成一个新的文档"信函 1"，共 N

页，每页内容除了"姓名""职称"其他都相同，保存该文档为"晚会邀请函.docx"，而主文档"晚会邀请.docx"只有一页。

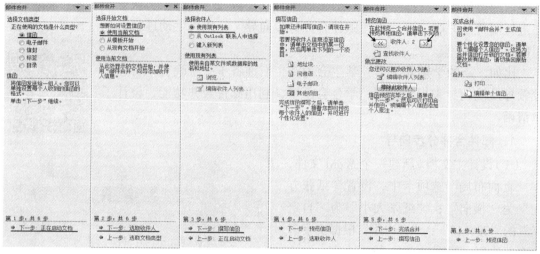

图 3-147　邮件合并分步向导

图 3-148　筛选要显示的数据行

图 3-149　插入合并域

2. 手动合并

以上面的批量生成晚会邀请函为例：设计主文档，与邮件合并中设计主文档相同；在主文档中，单击"邮件"→"开始邮件合并"组→"开始邮件合并"下拉按钮，展开列表，选择"信函"；单击"邮件"→"开始邮件合并"组→"选择收件人"下拉按钮，展开列表，选择"使用现有列表"，此时"邮件"选项卡的灰色按钮变成可用状态；将光标置于主文档的"尊敬的"之后的下画线中间，单击"邮件"→"编写和插入域"组→"插入合并域"下拉按钮，在展开的列表中选择"姓名"，再将光标置于主文档"（）"内，在"插入合并域"下拉列表中选择"职称"，然后光标置于"（<<职称>>）"之后，在"规则"下拉列表中选择"跳过记录条件"，在"插入 Word 域：Skip Record If"对话框的"域名"中选择"备注"，"比较条件"选择"等于"，"比较对象"不填，

微课 3-31：手动邮件合并步骤

单击"确定"按钮（图 3–151），即把不是"校领导、院领导"的记录排除，此时光标所在处多了一个域"<<跳过记录条件…>>"；单击"邮件"→"预览结果"组→"预览结果"按钮，单击"上一记录""下一记录"可查看单条记录；单击"邮件"→"完成"组→"完成并合并"下拉按钮，在展开的列表中选择"编辑单个文档"，打开"合并到新文档"对话框，合并全部记录，生成新文档"信函 2"，保存即可。

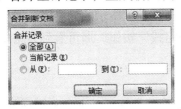
图 3–150 "合并到新文档"对话框

图 3–151 "插入 Word 域：Skip Record If"对话框

3.9.2　标签类邮件合并

邮件合并的步骤都大致相同，标签类邮件合并是在一页中显示多个主体内容，像期末考试座次标签，一些基本内容如学号、姓名、班级几个标签文字都相同，不同之处即具体的学生，在一页中显示多个标签可节省用纸。下面以创建期末考试座次表为例，说明标签类邮件合并方法。

1）选择邮件合并类型并创建标签

（1）新建一个 Word 文档，单击"邮件"→"开始邮件合并"组→"开始邮件合并"→"标签"按钮，打开"标签选项"对话框，如图 3–152 所示。

（2）单击"新建标签"按钮，打开"标签详情"对话框，如图 3–153 所示。

（3）设置"标签名称"为"座次标签"，选择"页面大小"为"A4（21 cm×29.7 cm）"，修改"标签高度"为 3 厘米，"标签宽度"为"4.5 厘米"，"纵向跨度"为 3.5 厘米（即每个标签之间有 0.5 厘米的间隙），则"标签行数"最多为 8，纵向长度：3.5 cm×8=28 cm，"横向跨度"为 5 厘米，则"标签列数"最多为 4，横向长度：5 cm×4=20 cm，刚好没有超出 A4 纸页面大小 。单击"确定"按钮返回"标签选项"对话框。

微课 3-32：标签类邮件合并的过程

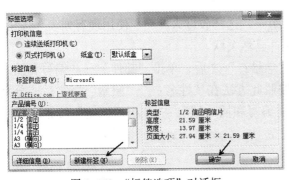
图 3–152 "标签选项"对话框

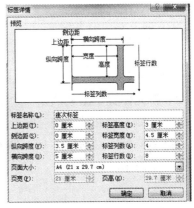
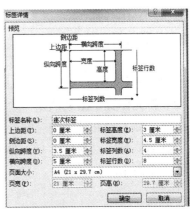
图 3–153 "标签详情"对话框

（4）此时的"标签选项"中只有一个"座次标签"，可单击"详细信息"按钮，打开"自定义标签 座次标签 信息"对话框（见图 3-154），对刚才定义的"座次标签"进行修改。比如，之前定义时，标签页没有设置上、下边距，并且横向还有 1 cm 的空间，可将"上边距"改为 0.5 cm，"侧边距"改为 0.5 cm。单击两个对话框的"确定"按钮。弹出新标签应用提示对话框（见图 3-155），单击"确定"按钮。

（5）在"座次标签主文档.docx"页面中生成图 3-156（左）所示的标签，这些标签用表格生成，单击"表格工具/布局"选项卡中的"查看网格线"按钮，即可看到表格中显示的所有虚线。

2）设计标签主体文档

在标签表格中的第一个单元格第二行，开始输入标签文字 "学号："，换行后继续输入"姓名："，换行后继续输入"班级："。此时标签主体内容已经完成，如图 3-156（右）所示。

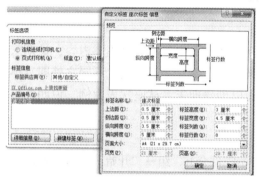

图 3-154　自定义标签的详细信息　　　　图 3-155　标签更新提示

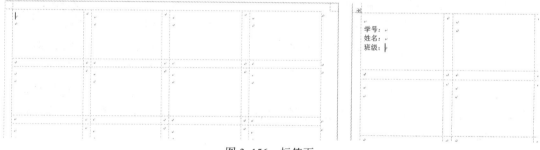

图 3-156　标签页

3）关联数据源并插入合并域

（1）单击"邮件"→"开始邮件合并"组→"选择收件人"→"使用现有列表"按钮，选择"期末考名单.xlsx"文件，此时两个文件已然关联。

（2）将光标置于主文档第一个单元格"学号："之后，单击"邮件"→"编写和插入域"组→"插入合并域"→"学号"域；按照此方法在"姓名：""班级："之后，分别插入"姓名"域、"班级"域，然后单击"编写和插入域" →"更新标签"按钮，效果如图 3-157 所示。

4）预览结果，合并生成所有标签

（1）单击"邮件"→"预览结果"组→"预览结果"按钮，主文档当前页所有标签变化如图 3-158 所示。

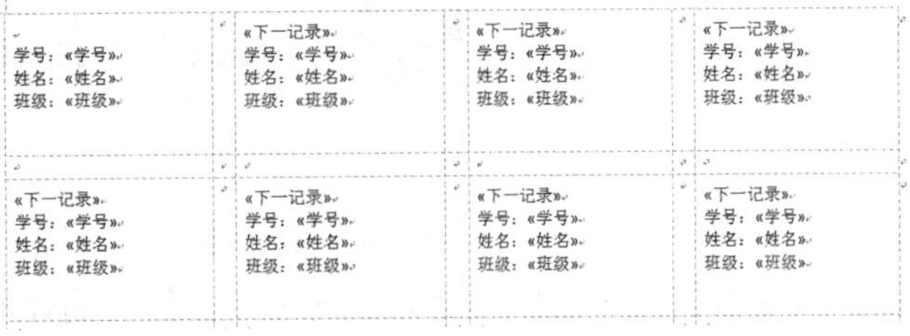

（2）单击"邮件"→"完成"组→"完成并合并"→"编辑单个文档"

图 3-157　插入域后更新标签效果

按钮，在打开的对话框中选择合并全部，生成新的文件，名为"标签 1.docx"，其内容如图 3-159 所示，保存该文件。并保存"座次标签主文档.docx"。

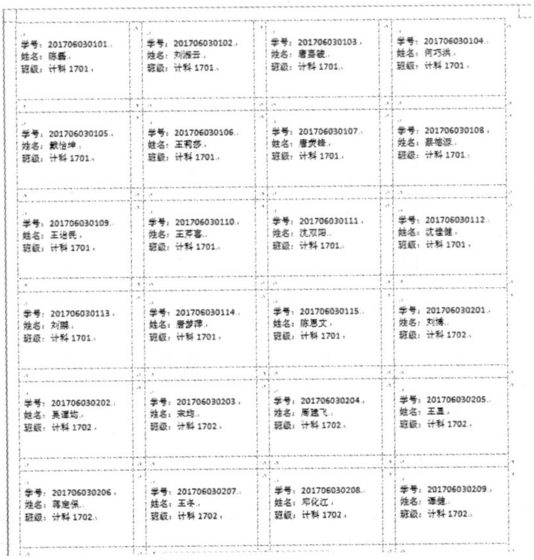

图 3-158　标签结果预览

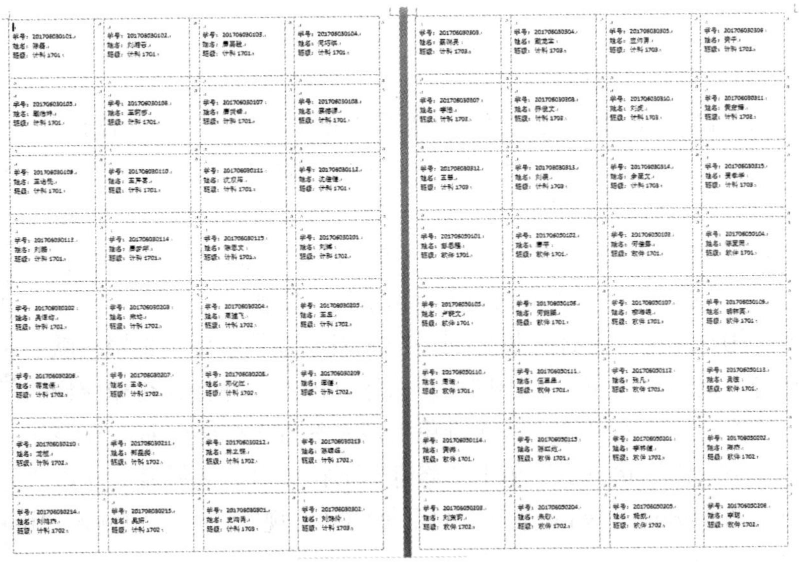

图 3-159　批量标签文件

3.10　文档审阅

审阅功能主要用于文档共享与交互，提供了批注、修订、比较等功能，用以对文档进行修改时留下修改痕迹，便于被审阅者阅读与修正。文档编写者还可以利用审阅功能对文档进行字数统计、简体与繁体字转换（繁体转简体时可能出现误识别，转换完成后需要作者再次检查）、限制编辑等操作，如图 3-160 所示。

图 3-160　"审阅"选项卡

3.10.1　批注

批注是对正文中所选内容添加的注释说明、意见与建议等，在"审阅"选项卡"批注"组中，可创建或删除批注。添加批注的方法：选择要设置批注的文本，单击"审阅"→"批注"组→"新建批注"按钮，窗口右侧出现批注文本框（见图 3-161），输入批注内容。删除批注的方法：单击选择某个批注，再单击"审阅"→"批注"组→"删除"下拉列表，可删除单个批注，也可删除所有批注。

微课 3-33：添加与删除批注

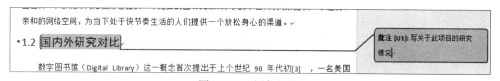

图 3-161　添加批注

3.10.2　修订

在 Word 文档编辑过程中，进入修订状态后（单击"审阅"→"修订"组→"修订"按钮），文档将保留对文档所做的所有修改的痕迹，如插入、删除、格式更改等，从这些修改痕迹，可了解上一次修改改变的内容。图 3-162 所示为单击"修订"按钮后修改文档的效果。而退出修订状态后（取消"修订"按钮的选中状态），对文档所做的修改将不会留下任何痕迹。

微课 3-34：文档修订

如果有多个用户用同一台计算机对同一个文档进行了修订，文档在默认情况下会通过不同的颜色来区分不同用户的修订内容，并且会在相应修订标记上显示该修订用户的名称，从而避免由多人参与文档修订而造成混乱。为了区别不同用户，可以在进入修订状态后，单击"修订"下拉按钮，从列表中选择"更改用户名"（见图 3-163），在打开的"Word 选项"对话框的"常规"选项卡中输入"用户名"。

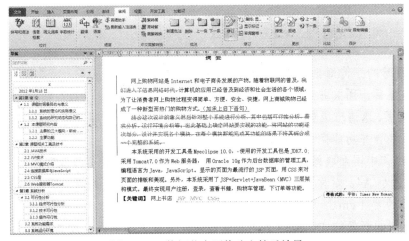

图 3-162　修订状态下修改文档后效果

图 3-163　修订命令列表

如果修订者对默认的修订颜色不喜欢，可以通过修订选项自行调整。单击"修订"下拉按钮，在展开的下拉列表中选择"修订选项"，在打开的"修订选项"对话框中选择各标记内容的颜色，默认是按作者标记不同色。

对于所有修订过后的内容，可以通过单击"审阅"→"更改"组→"接受"或"拒绝"按钮，关于某条内容的修订痕迹也会消失。

3.10.3　保护

文档编辑完成后，可设置一些保护措施，限制恶意用户对文档的编辑与删除。单击"审阅"→"保护"组→"限制编辑"按钮，打开"限制格式和编辑"窗格（见图 3-164），可限制对选定样式设置格式，将文档改成只读文件，启用强制密码保护。对文档的保护方法，还可以单击"文件"→"信息"组→"保护文档"下拉按钮（见图 3-165），选择一种文档保护方式。

图 3-164　限制格式和编辑窗口

图 3-165　保护文档的方式

习　题

1．请设计一份关于招聘的宣传海报，可以是校园内的社团招新、企业招人、寒暑假招生等。设计要求：标题要醒目，图文并茂，符合中国人的审美习惯。

2．请设计一份电子请柬，邀请班级群所有同学及老师参加生日聚会，请事先准备好"班级通讯录"文件，使用邮件合并功能完成所有请柬。

3．请对以下素材文件"中国互联网发展状况统计报告.docx"按要求进行排版并保存。

（1）页面设置：纸张大小 A4，对称页边距，上、下、内侧边距 2.5 cm，外侧边距 2 cm，装订线 1 cm，页眉页脚距边界 1 cm。

（2）素材中有 3 个级别的标题样式，对应不同颜色显示，请按下列要求修改并应用。

① 红色文字，标题 1，华文中宋、小二号、不加粗、标准深蓝色、段前段后各 1.5 行、行距最小值 12 磅，居中对齐，与下段同页。

② 蓝色文字，标题 2，华文中宋、小三号、不加粗、标准深蓝色、段前 1 行，段后 0.5 行、行距最小值 12 磅。

③ 绿色文字，标题 3，宋体、小四号、加粗、标准深蓝色、段前 12 磅、段后 6 磅、行距最小值 12 磅。

④ 正文格式（不含图表及题注），正文、仿宋、五号、首行缩进 2 字符、1.25 倍行距、段后 6 磅、两端对齐。

（3）为素材文本黄色底纹标出的文字"手机上网比例首超传统 PC"添加脚注，脚注位于页面底部，编号格式为①、②…，内容为"使用台式机或笔记本或同时使用台式机和笔记本的用户统称为传统 PC 用户"。

（4）将图片"素材 1.png"插入到素材文件用浅绿色底纹标出的文字"调查总体细分图示"上方的空行中，在文字"调查总体细分图示"左边添加"图 1""图 2"类型的题注标签，添加完毕后，将"题注"样式格式修改为楷体、小五号、居中。并在图片上方用浅绿色底纹标出文字的适当位置引用该题注。

（5）根据图 3-166 所示制作图表，插入到表格后的空行中，并居中显示。要求图表的标题、纵坐标轴和折线图的格式和位置与"示例图 1"相同。

图 3-166　示例图 1

（6）参照"示例图 2"，如图 3-167 所示，为文档设计封面，并对前言进行适当排版。封面和前言必须位于同一节中，无页眉页脚页码。封面图片自选，并进行适当裁剪。

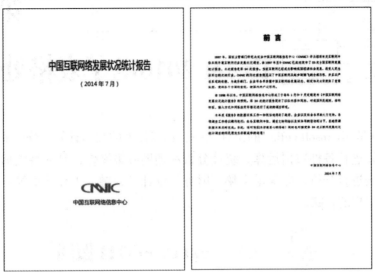

图 3-167　示例图 2

（7）在前言内容和报告摘要之间插入自动目录，要求包含 3 级标题及对应页码，目录页眉页脚设计要求：页脚居中显示大写罗马数字，起始页码为 1，自奇数页码开始，页眉居中插入文档标题属性信息。

（8）自摘要开始为正文，正文页码格式要求：自奇数页开始，起始页码为 1，格式为阿拉伯数字。偶数页页眉内容依次显示"页码、一个全角空格、文档属性中作者信息"，居左显示；奇数页页眉内容依次显示"章标题、一个全角空格、页码"，居右显示，并在页眉内容下添加横线。

（9）删除文中所有西文空格，更新目录。

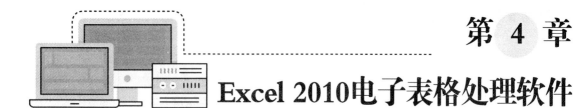

第 4 章

Excel 2010电子表格处理软件

Excel 2010 是 Microsoft Office 的组件之一，具有强大的数据计算、分析能力，用户应用公式和函数可以进行各种数据运算、统计分析和辅助决策操作，且能将数据转换为比较直观的表格或图表进行分析，能满足文秘、财务、统计、金融、工程计算等各方面的制表需要，受到广大用户的青睐。

4.1　Excel 2010 概述

Excel 2010 是一款电子表格处理软件。所谓电子表格，是一种数据处理和报表制作的工具软件。

4.1.1　Excel 2010 的启动与退出

使用 Excel 时，首先要启动它。Excel 2010 的启动与退出方法与 Word 2010 的操作相似，下面分别介绍。

1．Excel 2010 的启动

Excel 2010 的启动方法有多种，以下是三种常用的启动方法：

（1）单击桌面左下角的"开始"按钮，在弹出的菜单中选择"所有程序"→"Microsoft Office"→"Microsoft Excel 2010"命令，即可启动 Excel 2010。

（2）双击桌面上的 Microsoft Excel 2010 快捷图标，可快速启动 Excel 2010。

（3）在资源管理器窗口中，双击打开一个 Excel 工作簿，可以启动 Excel 2010。

2．Excel 2010 的退出

Excel 2010 的常用退出方法有三种。

（1）单击标题栏右侧的"关闭"按钮。

（2）使用【Alt+F4】组合键。

（3）使用"文件"→"关闭"命令。

4.1.2　Excel 2010 的基本概念和窗口界面组成

启动 Excel 2010 后，可以看到 Excel 2010 的窗口界面与 Word 2010 的界面是相似的。与 Word 相同的界面组成部分在此不赘述，下面只介绍 Excel 2010 特有的组成部分：编辑栏、行号、列标、"全选"按钮、工作表标签、活动单元格等。

1．Excel 2010 的基本概念

在介绍 Excel 的窗口界面组成之前，需要先弄清楚 Excel 的几个重要概念以及它们之间的关系，即工作簿、工作表、单元格、单元格地址、单元格区域的概念，工作簿、工作表与单元格之间的关系。

1）工作簿

一个 Excel 文件称为一个工作簿，其扩展名为.xlsx。启动 Excel 时，系统会自动创建一个名为"工作簿 1"的文件，用户可以在保存文件时重命名。

2）工作表

工作簿中的表格称为工作表，默认情况下，一个工作簿中包含 3 个工作表，名称分别为 Sheet1、Sheet2、Sheet3，可以在工作簿中插入更多的工作表。

3）单元格、单元格地址、单元格区域

（1）单元格。单元格是工作表中的单个矩形小方格，是构成工作表的基本单位，每个单元格都是工作表的一个存储单元，也就是说，用户输入的数据都存放在单元格中。

（2）单元格地址。每个单元格的位置由它所在的列标和行号表示，称为单元格地址或者单元格名称。例如，A1 表示第 A 列第 1 行的单元格，也可以说该单元格地址为 A1，B5表示第 B 列第 5 行的单元格。

（3）单元格区域。单元格区域是由多个单元格组成的矩形区域。单元格区域的表示方法：用该区域的左上角和右下角单元格地址表示，中间用":"分隔。例如，单元格区域 A3:C5，表示由 A3、A4、A5、B3、B4、B5、C3、C4、C5 共 9 个单元格组成的矩形区域。

4）工作簿、工作表、单元格三者之间的关系

工作簿、工作表、单元格三者之间的关系是包含关系，一个工作簿包含多个工作表（至少一个），一个工作表包含若干单元格（最多有 1 048 576 × 16 384 个）。

2．Excel 2010 的窗口界面组成

了解了 Excel 的一些重要概念后，进一步了解 Excel 2010 的窗口界面组成，如图 4-1 所示。

1）活动单元格

当前被选中的单元格称为活动单元格。单击某个单元格，该单元格便成为活动单元格，其边框为加粗的黑框，只有在活动单元格中才可以输入或编辑数据。

2）行号与列标

工作表中，用于标识行的标号称为行号，用阿拉伯数字表示；用于标识列的标号称为列标，用英文字母表示。

一个工作表最多有 1 048 576 行和 16 384 列。用【Ctrl+↓】组合键，可以快速定位到最后一行；用【Ctrl+→】组合键，可以快速定位到最后一列。

3）工作表标签

工作表标签是工作表的名称，单击工作表标签可以在不同的工作表之间切换。

4）"全选"按钮

单击"全选"按钮 ，可以选择工作表中的所有单元格。

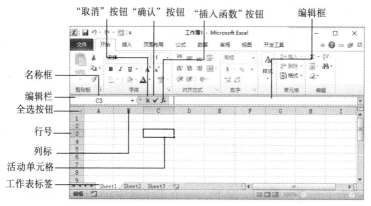

图 4-1　Excel 2010 窗口界面

5）编辑栏

编辑栏主要用于对活动单元格进行数据输入和编辑操作，分为三部分：名称框、编辑框、编辑按钮。

（1）名称框。用于显示活动单元格名称或活动单元格地址。

（2）编辑框。用于输入或编辑活动单元格的内容。

（3）"取消" ✖ 按钮。用于取消不正确的输入数据。

（4）"输入确认" ✔ 按钮。用于确认输入的数据。

（5）"插入函数" ƒx 按钮。用于打开"插入函数"对话框，并在其中选择所需要的函数，以实现函数的输入。

4.1.3　Excel 2010 的基本操作

Excel 2010 的基本操作包括工作簿的操作、工作表的操作、行和列的操作、单元格的操作。

1．工作簿的基本操作

工作簿的主要操作包括工作簿的创建、保存、打开、关闭、打印等，所有这些操作命令都包含在"文件"菜单中，如图 4-2 所示。

1）创建工作簿

创建工作簿有三种方法。

方法一：启动 Excel 时会自动新建一个工作簿文件，该文件名默认为"工作簿 1.xlsx"。

方法二：单击"文件"→"新建"命令（见图 4-2），可新建一个空白工作簿，工作簿名默认为"工作簿 1.xlsx"。

方法三：在资源管理器窗口的空白处右击，从弹出的快捷菜单中选择"新建"→"Microsoft Excel 工作表"命令，新建的工作簿名默认为"新建 Microsoft Excel 工作表.xlsx"。

2）保存工作簿

在打开的"工作簿 1.xlsx"窗口中，单击"文件"→"保存"命令，将打开"另存为"对话框，如图 4-3 所示。

在"另存为"对话框中，进行下面的操作：

（1）选择保存位置，如"E："。

（2）输入文件名，如"产品销售表.xlsx"。

（3）保存类型默认为"Excel 工作簿（*.xlsx）"。

上述操作也可以通过单击快速访问工具栏中的"保存"按钮实现。

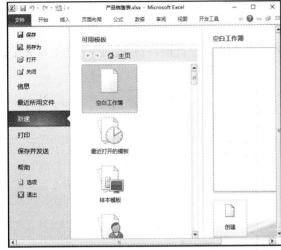

图 4-2　Excel 2010 的"文件"菜单

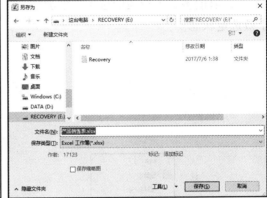

图 4-3　"另存为"对话框

3）关闭工作簿

单击"文件"→"关闭"命令，可以关闭工作簿。

4）打开工作簿

打开工作簿有多种方法，常用的有三种。

方法一：在资源管理器窗口中，双击工作簿名，可以在启动 Excel 的同时打开该工作簿。

方法二：在 Excel 窗口中，单击"文件"→"打开"命令，在弹出的"打开"对话框中，选择要打开的工作簿，单击"打开"按钮即可打开该工作簿。

方法三：在 Excel 窗口中，单击"文件"→"最近所用文件"列表中的工作簿名，可快速打开最近编辑过的某个工作簿。

2．工作表的基本操作

工作表的常用操作有插入、删除、重命名、移动或复制、隐藏与取消隐藏等。

在介绍工作表的操作之前，先了解工作表操作中常用的两种菜单操作命令。

（1）快捷菜单操作命令，如图 4-4 所示，右击工作表标签，即出现工作表快捷菜单。

（2）"格式"下拉列表操作，如图 4-5 所示。单击"开始"→"单元格"→"格式"下拉按钮，即可出现该下拉列表。

1）工作表的切换与选定

（1）工作表的切换。

方法：单击工作表标签，可以在不同的工作表之间切换。

（2）工作表的选定。

① 选定一个工作表：单击该工作表标签。

② 选定相邻的多个工作表：先单击第一个工作表标签，然后按住【Shift】键的同时单击要选定的最后一个工作表标签。

③ 选定不相邻的多个工作表：先单击第一个工作表标签，然后按住【Ctrl】键的同时依次单击要选定的其他工作表标签。

④ 选定全部工作表：在工作表的快捷菜单中选择"选定全部工作表"命令。

⑤ 取消多个工作表的选定：单击某一工作表标签即可。此时，被单击的这个工作表处于被选定状态。

图 4-4　工作表的快捷菜单

图 4-5　工作表的操作命令

2）插入工作表

方法一：单击工作表快捷菜单中的"插入"命令，弹出图 4-6 所示的"插入"对话框，在"常用"选项卡中选择"工作表"选项，单击"确定"按钮，即可在当前工作表的前面插入一张新的工作表。

图 4-6　"插入"对话框

方法二：单击"开始"→"单元格"组→"插入"→"插入工作表"按钮，如图 4-7 所示。

方法三：单击工作表标签右侧的"插入工作表"按钮，如图 4-8 所示，箭头所指按钮即是"插入工作表"按钮。

图 4-7　"插入"下拉列表

图 4-8　"插入工作表"按钮

3）删除工作表

常用的删除工作表的方法有两种。

方法一：单击工作表快捷菜单中的"删除"命令。

方法二：单击"开始"→"单元格"组→"删除"→"删除工作表"按钮，如图 4-9 所示。

说明：在删除非空工作表时，为避免误删除，系统会提示是否要永久删除，此时，根据实际需要进行操作。

4）重命名工作表

重命名工作表的操作方法常用的有三种。

方法一：单击工作表快捷菜单中的"重命名"命令，此时工作表标签呈高亮显示，输入新的工作表名称，按【Enter】键或单击该标签外任意位置即可。

方法二：使用"重命名工作表"命令。

方法三：双击工作表标签名，工作表标签高亮显示，输入新的工作表名称。

5）移动或复制工作表

方法一：单击工作表快捷菜单中的"移动或复制"命令，弹出图 4-10 所示的"移动或复制工作表"对话框，在对话框中选择工作表移动或复制的目标位置，目标位置可以是当前工作簿也可以是其他某个打开的工作簿中的某选定工作表之前，如果是复制工作表，需要勾选"建立副本"选项，最后单击"确定"按钮。

图 4-9　"删除"下拉列表

图 4-10　"移动或复制工作表"对话框

方法二：用鼠标拖动要移动的工作表标签到目标位置，可以实现在当前工作簿中移动工作表的操作；如果要实现复制操作，按住【Ctrl】键的同时拖动工作表标签到目标位置。

6）设置工作表标签颜色

方法：在工作表快捷菜单中的"工作表标签颜色"级联菜单中选择所需的颜色，即可设置工作表标签的颜色。

3. 行、列的基本操作

工作表行、列的基本操作包括选定、插入、删除、移动、设置行高和列宽等。

1）选择行（或列）

选择行（或列）的方法有：

（1）选择一行（或一列）：单击行号（或列标）。

（2）选择连续的多行（或多列）：在行号（或列标）上拖动鼠标。

（3）选择不连续的多行（或多列）：按住【Ctrl】键的同时单击相应的行号（或列标）。

2）插入行（或列）

常用的插入行（或列）的方法有两种。

方法一：选择一行（或一列，如果要插入多行或多列，需要选择多行或多列），单击"开始"→"单元格"组→"插入"→"插入工作表行"（或"插入工作表列"）按钮，如图 4-11 所示，即可在选定的行（或列）之前插入行（或列）。

方法二：选择行（或列）后右击，在弹出的快捷菜单中选择"插入"命令，如图 4-12 所示，即可在选定的行（或列）之前插入行（或列）。

图 4-11 "插入"下拉列表

图 4-12 行（或列）的快捷菜单

3）删除行（或列）

常用的删除行（或列）的方法有两种。

方法一：选择行（或列），单击"开始"→"单元格"组→"删除"→"删除工作表行"（或"删除工作表列"）按钮（见图 4-13），即可在选定的行（或列）之前插入行（或列）。

方法二：选择行（或列）后右击，在弹出的快捷菜单中选择"删除"命令，即可删除选定的行（或列）。

4）移动行（或列）

方法：先选择要移动的行（或列）并右击，在弹出的快捷菜单中选择"剪切"命令，然后选择要移动到的目标位置的行（或列）并右击，在弹出的快捷菜单中选择"插入剪切的单元格"命令（见图 4-14），即可实现移动行（或列）的操作。

图 4-13　"删除"下拉列表　　　　图 4-14　选择"插入剪切的单元格"命令

5）隐藏行（或列）

对于工作表中一些暂时不需要的或者重要的行（或列）数据，可以先隐藏起来，需要时再取消隐藏即可显示出来。

方法：选择要隐藏的行（或列）并右击，在弹出的快捷菜单中选择"隐藏"命令，即可实现隐藏。如果要取消隐藏，先选中隐藏的数据行的上下行（或数据列的左右侧列）并右击，在弹出的快捷菜单中选择"取消隐藏"命令，即可显示出其中隐藏的数据。

6）调整行高、列宽

常用的调整行高（或列宽）的操作方法有四种。

方法一：把光标移动到行号（或列标）之间的分隔线处，当光标变成双向箭头时（见图 4-15），按住左键拖动分隔线可调整行高（或列宽）。

方法二：双击行号（或列标）之间的分隔线，能够将行高（或列宽）调整到最合适的高度（或宽度）。

方法三：选中要调整行高的行，单击"开始"→"单元格"组→"格式"→"行高"按钮，如图 4-16 所示，在弹出的"行高"对话框中输入行高值，如图 4-17 所示。列宽的设置操作与行高的设置操作类似。

图 4-15　双向箭头光标　　　　图 4-16　"格式"下拉列表　　　图 4-17　"行高"对话框

方法四：选择图 4-16 所示的"自动调整行高"（或"自动调整列宽"）命令，可以将选定的行（或列）调整到最合适的高度（或宽度）。

4．单元格的基本操作

在 Excel 中，单元格是最小的操作单位，是数据存储的最小存储单元。

单元格的基本操作包括：选择单元格、插入与删除单元格、合并单元格、修改单元格内容、清除单元格内容、移动或复制单元格内容等。

（1）选择单元格。

① 选择一个单元格：单击该单元格。

② 选择连续的单元格：

方法一：从第一个单元格处拖动鼠标到最后一个单元格处。

方法二：单击第一个单元格，然后按住【Shift】键的同时单击最后一个单元格。

③ 选择不连续的单元格：按住【Ctrl】键的同时逐一单击要选择的单元格。

（2）插入单元格。在工作表中插入单元格的操作步骤如下：

① 选择单元格或单元格区域，需要插入多少个单元格就选择多少个单元格。

② 单击"开始"→"单元格"组→"插入"→"插入单元格"按钮，如图 4-18 所示；或者右击单元格，在弹出的快捷菜单中选择"插入"命令，如图 4-19 所示。

③ 在打开的"插入"对话框中选择一种插入方式，如图 4-20 所示。

④ 单击"确定"按钮。

图 4-18 "插入"下拉列表　　　图 4-19 单元格的快捷菜单　　　图 4-20 "插入"对话框

（3）删除单元格。删除单元格的操作步骤如下：

① 选择要删除的单元格或单元格区域。

② 单击"开始"→"单元格"组→"删除"→"删除单元格"按钮，如图 4-21 所示；或者右击单元格，在弹出的快捷菜单中选择"删除"命令，如图 4-19 所示。

③ 在打开的"删除"对话框中选择一种删除方式，如图 4-22 所示。

图 4-21 "删除"下拉列表　　　　　图 4-22 "删除"对话框

④ 单击"确定"按钮完成删除。

（4）合并单元格。一般来说，表格的标题都比较长，要占用多个单元格，且要求居中，这时就需要合并单元格。合并单元格的操作步骤如下：

① 选择要合并的多个单元格，如图 4-23 所示。注意不要选择一整行。

② 单击"开始"→"对齐方式"→"合并后居中"→"合并后居中"按钮，如图 4-24 所示，效果如图 4-25 所示。

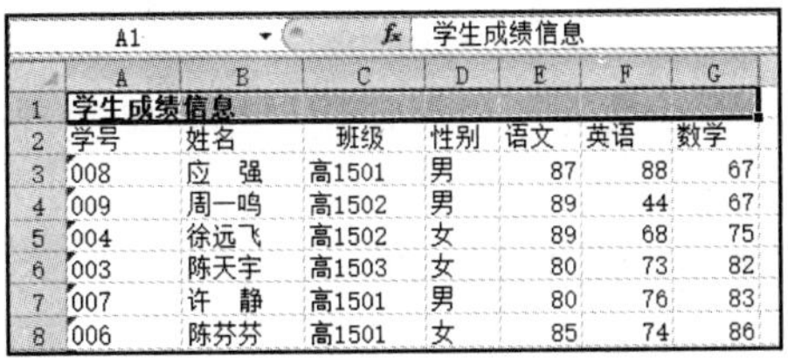

图 4-23 选择要合并的单元格

图 4-24 选择"合并后居中"命令

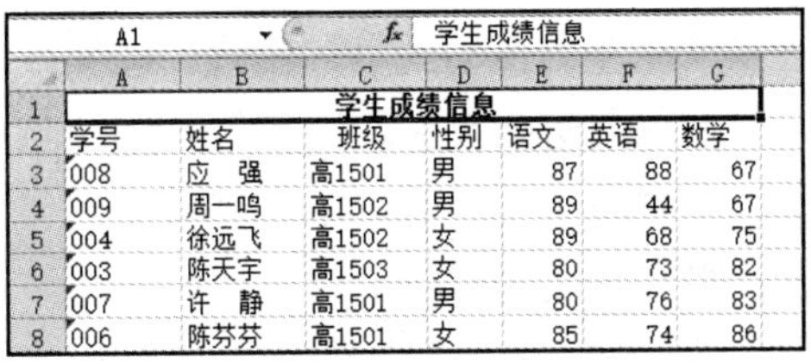

（5）修改单元格内容。修改单元格内容有两种操作方法。

方法一：在单元格内直接修改其内容，操作步骤如下。

① 选择要修改内容的单元格。

② 输入新数据，新输入的数据会替换掉原来

图 4-25 合并后的单元格

的内容；如果只需要修改原来内容中的一小部分，可以双击单元格或按【F2】键，进入编辑状态，将插入点光标（单元格内一条闪烁的短竖线）移动到要修改的位置处进行修改，然后按【Enter】键确认。

例如，要修改图 4-25 所示表格中的"周一鸣"为"周一民"，双击 B4 单元格，进入编辑状态，移动光标，将"鸣"改为"民"，按【Enter】键确认。

方法二：通过编辑框修改单元格内容，操作步骤如下。

① 选择要修改内容的单元格。

② 此时编辑框中显示该单元格内容，在编辑框中单击以定位插入点光标，进行修改。

③ 按 Enter 键确认。

（6）清除单元格内容。清除单元格内容有三种方法。

方法一：选择要清除内容的单元格，按【Delete】键。

方法二：选择要清除内容的单元格，单击"开始"→"编辑"组→"清除"→"清除内容"下拉按钮，如图 4-26 所示。

方法三：选择要清除内容的单元格并右击，在弹出的快捷菜单中选择"清除内容"命令，如图 4-27 所示。

图 4-26 选择"清除内容"命令

图 4-27 单元格快捷菜单命令

要点提示：

清除单元格内容和删除单元格的区别：清除内容是删除单元格中的内容，单元格本身还存在，而删除单元格后单元格不存在。

（7）移动或复制单元格内容。单元格内容的移动或复制可以使用鼠标拖动实现，也可以使用命令按钮或快捷菜单命令完成。

① 使用鼠标拖动进行单元格内容的移动或复制。操作步骤如下：

步骤一：选择要移动或复制的单元格或单元格区域。

步骤二：将光标指向所选单元格的边框上，光标变成箭头形状时，如图 4-28（a）所示，按住鼠标左键拖动到目标位置，即实现了移动操作。

如果要进行复制，将指针指向所选单元格的边框上，指针变成箭头形状时按住【Ctrl】键，此时箭头光标有一个小"+"号，如图 4-28（b）所示，再按住鼠标左键拖动到目标位置，将实现复制操作。

② 使用命令按钮或快捷菜单命令进行单元格内容的移动或复制。操作步骤如下：

步骤一：选择要移动或复制的单元格或单元格区域。

步骤二：单击"开始"→"剪贴板"组→"剪切"或"复制"按钮，如图 4-29（a）所示；或者右击，选择快捷菜单中的"剪切"或"复制"命令，如图 4-29（b）所示。

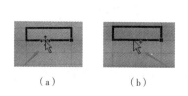

| （a） | （b） |

图 4-28　移动或复制单元格内容时的鼠标指针形状　　图 4-29　"剪切"和"复制"命令

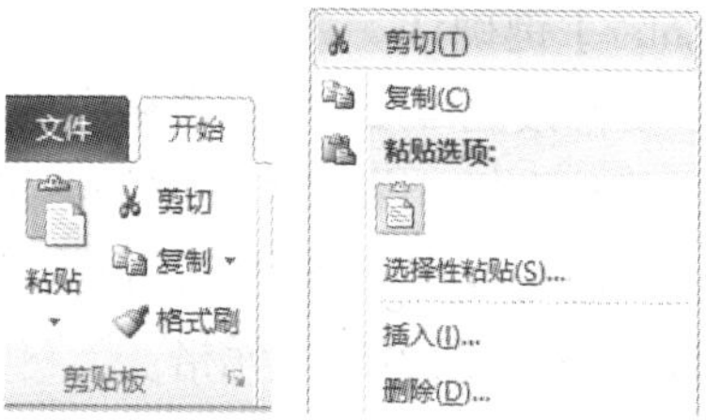

步骤三：选择目标单元格或单元格区域，单击"开始"→"剪贴板"组→"粘贴"按钮，或者选择快捷菜单中的"粘贴"命令（见图 4-29），即可完成移动或复制单元格内容的操作。

4.2　Excel 2010 中的数据输入

Excel 的主要功能是对表格中的数据进行计算和分析。Excel 的数据可分为数值型、文本型、日期型和逻辑型四种类型，不同类型数据的表示方法、运算方法是不相同的。

不同类型的数据，其输入方法也有所不同。本节先了解 Excel 数据类型，然后学习不同类型数据的输入方法，以及如何从外部获取数据。

4.2.1　Excel 的数据类型

Excel 的数据类型有四种：数值型、文本型（或字符型）、日期与时间型、逻辑型。

1．数值型数据

数值型数据是表示数量、可以进行数值运算的数据，它由数字、小数点、正负号和表示乘幂的字母 E 组成，可以进行加、减、乘、除等算术运算，也可以进行比较运算，其表示形式有数字、货币、会计专用、百分比、分数、科学计数等，如表 4-1 所示。

表 4-1　不同形式的数值型数据

数　字	货　币	会 计 专 用	百 分 数	分　数	科 学 计 数
101	¥67.50	¥　　67.50	45%	3/8	1.23457E+11
−25.2	¥150.00	¥　　150.00	5.6%	2 3/8	1.5E−09
	$6.00	$　　6.00			
	$15.00	$　　15.00			

2．文本型数据

文本型数据由字母、汉字、数字、符号等组成，不能进行算术运算，但可以进行比较运算和连接运算。例如，人的姓名、身份证号、个人简介等信息是文本型数据。

3．日期与时间型数据

日期与时间型数据需要按照 Excel 能识别的格式输入，才能被当作日期、时间类型数据，最常用的日期格式形如"2019/10/12"。Excel 能识别的所有日期、时间格式在"设置单元格格式"对话框中可以查看到。

Excel 中，日期的本质是整数，一天对应整数 1，系统日期从 1900 年 1 月 1 日开始，到 9999 年 12 月 31 日为止；时间则是小数，每秒对应 $1/(24 \times 60 \times 60)$，日期与时间型数据可以进行加、减运算。

要点提示：

Excel 可将日期存储为连续序列号，以便能在计算中使用它们。1900 年 1 月 1 日的序列号为 1，2008 年 1 月 1 日的序列号为 39 448，这是因为它与 1900 年 1 月 1 日之间相差 39 447 天。

如果日期型数据显示成序列号形式，可以更改数字格式为日期形式以显示正确的日期。

4．逻辑型数据

数据进行逻辑运算或比较运算后，得到的结果是逻辑型数据。逻辑型数据只有 TRUE 和 FALSE 两种值，TRUE 表示"真"，FALSE 表示"假"。逻辑型数据与数值型数据之间可以相互转换，TRUE 可以转换为 1，FALSE 可以转换为 0；反之，0 可以转换为 FALSE，非 0 值可以转换为 TRUE。

微课 4-1：数据的输入

4.2.2　数值型数据的输入

Excel 的数值型数据中可用的数字符号有：0、1、2、…、9、正号、负号、货币符号、百分号等。

默认情况下，数值输入后会自动右对齐。

数值型数据的表示形式多样，不同形式的输入方法有所不同。

1．正数的输入

正数可直接输入，如+101、25.2。

2．负数的输入

可以直接带负号输入，也可以在输入时用圆括号将数字括起来，如–25.2、(25.2)。

3．分数的输入

分数不能直接输入，输入时需要在分数前加数字"0"和空格，如 0 3/8、0 8/3。

如果输入的是带分数，输入时，整数与分数之间要空一格，如 2 3/8。

要点提示：

如果直接输入分数，如果输入的分数符合日期格式，Excel 会认为它是一个日期，比如输入"1/2"，返回"1 月 2 日"；如果输入的数字不能构成日期（比如输入 1/32），Excel 会认为输入的是文本。

4．货币型数据的输入

可以先输入数值，再设置单元格的数字类型为某种货币类型；反之，亦然。

要点提示：

由于 Excel 中的标点符号、货币符号等都要求是英文半角字符，因此，美元符号"$"可以直接输入，但人民币符号"￥"不能直接输入。

5．百分数的输入

可以直接在数值后面输入"%"，也可以输入数值后，设置单元格数字格式为百分比型。

要点提示：

当数值长度超过单元格宽度或者数字超过 12 位时，会自动按科学计数法显示数字。例如 123456789012345，在单元格中显示的是 1.23457E+14。

Excel 的有效数字位数是 15 位，超过 15 位的整数后面的位数都自动变成 0。例如：输入 123456789012345678，单元格中数值显示为 1.23457E+17，编辑栏中数据会变成 123456789012345000。

有时，在输入身份证号后，会发现后面 3 位数都变成了 0，这是因为 Excel 把身份证号当成了数值数据。解决的方法是，把单元格的数据类型设置为文本型，或者在输入身份证号时前面加上半角单引号（"'"）。

有时，单元格中显示一串：####？这是因为，输入到单元格中的数值太长或公式产生的结果太长，单元格容纳不下。解决方法是适当增加列的宽度。

4.2.3　文本型数据的输入

默认情况下，文本型数据输入后会自动左对齐。

1．字符文本的输入

对于由汉字、英文字母、数字等组成的文本，Excel 能识别出是文本型数据，可以直接输入。例如，产品名称、Tomas、计算机 1901、2018 级 2 班等。

2．数字文本的输入

对于纯数字文本，若直接输入，Excel 会将其识别为数值，可以用以下三种方法输入：

方法一：以半角单引号（"'"）开头输入，如"'0101"。

方法二：用 ="数字"方式输入，如="123"。

方法三：先设置单元格格式的数据类型为文本型，再输入数字文本。

图 4-30 所示为数字文本的三种输入效果。可以看到，采用第一种和第三种方法输入数字文本后，单元格左上角有一个绿色的小三角，它是文本类型标志。

图 4-30　数字文本的三种输入效果

要点提示：

默认情况下输入的文本显示在一行中，当单元格的宽度不够时，显示时会覆盖右侧的单元格，可通过如下方法实现长文本的换行显示：

自动换行法：选中单元格并右击，在弹出的菜单中选择"设置单元格格式"命令，在弹出的对话框中，勾选"对齐"选项卡中的"自动换行"复选框；或者选中单元格后，单击"开始"→"对齐方式"→"自动换行"按钮。

强制换行法：双击单元格，把光标移到需要换行的位置，按 【Alt+Enter】组合键。

4.2.4　日期型数据的输入

1．日期的输入

日期型数据的一般输入格式为 yyyy/mm/dd、yyyy-mm-dd、mm/dd。

例如，在单元格中输入"2019/10/12"或"2019-10-12"，按【Enter】键确认后，数据自动右对齐，并显示为"2019/10/12"；如果输入"5/6"，按【Enter】键，显示为"5月 6 日"。

按照上述格式输入日期后，可以在"设置单元格格式"对话框中选择其他的日期显示形式。

2．时间的输入

时间的一般输入格式为 hh:mm:ss。

例如，在单元格中输入"9:52:35"，按【Enter】键，数据自动右对齐，系统理解为 9点 52 分 35 秒。

3．日期和时间的同时输入

若同时输入日期和时间，日期和时间之间应该用空格隔开。例如，"2019/8/16 10:29:36"。

4．日期和时间的快捷输入

（1）按【Ctrl+；】，可输入当前日期，内容不会动态变化。

（2）按【Ctrl+Shift+；】，可输入当前时间，内容不会动态变化

（3）输入"=TODAY()"，可得到当前日期，内容会动态变化。

（4）输入"=NOW()"，可得到当前日期和时间，内容会动态变化。

4.2.5 数据的快速输入

对于某些特殊的数据，比如，相同数据、连续编号、按一定规律变化的数据、某类数量少而规范的数据、序列数据等，Excel 提供了其快速输入方法，掌握这些快速输入方法，可以极大地提高工作效率。

1. 相同数据的快速输入

（1）用填充柄填充。对于连续单元格中的相同数据，可以用拖动填充柄的方式实现数据的填充复制。

操作方法：先在其中一个单元格中输入数据，选中该单元格，然后拖动填充柄填充到其他单元格中，如图 4-31 所示。

（2）在多个单元格中同时输入。对于不连续的多个单元格中的相同数据，通过以下操作可以实现相同数据的同时输入。

① 选中单元格范围。

② 输入数据，如图 4-32（a）所示。

③ 按【Ctrl+Enter】组合键，效果如图 4-32（b）所示。

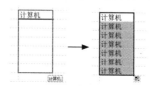

图 4-31　用填充柄填充相同数据

（a）　　　　（b）

图 4-32　不连续单元格中相同数据的同时输入

2. 连续编号的快速输入

对于连续编号（类别编号、职工编号等）数据，可以用填充柄进行快速填充输入，具体操作步骤如下：

（1）在单元格中以文本方式先输入第一个编号数据。

（2）选中这个单元格，如图 4-33（a）所示。

（3）拖动填充柄填充（注意：数字位数不超过 10 位），如图 4-33（b）所示。

3. 等差、等比、日期序列的填充输入

对于等差、等比、日期序列，按照以下操作步骤操作，可以实现这些数据的快速填充输入，下面以等比序列为例介绍。

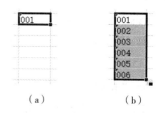

（a）　　　（b）

图 4-33　不连续单元格中相同数据的同时输入

（1）在单元格中输入初值，并选择要填充的单元格区域，如图 4-34（a）所示。

（2）单击"开始"→"编辑"组→"填充"→"系列"按钮，如图 4-34（b）所示。

（3）在弹出的"序列"对话框中，"序列产生在"选择"列"，"类型"选择"等比序列"、在"步长值"右边的框中输入"3"，"终止值"可以不填，如图 4-34（c）所示。

（4）单击"确定"按钮，填充效果如图 4-34（d）所示。

要点提示：

在上述步骤（1）中，如果不选择要填充的单元格区域，则需要在步骤（3）中填写终止值。

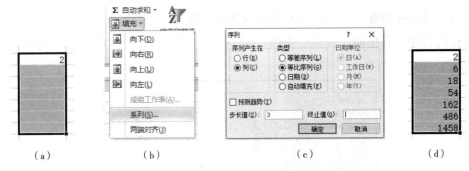

图 4-34　等比序列填充示意图

4．采用下拉列表进行数据的选择输入

对于某类数量少而规范的数据，如职称、工种、单位、产品类型等，可以采用 Excel 的"数据有效性"方式，以下拉列表的方式输入。

微课 4-3：数据的有效性设置

例如，在某校教师信息表中，需要输入所有教师的职称数据，假设教师职称有教授、副教授、讲师、助教四档，可以先建立一个职称列表，然后从列表中选择职称，这样可以方便又准确地输入数据。具体操作步骤如下。

（1）建立下拉列表。

① 选中需要用到下拉列表的单元格区域。

② 单击"数据"→"数据工具"组→"数据有效性"→"数据有效性"按钮，弹出"数据有效性"对话框，如图 4-35 所示。

③ 在"有效性条件"下方的"允许"列表中选择"序列"，在"来源"下方的文本框中输入"教授,副教授,讲师,助教"，单击"确定"按钮，此时被选中的单元格右侧出现了下拉按钮，单击下拉按钮，即出现图 4-36 所示的职称下拉列表。

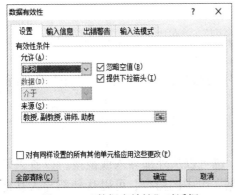

图 4-35　"数据有效性"对话框

图 4-36　职称下拉列表

要点提示：

此处所输入的"教授,副教授,讲师,助教"中的逗号一定要是英文半角的逗号。

（2）从下拉列表中选择数据。从下拉列表中选择职称数据，能快速地实现输入。

5．利用 Excel 内置序列和自定义序列快速填充数据

Excel 内置序列有星期、月份、季度、天干、地支等，如图 4-37 所示，用户也可以自定义序列。

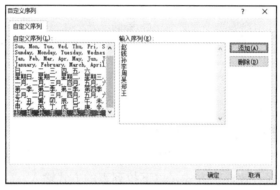

图 4-37 "自定义序列"对话框

（1）内置序列的应用。

方法：在单元格中输入图 4-37 所示序列中的某一个数据，比如，输入"星期一"，然后选中该单元格，拖动填充柄，将依次填充好"星期二"、"星期三"……

（2）自定义序列方法。对于某些常用的有固定顺序的数据，用户可以自定义序列，比如，百家姓中的"赵、钱、孙、李、周、吴、郑、王"，操作步骤如下：

① 打开"自定义序列"对话框。

方法一：选择"文件"→"选项"命令，打开"Excel 选项"对话框，选择"高级"选项，单击"编辑自定义列表"按钮。

方法二：单击"数据"→"排序和筛选"组→"排序"→按钮，打开"排序"对话框，在"次序"下拉列表中选择"自定义序列"。

② 在"自定义序列"对话框中输入新序列。

选择"自定义序列"列表框中的"新序列"，在中间的"输入序列"文本框中依次输入"赵、钱、孙、李、周、吴、郑、王"。

③ 单击"添加"按钮，用户自定义序列数据出现在"自定义序列"列表框中，如图 4-37 所示。

微课 4-4：自定义序列

4.2.6 外部数据导入

Excel 中的数据除了可以直接输入外，也可以从外部导入或链接，以省去许多烦琐的输入。利用"数据"选项卡"获取外部数据"组中的命令，可以从外部导入其他格式的数据，如图 4-38 所示，导入的数据可以是来自 Access、来自网站、来自文本文件、来自 SQL Server 等。

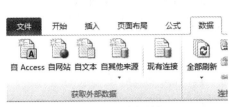

图 4-38　"获取外部数据"组

![4.3 表格的格式化]() **4.3　表格的格式化**

在工作表的单元格中输入数据后，需要对其中的数据进行格式设计以美化工作表。单元格格式包括数字格式、字体格式、对齐方式、边框、填充等，还可以对满足某种条件的数据进行格式设置以突出显示。

4.3.1　设置数字格式

默认情况下，输入到单元格中的数字是"常规"形式，它不包含任何特定的数字格式，Excel 会自动当作数值数据处理。但在实际使用中，经常需要将数字设置为一定的数字格式，以方便用户识别与操作。

设置数字格式的操作步骤如下（以设置货币格式为例）：

（1）选择要设置格式的单元格或单元格区域。

（2）在"开始"选项卡"数字"组中选择"货币"选项，即可将选定的数字设置为货币格式，效果如图 4-39 所示。

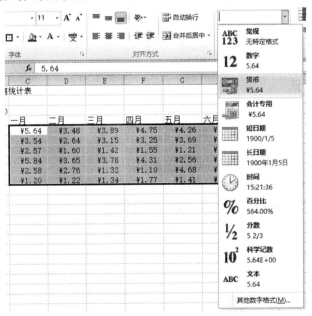

图 4-39　"货币"选项及货币格式数字

（3）如果要设置更多的数字格式，除了选择图 4-39 所示下拉列表中的格式以外，还可以单击下拉列表中的"其他数字格式"按钮，在打开的"设置单元格格式"对话框中设置其他格式，如图 4-40 所示。

图 4-40 "设置单元格格式"对话框

要点提示：

在 Excel 中，"设置单元格格式"对话框是一个全面的综合的格式设置工具，在这个对话框中，除了可以设置"数字"格式外，还可以设置"对齐""字体""边框""填充"底纹等格式。

另外，还可以通过以下几种方式打开"设置单元格格式"对话框：

① 单击"开始"→"字体"组→"对齐方式"或"数字"组的对话框启动器按钮。

② 选中单元格并右击，在弹出的菜单中选择"设置单元格格式"命令。

③ 单击"开始"→"单元格"组→"格式"→"设置单元格格式"按钮。

④ 按【Ctrl+1】组合键。

4.3.2 设置对齐方式

默认情况下，输入到单元格中的文本居左显示，数字、日期和时间居右显示。如果要改变单元格内容的对齐方式，可以按如下步骤进行操作：

（1）选择要设置对齐方式的单元格或单元格区域。

（2）单击"开始"→"对齐方式"组中的对齐按钮，就可以设置相应的对齐格式。图 4-41 所示为水平居中对齐、垂直底端对齐的效果。

（3）单击"开始"→"对齐方式"组→ 下拉按钮，单击"逆时针角度"按钮，可以改变文字的方向，如图 4-42 所示。

（4）如果要进行更多的单元格对齐方式设置，可以在图 4-43 所示的"设置单元格格式"对话框中的"对齐"选项卡中进行设置。

编号	类别	一月	二月	三月	四月	五月	六月
001	电视机	¥5.64	¥3.48	¥3.89	¥4.75	¥4.26	¥5.85
002	电冰箱	¥3.54	¥2.64	¥3.15	¥3.25	¥3.69	¥5.35
003	洗衣机	¥2.57	¥1.60	¥1.42	¥1.55	¥1.21	¥1.30
004	热水器	¥5.84	¥3.65	¥3.78	¥4.31	¥2.56	¥1.39
005	空调	¥2.58	¥2.76	¥1.33	¥1.10	¥4.68	¥3.78
006	抽油烟机	¥1.20	¥1.22	¥1.34	¥1.77	¥1.41	¥1.63

图 4-41　水平居中对齐、垂直底端对齐的效果

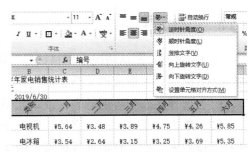

图 4-42　改变文字方向后的效果

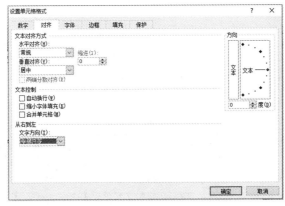

图 4-43　"对齐"选项卡

4.3.3　设置字体格式

字体格式包括字体、字形、字号、颜色等，设置字体格式是美化工作表外观的最基本的操作，操作步骤如下：

（1）选择要设置字体格式的单元格或单元格区域。

（2）在"开始"→"字体"组中可以设置字体、字形、字号、颜色及特殊效果等属性，如图 4-44 所示

（3）如果要进行更多的字体设置，可以在图 4-45 所示的"设置单元格格式"对话框中的"字体"选项卡中进行设置。

图 4-44　"字体"组

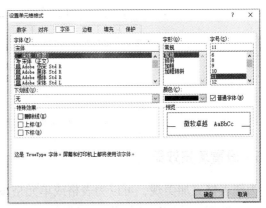

图 4-45　"字体"选项卡

4.3.4 设置边框

在 Excel 中，默认情况下网格线是辅助线条，打印不出来的，因此在制作表格时需要添加表格边框。为表格或单元格添加边框的操作步骤如下：

（1）选择在添加边框的表格或单元格。

（2）单击"开始"→"字体"组→ ⊞ 下拉按钮，打开图 4-46 所示的边框下拉列表，选择下拉列表中的某种边框线即可。图 4-47 所示为添加了外侧框线的表格效果。

图 4-46 "边框"下拉列表

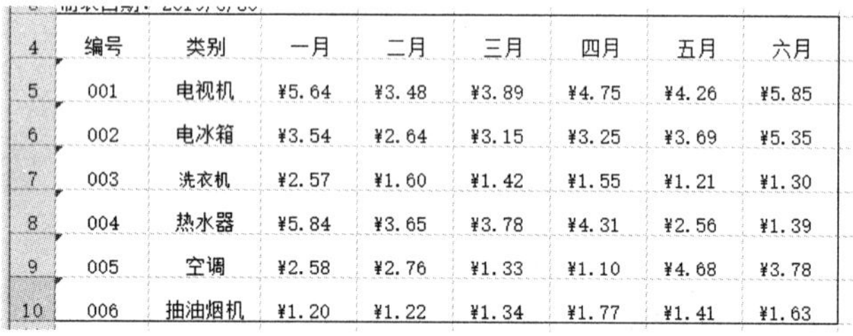

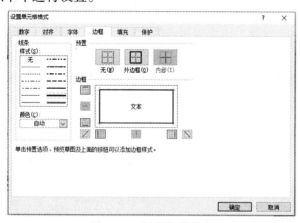

图 4-47 添加了外侧框线的表格

编号	类别	一月	二月	三月	四月	五月	六月
001	电视机	¥5.64	¥3.48	¥3.89	¥4.75	¥4.26	¥5.85
002	电冰箱	¥3.54	¥2.64	¥3.15	¥3.25	¥3.69	¥5.35
003	洗衣机	¥2.57	¥1.60	¥1.42	¥1.55	¥1.21	¥1.30
004	热水器	¥5.84	¥3.65	¥3.78	¥4.31	¥2.56	¥1.39
005	空调	¥2.58	¥2.76	¥1.33	¥1.10	¥4.68	¥3.78
006	抽油烟机	¥1.20	¥1.22	¥1.34	¥1.77	¥1.41	¥1.63

（3）如果要进行更为丰富的边框设置，可以在图 4-48 所示的"设置单元格格式"对话框中的"边框"选项卡中进行设置。

图 4-48 "边框"选项卡

4.3.5 设置填充效果

为使表格更加美观，可以为表格或单元格填充底纹，具体操作步骤如下：

（1）选择要填充底纹的单元格区域。

（2）单击"开始"→"字体"组→ 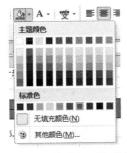 下拉按钮，打开图 4-49 所示的填充下拉列表，单击选择下拉列表中的某种颜色。图 4-50 所示为填充了底纹的表头效果。

编号	类别	一月	二月	三月	四月	五月	六月
001	电视机	¥5.64	¥3.48	¥3.89	¥4.75	¥4.26	¥5.85
002	电冰箱	¥3.54	¥2.64	¥3.15	¥3.25	¥3.69	¥5.35
003	洗衣机	¥2.57	¥1.60	¥1.42	¥1.55	¥1.21	¥1.30

图 4-49 "填充"下拉列表　　　　　　图 4-50 填充了浅蓝色的表头效果

（3）如果要进行更为丰富的底纹设置，可以在图 4-51 所示的"设置单元格格式"对话框中的"填充"选项卡中进行设置。

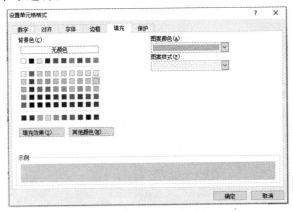

图 4-51 "填充"选项卡

4.3.6　设置条件格式

条件格式是指用醒目的格式设置选定单元格区域中满足条件的数据单元格格式。在分析数据量比较大的财务表格时常会用到条件格式，以突出显示所关注的单元格区域，强调特殊值，使用数据条、色阶和图标集来直观显示等。

> 微课 4-7：设置条件格式

下面以在家电销售统计表中，用红色加粗字体将销售金额在 5 万元以上的数据标示出来为例，介绍设置条件格式的操作步骤。

（1）选定单元格区域 C5:H10。

（2）单击"开始"→"样式"组→"条件格式"→"突出显示单元格规则"→"大于..."按钮，打开"大于"对话框，如图 4-52 和图 4-53 所示。

（3）"大于"对话框中，在"为大于以下值的单元格设置格式"文本框中输入 5，在"设置为"下拉列表中选择"自定义格式..."选项，打开"设置单元格格式" 对话框，如图 4-54 所示。

图 4-52　条件格式

图 4-53　"大于"对话框

图 4-54　"设置单元格格式"对话框

（4）在"设置单元格格式"对话框的"字体"选项卡中，选择"字形"为"加粗"，"颜色"为红色，单击"确定"按钮，返回"大于"对话框。

（5）在"大于"对话框中，单击"确定"按钮。设置完成后的效果如图 4-55 所示。

	A	B	C	D	E	F	G	H
1			某商场上半年家电销售统计表					
2								单位：万元
3	制表日期：	2019年6月30日						
4	编号	类别	一月	二月	三月	四月	五月	六月
5	001	电视机	¥5.64	¥3.48	¥3.89	¥4.75	¥4.26	¥5.85
6	002	电冰箱	¥3.54	¥2.64	¥3.15	¥3.25	¥3.69	¥5.35
7	003	洗衣机	¥2.57	¥1.60	¥1.42	¥1.55	¥1.21	¥1.30
8	004	热水器	¥5.84	¥3.65	¥3.78	¥4.31	¥2.56	¥1.30
9	005	空调	¥2.58	¥2.76	¥1.33	¥1.10	¥4.68	¥3.78
10	006	抽油烟机	¥1.20	¥1.22	¥1.34	¥1.77	¥1.41	¥1.63

图 4-55　设置了条件格式后的效果

4.3.7　自动套用格式

在 Excel 中，系统预设了多种表格样式，用户可以根据需要选择一种表格样式，直接将其应用到表格中，这样可以大大提高工作效率。

自动套用格式的基本操作步骤如下：

（1）选择单元格区域。

（2）单击"开始"→"样式"组→"其他"下拉按钮，在下拉列表中选择要套用的单元格样式，如图 4-56 所示。

（3）如果要对整个表格套用格式，可以单击"开始"→"样式"→"套用表格格式"下拉按钮，在下拉列表中选择一种表格格式即可，如图 4-57 所示。

微课 4-8：自动套用格式

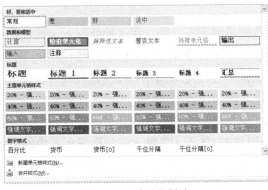

图 4-56　单元格样式

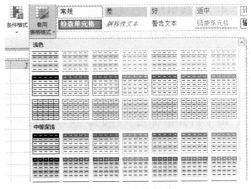

图 4-57　表格格式

 4.4　公式与函数

Excel 具有强大的数据处理能力，包括对数据的运算、统计与分析等。使用公式和函数可以实现数据的快速运算，比如，通过学生的各门课程成绩得到总成绩、排名，通过员工的各项工资值计算出应发工资、纳税额、实发工资等。本节介绍 Excel 的公式和函数的使用方法。

4.4.1　单元格引用

在 Excel 的公式和函数中，使用指定单元格或单元格区域中的数据称为单元格引用。单元格引用通常是指单元格地址引用，分为相对引用、绝对引用和混合引用三种引用形式。

单元格引用一般指同一工作表中的引用，也可以引用其他工作表中的单元格。

1. 相对引用

相对引用是直接使用行号和列标的引用，例如，第 A 列第 2 行的单元格相对引用表示为 A2。公式中使用相对引用，在复制公式时，公式中的单元格引用地址会自动随公式位置的变化而变化。例如，如图 4-58 所示，计算总金额时，先在 F4 单元格中输入公式"=C4+D4+E4"，确认输入后，拖动填充柄把公式复制到 F5 至 F9 单元格中，再分别单击 F5 至 F9 单元格，会发现其中的公式分别变成："=C5+D5+E5"、……、"=C9+D9+E9"，这体现了相对引用的特点。

F4　=C4+D4+E4

	A	B	C	D	E	F	G
1	一季度图书销售额						
2			折扣	15%			
3	书号	书名	一月	二月	三月	总金额	实际销售额
4	1	C程序设计	534.50	655.00	587.50	1777.00	1510.45
5	2	操作系统原理	321.00	245.00	426.80	992.80	843.88
6	3	局域网的组装与维护	379.60	560.00	489.00	1428.60	1214.31
7	4	大学计算机	719.30	380.80	850.00	1950.10	1657.59
8	5	Java程序设计	298.00	128.00	220.00	646.00	549.10
9	6	网页设计与制作	490.00	380.00	397.00	1267.00	1076.95

图 4–58　相对引用效果

2. 绝对引用

如果公式运算中，需要某个指定单元格的数值是固定不变的，在这种情况下，该单元格的引用必须使用绝对引用。绝对引用需要在行号和列标前面都加绝对引用符号“$”，例如，第 A 列第 2 行单元格的绝对引用表示为$A$2。公式中使用绝对引用，在复制公式时，公式中的单元格引用地址不会随公式位置的变化而变化。例如，如图 4–59 所示，计算实际销售额时，由于折扣值都是一样的，所以，需要在 G4 单元格中这样输入公式“=F4*(1–$D$2)”，当把公式填充复制到 G5 至 G9 单元格中，再分别单击 G5 至 G9 单元格，会发现其中的公式分别变成：“=F5*(1–$D$2)”、……、“=F9*(1–$D$2)”，这体现了绝对引用的特点。

G4　=F4*(1-$D$2)

	A	B	C	D	E	F	G
1	一季度图书销售额						
2			折扣	15%			
3	书号	书名	一月	二月	三月	总金额	实际销售额
4	1	C程序设计	534.50	655.00	587.50	1777.00	1510.45
5	2	操作系统原理	321.00	245.00	426.80	992.80	843.88
6	3	局域网的组装与维护	379.60	560.00	489.00	1428.60	1214.31
7	4	大学计算机	719.30	380.80	850.00	1950.10	1657.59
8	5	Java程序设计	298.00	128.00	220.00	646.00	549.10
9	6	网页设计与制作	490.00	380.00	397.00	1267.00	1076.95

图 4–59　绝对引用效果

3. 混合引用

所谓混合引用，是指在一个单元格的地址引用中，既有相对地址引用，又有绝对地址引用。即或者只有行号前加绝对引用符号$而列标前不加，或者只有列标前加绝对引用符号$而行号前不加，表示形式为 A$2 或者$A2。使用了混合引用的公式在被复制到其他位置时，绝对的引用部分不会随位置的变化而发生改变，而相对的引用部分会随位置的变化而变化。

例如，制作九九乘法表，需要用到混合引用，如图 4–60 所示。

B2　=B$1&"*"&$A2&"="&B$1*$A2

	A	B	C	D	E	F	G	H	I	J
1		1	2	3	4	5	6	7	8	
2	1	1*1=1								
3	2	1*2=2	2*2=4							
4	3	1*3=3	2*3=6	3*3=9						
5	4	1*4=4	2*4=8	3*4=12	4*4=16					
6	5	1*5=5	2*5=10	3*5=15	4*5=20	5*5=25				
7	6	1*6=6	2*6=12	3*6=18	4*6=24	5*6=30	6*6=36			
8	7	1*7=7	2*7=14	3*7=21	4*7=28	5*7=35	6*7=42	7*7=49		
9	8	1*8=8	2*8=16	3*8=24	4*8=32	5*8=40	6*8=48	7*8=56	8*8=64	
10	9	1*9=9	2*9=18	3*9=27	4*9=36	5*9=45	6*9=54	7*9=63	8*9=72	9*9=81

图 4–60　混合引用效果

4．三维引用

前面介绍的三种引用方式都是指在同一个工作表中的引用，也可以跨工作表或跨工作簿进行单元格引用，跨工作表或跨工作簿的引用称为三维引用。

跨工作表的引用格式为"工作表名!单元格地址"，例如，Sheet2!B5，表示引用当前工作簿中 Sheet2 表的 B5 单元格数据。

跨工作簿的引用格式为"[工作簿名]工作表名!单元格地址"，例如，[图书销售表.xlsx]Sheet2!B5，表示引用"图书销售表.xlsx"工作簿的 Sheet2 表的 B5 单元格数据。

如果被引用的工作簿当前没有被打开，引用公式中被引用工作簿的名称需要包含完整的文件路径，如"='D:\工作目录\[Book2.xlsx]Sheet1'!$D$3"。

4.4.2　公式的使用

在 Excel 的数据计算中，离不开公式的使用，可以说没有公式的工作表只能算作是一个"表格"，不能称其为"电子表格"。

Excel 中使用公式计算工作表中的各种数据，计算准确快捷，使我们从繁杂无序的数字中解放出来，大大提高了工作效率。

1．公式的概念

Excel 的公式是以等号"="开头，通过各种运算符将相关对象连在一起组成的式子，即"=对象 运算符 对象 运算符…"。例如，"=B3+C3+D3"和"=SUM(B3:D3)*2"。

Excel 公式中的对象可以是常量（数值型、文本型、日期型等）、单元格引用（相当于变量）及函数。如果对象是文本型常量，需要用双引号将其括起来，如"="专业"&"班级""。

2．Excel 中的运算符

Excel 中的运算符有算术运算符、比较运算符、文本运算符、引用运算符四类。

（1）算术运算符。算术运算符用于实现数据的算术运算，包括+、-、*、/、^和%，如表 4-2 所示。

表 4-2　算术运算符

算术运算符	含　义	示　例
+	加	A1+A2
- -(负号)	减 负	A1-1 -B3
*	乘	A1*3
/	除	A1/4
%	百分比	20%
^(脱字符)	乘方	4^2

（2）比较运算符。比较运算符用于实现数据的比较运算，包括=、>、>=、<、<=、<>等，如表 4-3 所示。

表 4-3　比较运算符

比较运算符	含　义	示　例
=	等于	A1=B1
>	大于	A1>B1
<	小于	A1<B1
>=	大于或等于	A1>=B1
<=	小于或等于	A1<=B1
<>	不等于	A1<>B1

（3）文本运算符。文本运算符用于实现文本的连接运算。文本连接符只有一个：&，如表 4-4 所示。

表 4-4　文本运算符

运　算　符	含　义	示　例
&	将两个或多个文本值连接起来产生一个连续的文本值	A1&B1

（4）引用运算符。引用运算符有冒号（:）、逗号（,）和空格，如表 4-5 所示。

表 4-5　引用运算符

运　算　符	含　义	示　例
:	区域运算符，对包括在两个引用之内的所有单元格进行引用	A2:B10
,	联合运算符，将多个引用合并为一个引用	SUM(B2:B10,D2:D10)
空格	交叉运算符，对两个引用共有的单元格进行引用	B2:D7 C3:C9

3．运算符的优先级

如果一个公式中同时出现了多种运算符，就会有运算符的优先级问题，运算符的优先级如表 4-6 所示。若优先级相同，则 Excel 会按照从左到右的顺序进行计算，可以通过加括号来改变表达式的运算优先级。Excel 中没有花括号、方括号，需要多级括号时一律使用圆括号，运算顺序是先内后外。

表 4-6　运算符优先级从高到低顺序

运　算　符	说　明	运　算　符	说　明
冒号（:）逗号（,）空格	引用运算符	*和/	乘法和除法运算
负号（-）	负号运算符	+和-	加法和减法运算
%	百分比运算符	&	文本连接运算
^	乘幂运算符	= <> < <= > >=	比较运算

4．公式的输入

输入公式时要以等号"="开头，然后是表达式。

（1）直接在单元格中输入公式。公式一般直接在单元格中输入，但当公式较长时，可以在编辑框中输入以便更直观地查看。

（2）在编辑框中输入公式。在编辑框中输入公式的方法和步骤如下：

① 选择需要输入公式的单元格，将光标定位到编辑框中。

② 输入公式。

③ 单击"输入"按钮 ✔ 为确认输入，单击"取消"按钮 ✘ 为取消输入。

微课 4-9：公式的
使用

5．公式的使用举例

【例 4-1】在图 4-61 所示的图书销售表中，使用公式计算各种图书销售的总金额、实际销售额。

MONTH				f_x	=C4+D4+E4	
	A	B	C	D	E	F	G
			一季度图书销售额				
1							
2			折扣	15%			
3	书号	书名	一月	二月	三月	总金额	实际销售额
4	1	C程序设计	534.50	655.00	587.50	=C4+D4+E4	
5	2	操作系统原理	321.00	245.00	426.80		
6	3	局域网的组装与维护	379.60	560.00	489.00		
7	4	大学计算机	719.30	380.80	850.00		
8	5	Java程序设计	298.00	128.00	220.00		
9	6	网页设计与制作	490.00	380.00	397.00		

图 4-61 用公式计算总金额

操作方法和步骤如下：

（1）计算总金额。

① 先计算第一种图书的总金额：选定 F4 单元格，输入"=C4+D4+E4"，单击编辑栏中的"✔"按钮确认输入，计算结果出现在该单元格中，而编辑框中显示的仍是该单元格中的公式。

② 通过复制公式计算出其他图书的总金额：拖动 F4 单元格的填充柄向下填充直到 F9 单元格，即可将公式快速复制到 F5 至 F9 之中，并同时计算出结果。

③ 单击 F5 单元格，可以看到编辑框中显示的公式为"=C5+D5+E5"，如图 4-62 所示，再分别单击 F6 至 F9 单元格，观察其中的公式是否正确。

F5				f_x	=C5+D5+E5	
	A	B	C	D	E	F	G
			一季度图书销售额				
1							
2			折扣	15%			
3	书号	书名	一月	二月	三月	总金额	实际销售额
4	1	C程序设计	534.50	655.00	587.50	1777.00	
5	2	操作系统原理	321.00	245.00	426.80	992.80	
6	3	局域网的组装与维护	379.60	560.00	489.00	1428.60	
7	4	大学计算机	719.30	380.80	850.00	1950.10	
8	5	Java程序设计	298.00	128.00	220.00	646.00	
9	6	网页设计与制作	490.00	380.00	397.00	1267.00	

图 4-62 拖动填充柄复制公式后的效果

要点提示：

也可以使用快捷菜单中的"复制"和"粘贴"命令进行公式的复制，不过这种方法麻烦一些，一般用于不连续单元格的数据计算。

（2）计算实际销售额。通过分析，得到实际销售额的计算方法："=总金额−折扣值"，即"=总金额*(1−折扣)"。

① 先计算第一种图书的实际销售额：选定 G4 单元格，输入"=F4*(1−$D$2)"，单击编辑栏中的 ✔ 按钮确认输入。

② 通过复制公式计算出其他图书的实际销售额：拖动 G4 单元格的填充柄向下填充直到 G9 单元格，即可将公式快速复制到 G5 至 G9 之中，并同时计算出结果，效果如图 4-63 所示。

图 4-63　用公式计算实际销售额

4.4.3　函数的使用

函数是内置的公式，也就是说，函数也是公式。它可以对一个或多个单元格数据进行运算，并返回一个或多个值。

Excel 的函数有 4 百多个，按照功能大致分为财务函数、日期与时间函数、数学与三角函数、统计函数、查找与引用函数、数据库函数、文本函数、逻辑函数、信息函数、工程函数、多维数据集函数、兼容性函数等十二类，如图 4-64 所示。

用户也可以自定义函数。

1．函数的基本构成

函数由函数名和参数组成，参数要由圆括号"( )"括起来，其一般格式如下：

=函数名(参数 1,参数 2,……)

1）函数名

函数名表示该函数所具有的功能，即所能进行的操作。函数名一般是英文单词或英文单词的缩写，不区分大小写。例如，AVERAGE 函数用于求平均值，MAX 函数用于求最大值。

2）参数

参数可以是常量、表达式、单元格引用或函数。函数用作参数时构成函数的嵌套，例如，"=IF(A2>=80,"A",IF(A2>=60,"B","C"))"，"=AVERAGE(SUM(B3:D3), SUM(B4:D4)"。

不同的函数要求给定的参数的个数和类型也不相同，多个参数之间用英文逗号分隔。

也有的函数不带参数，但圆括号不能省略，如"=TODAY()"。

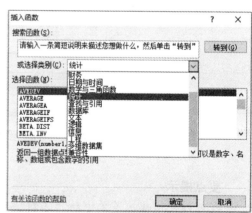

图 4-64　Excel 的函数类别

2．函数的输入

函数的输入方法有多种，可以直接手工输入，也可以使用"插入函数"按钮 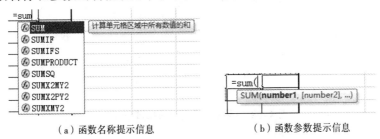 插入，或者从功能区的"函数库"列表中选择函数。

1）手工输入函数

如果对所使用的函数和该函数的参数比较熟悉，可以直接在单元格中输入函数。在输入时会有函数名称和参数的智能提示，如图 4-65 所示。

（a）函数名称提示信息　　　　（b）函数参数提示信息

图 4-65　手工输入函数时的智能提示

2）使用"插入函数"按钮插入函数

"插入函数"按钮 有两个：一个位于编辑栏中，一个位于菜单栏"公式"→"函数库"组中，用法如下：

（1）选择要输入函数的单元格，单击"插入函数"按钮，打开"插入函数"对话框，如图 4-66 所示，在对话框中可以通过搜索函数或通过选择函数类别来选择函数，然后单击"确定"按钮，打开"函数参数"对话框。

（2）在打开的"函数参数"对话框中，如图 4-67 所示，设置好函数的相应参数，然后单击"确定"按钮。

要点提示：

如果想了解函数的帮助信息，可以单击图 4-66 或图 4-67 所示的对话框左下角的"有关该函数的帮助"超链接，将弹出函数的帮助信息窗口。

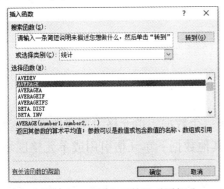

图 4-66　"插入函数"对话框

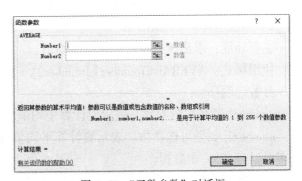

图 4-67　"函数参数"对话框

3）从"函数库"中选择函数

"公式"→"函数库"组中按类别给出了函数列表，如图 4-68 所示。可以从函数列表中选择函数，此时将弹出"函数参数"对话框，在对话框中设置函数的相应参数，然后单击"确定"按钮。

图 4-68　"函数库"组中的函数列表

3. 常用函数

虽然 Excel 系统提供了很多函数，但在实际工作中，处理数据用到的函数并不多，常用的主要有这些函数：SUM、AVERAGE、COUNT、MAX、MIN、IF、SUMIF、SUMIFS、COUNTIF、COUNTIFS、RANK、VLOOKUP 等。

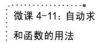

1）函数名称：SUM

主要功能：计算单元格区域中所有数值的和。

使用格式：=SUM(number1, [number2], …)

参数说明：

number1 是必需的参数，表示要相加的第一个数据。该数据可以是 4 之类的常量、B6 之类的单元格引用或 B2:B8 之类的单元格区域。

number2,...是可选参数，表示要相加的第二个数据。可以按照这种方式最多指定 255 个数据。

应用举例：

=SUM(A2:A10)、=SUM(A2:A10, C2:C10)。

2）函数名称：AVERAGE

主要功能：求出所有参数的算术平均值。

使用格式：AVERAGE(number1,[number2],…)

参数说明：

number1 是必需的参数，表示要计算平均值的第一个数据、单元格引用或单元格区域。

number2, ...是可选参数，表示要计算平均值的其他数据、单元格引用或单元格区域。最多可以有 255 个数据。

如果区域或单元格引用参数包含数字文本、逻辑值或空单元格，则这些值将被忽略；但包含零值的单元格将被计算在内。

应用举例：

=AVERAGE(A2:A6)、=AVERAGE(A2:A6,5)、=AVERAGE(A2:C2)。

3）函数名称：COUNT

主要功能：计算区域中包含数字的单元格个数。

使用格式：COUNT(value1, [value2], ...)

参数说明：

value1 是必需的参数，表示要计算的个数的第 1 项。

value2, ...是可选参数，表示要计算的个数的其他项，最多可包含 255 个。

注意：这些参数可以包含或引用各种类型的数据，但只有数值类型的数据才被计算在内。

若要计算逻辑值、文本值或错误值的个数，可以使用 COUNTA 函数。

应用举例：

=COUNT(A2:A7)、=COUNT(A2:A7,2)。

4）函数名称：MAX

主要功能：求出一组数中的最大值。

使用格式：MAX(number1, [number2], ...)

参数说明：

number1 是必需的参数，number2, ...是可选参数。

参数可以是数字或者是包含数字的名称、数组或引用。

逻辑值和直接键入到参数列表中代表数字的文本被计算在内。

应用举例：

=MAX(A2:A6)、=MAX(A2:A6,30)。

5）函数名称：MIN

主要功能：求出一组数中的最小值。

使用格式：MIN(number1, [number2], ...)

参数说明：

number1 必选，后续参数是可选的。参数的用法同 MAX 函数。

应用举例：

=MIN(A2:A6)、=MIN(A2:A6,0)。

6）函数名称：IF

主要功能：判断是否满足某个条件，如果满足将返回一个值，否则返回另一个值。

使用格式：=IF(logical_test，[Value_if_true]，[Value_if_false]）

参数说明：

logical_test 代表逻辑判断表达式。

Value_if_true 表示当表达式的结果为逻辑"真（TRUE）"时的显示内容，如果忽略返回"TRUE"。

Value_if_false 表示当表达式的结果为逻辑"假（FALSE）"时的显示内容，如果忽略返回"FALSE"。

微课 4-12：IF 函数的用法

应用举例：

=IF(D3>60,"合格","不合格")。

7）函数名称：SUMIF

主要功能：对某范围中符合指定条件的值求和。

使用格式：SUMIF(range,criteria,[sum_range])

参数说明：

range，是必需的参数，表示条件区域。

微课 4-13：条件求
和函数的用法

criteria，是必需的参数，指定条件表达式。例如，条件可以表示为 60、">60"、B3、"60"、"苹果" 或 TODAY()等。

应用举例：

=SUMIF(B2:B25,">5")、=SUMIF(A2:A5,">100",B2:B5)、=SUMIF(A2:A7,"水果",C2:C7)、=SUMIF(B2:B7,"西*",C2:C7)。

8）函数名称：SUMIFS

主要功能：进行多条件求和。

使用格式：SUMIFS(sum_range, criteria_range1, criteria1, [criteria_range2, criteria2], ...)

参数说明：

sum_range 是必需的参数，表示需要求和的单元格区域。

criteria_range1 是必需的参数，表示第 1 个条件区域。

criteria1 是必需的参数，表示第 1 个条件，与 criteria_range1 相对应。

criteria_range2, criteria2, …是可选参数，表示附加的区域及其关联条件。最多可以输入 127 个区域/条件对。

应用举例：

=SUMIFS(E2:E25,C2:C25,"南山区",B2:B25, "陈真")、=SUMIFS(E2:E25,B2:B25,"<=6 月 30 日",B2:B25, "陈*")。

9）函数名称：COUNTIF

主要功能：统计某个区域中符合指定条件的单元格数目。

使用格式：COUNTIF(range,criteria)

微课 4-14：条件计
数函数的用法

参数说明：range 代表要统计的单元格区域；criteria 表示指定的条件表达式。

应用举例：

=COUNTIF(B2:B15,">55")、=COUNTIF(B2:B15,"<>"&B4)。

10）函数名称：COUNTIFS

主要功能：统计单元格区域中符合指定的多个条件的单元格数目。

使用格式：COUNTIFS(criteria_range1, criteria1, [criteria_range2, criteria2],…)

参数说明：

criteria_range1 是必需的参数，表示第 1 个条件区域。

criteria1 是必需的参数，表示第 1 个条件，条件的形式为数字、表达式、单元格引用或文本，它定义了要计数的单元格范围。 例如，条件可以表示为 32、">32"、B4、"apples" 或 "32"。

criteria_range2, criteria2, ...是可选参数，表示附加的区域及其关联条件。最多允许 127 个区域/条件对。

应用举例：

=COUNTIFS(A2:A7, "<5",B2:B7,"<5/3/2011")、=COUNTIFS(C2:C5,"=是",D2:D5,"=是")。

11）函数名称：RANK.EQ

微课 4-15: 排名函数的用法

主要功能：返回某一数值在一列数值中的相对于其他数值的排名；如果多个数值排名相同，则返回该组数值的最高排名。

使用格式：RANK.EQ(number,ref,[order])

参数说明：

number 是必需的参数，表示需要排序的数值。

ref 是必需的参数，表示排序数值所处的单元格区域。Ref 中的非数值

会被忽略。

order 是可选参数，表示排序方式（如果为"0"或者忽略，则按降序排名；如果为非"0"值，则按升序排名）。

类似的排名函数还有 RANK 和 RANK.AVG。RANK.AVG 对于多个数值排名相同的情况，返回该组数值的平均排名；RANK 兼容 Excel 2007 及早期版本，计算结果与 RANK.EQ 是一样的。

应用举例：

=RANK.EQ(A6,A2:A6)、=RANK.EQ(A3,A2:A6,1)。

12）函数名称：VLOOKUP

主要功能：按列查找，最终返回该列所需查询列序所对应的值。

微课 4-16: VLOOKUP 函数的用法

使用格式：VLOOKUP(lookup_value, table_array,col_index_num,[range_lookup])

参数说明：

lookup_value 为需要在数据表第 1 列中进行查找的数值。lookup_value 可以为数值、引用或文本字符串。

table_array 为需要在其中查找数据的数据区域。

col_index_num 为 table_array 中查找数据的数据列序号。

Range_lookup 为逻辑值，指明函数 VLOOKUP 查找时是精确匹配（false 或 0），还是近似匹配（TRUE 或 1），省略，则默认为近似匹配。

应用举例：

=VLOOKUP(B3,B2:E7,2,FALSE)、=IF(ISNA(VLOOKUP(105,A2:E7,2,FALSE))=TRUE,"未找到员工",VLOOKUP(105,A2:E7,2,FALSE))。

4．函数使用实例

【例 4-2】现有"员工培训成绩表.xlsx"工作簿文件，其中"培训成绩表"工作表内容如图 4-69 所示，要利用公式及函数计算其中的一些数据。

	A	B	C	D	E	F	G	H	I
1	员工培训成绩统计表								
2	员工编号	员工姓名	培训测试项目				总分	平均分	名次
3			文档处理	表格设计	多媒体演示	商务英语			
4	19001	张力英	88	80	91	83			
5	19002	王明才	75	95	72	87			
6	19003	马宏图	66	76	71	77			
7	19004	王彩霞	93	85	63	81			
8	19005	王美丽	78	77	84	76			
9	19006	张　磊	96	55	75	85			
10	19007	刘晓敏	85	86	66	82			
11	19008	赵一明	75	82	85	92			
12	19009	马上有	82	97	52	73			
13	19010	刘国强	93	85	72	88			
14	19011	李又平	89	77	84	76			
15	19012	唐海洋	96	55	75	85			
16						总分最高分：			
17						总分最低分：			
18						考试总人数：			
19					平均分在80分及以上人数				

图 4-69　员工培训成绩表

操作要求：

（1）使用 SUM、AVERAGE 函数计算总分、平均分，其中平均分保留 2 位小数。

（2）使用 RANK.EQ 函数计算名次。

（3）使用 MAX、MIN 函数函数计算部分最高分、总分最低分。

（4）使用 COUNT 函数计算考试总人数。

（5）使用 COUNTIF 函数计算平均分在 80 分及以上的人数。

操作步骤：

（1）打开"员工培训成绩表.xlsx"工作簿文件，"培训成绩表"工作表为活动工作表，单击 G4 单元格，输入"=SUM(C4:F4)"，单击编辑栏中的 ✔ 按钮确认，拖动 G4 单元格的填充柄至 G15。

单击 H4 单元格，输入"=AVERAGE(C4:F4)"，单击编辑栏中的 ✔ 按钮确认，然后选择"开始"→"数字"组→"数字"选项，即可设置 H4 单元格的小数位为 2 位，如图 4-70 所示，再拖动 H4 单元格的填充柄至 H15。

（2）单击 I4 单元格，输入"=RANK.EQ(G4,$G$4:$G$15,0)"，单击编辑栏中的 ✔ 按钮确认，拖动 I4 单元格的填充柄至 I15。

（3）单击 G16 单元格，输入"=MAX(G4:G15)"，单击 ✔ 按钮确认；再单击 G17 单元格，输入"=MIN(G4:G15)"，单击 ✔ 按钮确认。

（4）单击 G18 单元格，输入"=COUNT(G4:G15)"，单击 ✔ 按钮确认。

（5）单击 G19 单元格，输入"=COUNTIF(H4:H15,">=80")"，单击 ✔ 按钮确认。

员工培训成绩表计算结果如图 4-71 所示。

图 4-70　设置小数位为两位

员工编号	员工姓名	培训测试项目				总分	平均分	名次
		文档处理	表格设计	多媒体演示	商务英语			
19001	张力英	88	80	91	83	342	85.50	1
19002	王明才	75	95	72	87	329	82.25	4
19003	马宏图	66	76	71	77	290	72.50	12
19004	王彩霞	93	85	63	81	322	80.50	6
19005	王美丽	78	77	84	76	315	78.75	8
19006	张　磊	96	55	75	85	311	77.75	9
19007	刘晓敏	85	86	66	82	319	79.75	7
19008	赵一明	75	82	85	92	334	83.50	3
19009	马上有	82	97	52	73	304	76.00	11
19010	刘国强	93	85	72	88	338	84.50	2
19011	李又平	89	77	84	76	326	81.50	5
19012	唐海洋	96	55	75	85	311	77.75	9
总分最高分:							342	
总分最低分:							290	
考试总人数:							12	
平均分在80分及以上人数							6	

图 4-71　员工培训成绩表计算结果

4.5　Excel 2010 中的图表

Excel 除了可以制作表格和进行数据计算外，还可以对工作表中的数据进行分析。图表是 Excel 提供给用户用于分析数据的一种工具。Excel 提供了多种类型的图表，供用户选择。

1. Excel 2010 图表类型

Excel 2010 包含 11 种图表类型，可以用不同的图表类型表示数据，如柱形图、条形图、饼图、圆环图、折线图、雷达图、股价图等，有些图表类型又有二维和三维之分。选择一个能最佳表现数据的图表类型，有助于更清楚地反映数据的差异和变化，从而更有效地反映数据。下面介绍几种常见的图表类型及其特点。

（1）柱形图。用来显示不同时间内数据的变化情况，或者用于对各项数据进行比较，是最普通的商用图表类型，柱形图中的分类位于横轴，数值位于纵轴。

（2）条形图。用于比较不连续的无关对象的差别情况，它淡化数值项随时间的变化，突出数值项之间的比较。条形图中的分类位于纵轴，数值位于横轴。

（3）折线图。用于显示某个时期内，各项在相等时间间隔内的变化趋势，它与面积图相似，但更强调变化率，而不是变化量，折线图的分类位于横轴，数值位于纵轴。

（4）饼图。用于显示数据系列中每项占该系列数值总和的比例关系，它通常只包含一个数据系列。

（5）散点图。通常用来显示和比较数值，水平轴和垂直轴上都是数值数据。

（6）面积图。它通过曲线（即每一个数据系列所建立的曲线）下面区域的面积来显示数据的总和、说明各部分相对于整体的变化，它强调的是变化量，而不是变化的时间和变化率。

（7）圆环图。类似于饼图，也用来反映部分与整体的关系，但它能表示多个数据系列，其中一个圆环代表一个数据系列。

（8）雷达图。每个分类都有自己的数值坐标轴，这些坐标轴中的点向外辐射，并由折线将同一系列的数据连接起来，用于比较若干个数据系列的聚合值。

（9）曲面图。使用不同的颜色和图案来指示在同一取值范围的区域，适合在寻找两组数据之间的最佳组合时使用。

（10）气泡图。这是一种特殊类型的 XY 散点图，数据标记的大小标示出数据组中第三个变量的值，在组织数据时，可将 X 值放置于一行或一列中，在相邻的行或列中输入相关的 Y 值和气泡大小。

（11）股价图。用来描述股票的价格走势，也可用于科学数据，如随温度变化的数据。生成股价图时必须以正确的顺序组织数据，其中计算成交量的股价图有两个数值标轴，一个代表成交量，另一个代表股票价格，在股价图中可以包含成交量。

2．嵌入式图表与工作表图表

Excel 中的图表分为两种：一种是嵌入式图表，另一种是工作表图表。

（1）嵌入式图表。嵌入式图表是将生成的图表以对象的方法嵌入到原有的工作表中。

（2）工作表图表。工作表图表是将生成的图表作为一个新的工作表插入到当前工作簿中，生成的工作表图表的标签名称为 Chart1、Chart2 等。

4.5.1　创建图表

微课 4-17：创建
图表

【例 4-3】以学生成绩表为图表源建立一个图表。

数据源就是图表当中的姓名、高等数学（一）、计算机引论、C 语言程序设计这四个字段数据所在的单元格区域。具体操作步骤如下：

（1）选择数据区域 B2:E18，如图 4-72 所示。

（2）单击"插入"→"图表类型"组→"柱形图"→"簇状圆柱图"按钮，如图 4-73 所示。

图 4-72　选择图表数据

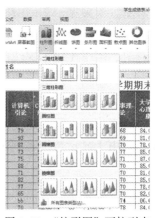

图 4-73　"柱形图"下拉列表

（3）生成所需的图表，如图 4-74 所示。

（4）对图表的格式内容进行修改（相关内容在后续介绍）。

（5）将图表移动到目标区域（相关内容在后续介绍）。

说明：我们不难看出，该图直观地反映出了每个同学的每门课程成绩的情况。因此，在实际的应用中，如果需要对数据进行直观分析，就可以选择将数据转换成图表。

当修改或删除工作表中的数据时，图表中的相应数据会自动更新。

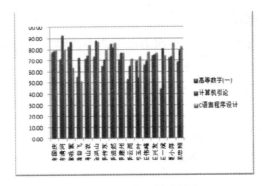

图 4-74　生成的柱形图表

4.5.2　编辑图表

图表建立好以后，可以对图表中的各个对象进行适当修改。

微课 4-18：编辑图表

1. 图表组成

图表由图表区和图表区中的各个对象构成，一些对象又可能由多个小的对象构成，主要组成元素包括图表区、绘图区、图表标题、坐标轴、图例、数据系列等，常见的组成部分如图 4-75 所示。将光标移至图表区各个对象上会自弹出此对象的名称提示。

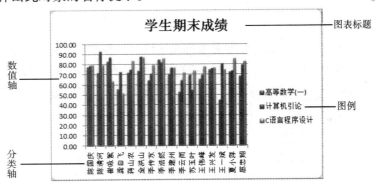

图 4-75　图表各部分的组成

图表区：图表区就是承载整个图表元素的区域，除了自定义添加的辅助形状，图表中的各个元素都在图表区中，图表区可以任意更改大小。

绘图区：位于图表区靠中间位置的较大区域，它主要承载图表的数据系列和坐标轴，可为绘图区自定义颜色和效果。

图表标题：即整个图表的标题，标题通常很直白，直接表明图表的主要内容。

坐标轴：主要包括横坐标轴和纵坐标轴，若有需要，还可能存在次要坐标轴，坐标轴用来表明数据系列的一些维度，使数据系列有意义。

图例：表明各个数据系列的说明。

数据系列：图表中最显眼的一个部分，数据的"化身"，它将单纯的数据图形化表达，在图表中分析数据主要是分析数据系列。

2．图表或图表对象选择

在对图表进行编辑之前必须先选择图表或图表中的对象，图表对象被选择后会在对象四周出现一个虚框，并且在四周出现黑色的正方形控制柄。

单击图表对象或在图表工具栏中的图表对象列表中单击可以选择图表对象。

3．图表编辑

（1）移动图表。单击图表区选中图表，拖动鼠标完成图表的移动。

（2）图表缩放。选中图表后，将光标移至图表的八个控制点，拖动鼠标可以将图表缩放至合适大小。

（3）图表区格式设置。双击图表区，在弹出的图 4-76 所示"设置图表区格式"对话框中，可以进行图表的图案、字体、属性的相应设置。

4．图表对象编辑

图表对象编辑方法与图表编辑方法类似。

（1）移动对象。选中对象后拖动鼠标可以移动对象。

注意：除了数值轴标题和分类轴标题可以移动外，绘图区中的其他对象都是不能移动的。

（2）缩放对象。选中对象后拖动控制点可以缩放对象。

注意：图表标题不能通过控制点缩放，绘图区域整体可以缩放，但是其中的小对象都不能通过鼠标拖动进行缩放。

（3）设置对象格式可对图表中标题对象的文字进行直接编辑。双击图表对象，在弹出的对话框中可对图表对象进行相应设置。图 4-77 所示是对图例对象进行修改。

图 4-76　修改图表格式

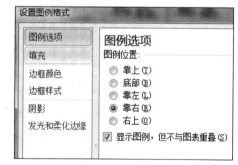
图 4-77　图表对象的编辑

4.6　Excel 2010 数据管理

Excel 的数据管理功能是指对数据列表中的数据进行排序、筛选和分类汇总等操作。数据列表是由 Excel 工作表中的单元格组成的矩形区域。数据列表的每一列称为一个字段，每一行称为一个记录。与普通表格不同的是，数据列表必须具有列标题（字段名称），每列必须是相同类型的数据；在数据列表和其他数据之间留下至少一个空列和一个空行。使用 Excel 数据管理功能可以快速完成一些复杂的任务。

4.6.1 数据排序

排序是根据一定的条件，将工作表中的数据按一定的顺序排列。如果只有一个简单条件，可以进行简单关键字排序；当条件有两个以上时就要进行多关键字排序；有时这两种排序都不能满足实际需要，可利用 Excel 提供的自定义排序功能。

1. 单关键字排序

微课 4-19：单关键字排序

所谓单关键字排序，是只以数据列表中的某一列为依据进行排序的一种方法。

Excel 提供了升序和降序两种方式，根据排序字段的数据类型不同，排序的依据也会不同，各种数据类型的排序依据主要有以下几种情况：

（1）如果排序字段是数字类型，将根据数字的大小进行排序。

（2）如果排序字段是字母类型，从第一个字母开始按照它在字母表中的先后顺序进行排序。

（3）如果排序字段是文本或者包含数字的文本，按 0~9、a~z、A~Z 的顺序进行排序。

（4）如果排序字段是逻辑值，按 False 排在 True 前的顺序排序。

（5）如果排序字段是汉字，可以按汉语拼音的字母表顺序排序，也可以按汉字的笔画顺序来排序。

如图 4-78 所示的费用开支表，在该图所呈现的数据中，不能很直观地看出这些部门的最高或者最低预算情况，因此，可以按预算费用升序或降序进行排序，从而快速得到想要的数据。

首先在数据列表中选定 E 列中的任一单元格或整列，单击“数据”→“排序和筛选”组→“排序”按钮，弹出“排序”对话框，在对话框中进行排序字段和升、降序选择即可。也可直接单击工具栏中的按钮进行升、降序排序。按销售额进行降序排序后，最终结果如图 4-79 所示。

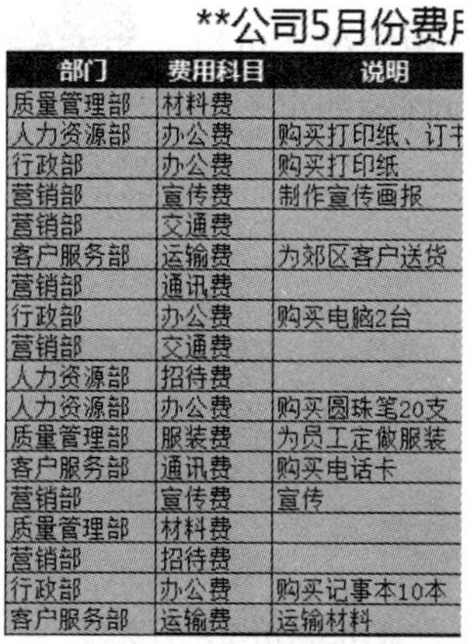

**公司5月份费用

部门	费用科目	说明
质量管理部	材料费	
人力资源部	办公费	购买打印纸、订书
行政部	办公费	购买打印纸
营销部	宣传费	制作宣传画报
营销部	交通费	
客户服务部	运输费	为郊区客户送货
营销部	通讯费	
行政部	办公费	购买电脑2台
营销部	交通费	
人力资源部	招待费	
人力资源部	办公费	购买圆珠笔20支
质量管理部	服装费	为员工定做服装
客户服务部	通讯费	购买电话卡
营销部	宣传费	宣传
质量管理部	材料费	
营销部	招待费	
行政部	办公费	购买记事本10本
客户服务部	运输费	运输材料

图 4-78 未排序前预算费用排列情况

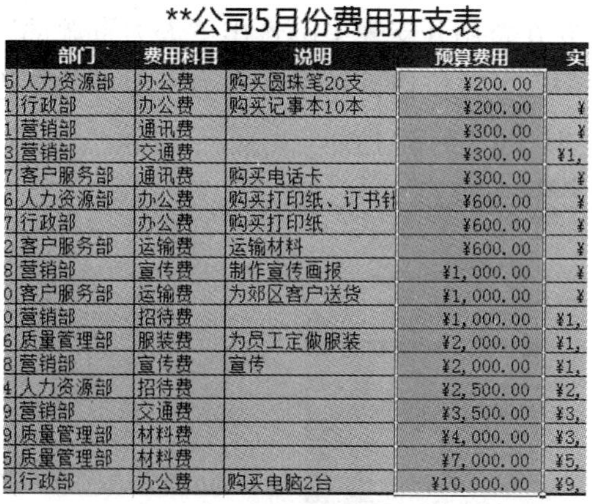

**公司5月份费用开支表

	部门	费用科目	说明	预算费用	实
5	人力资源部	办公费	购买圆珠笔20支	¥200.00	
1	行政部	办公费	购买记事本10本	¥200.00	¥
1	营销部	通讯费		¥300.00	¥
3	营销部	交通费		¥300.00	¥1,
7	客户服务部	通讯费	购买电话卡	¥300.00	¥
6	人力资源部	办公费	购买打印纸、订书钅	¥600.00	¥
7	行政部	办公费	购买打印纸	¥600.00	¥
2	客户服务部	运输费	运输材料	¥600.00	¥
8	营销部	宣传费	制作宣传画报	¥1,000.00	¥
0	客户服务部	运输费	为郊区客户送货	¥1,000.00	¥
0	营销部	招待费		¥1,000.00	¥1,
6	质量管理部	服装费	为员工定做服装	¥2,000.00	¥1,
8	营销部	宣传费	宣传	¥2,000.00	¥1,
4	人力资源部	招待费		¥2,500.00	¥2,
9	营销部	交通费		¥3,500.00	¥3,
9	质量管理部	材料费		¥4,000.00	¥3,
5	质量管理部	材料费		¥7,000.00	¥5,
2	行政部	办公费	购买电脑2台	¥10,000.00	¥9,

图 4-79 排序后预算费用排列情况

从以上排序的结果可以很快得出：行政部办公费用的预算最高。

2．多关键字排序

从上例的结果中可以发现，只用单关键字排序可能会遇到数据相同的情况，这时就要考虑用多关键字排序，方法和单关键字排序类似。图 4-80 所示的排序中增加了一个次要关键字实际费用。这样先按预算费用进行排序，如果预算费用相同的情况下，再根据实际费用排序。

图 4-80　多关键字数据排序设置

3．按特定顺序排序

希望把某些数据按特定的想法进行排序时，需要用"自定义序列"的功能完成。这种排序方式使用比较少，在此不具体介绍。

4．其他排序方式

Excel 2010 中新增了按单元格颜色、字体颜色、单元格数值使用的图表进行排序的功能。这种排序方式使用也比较少，在此不具体介绍。

4.6.2 数据筛选

数据筛选是指将满足指定条件的记录显示出来，将不满足条件的记录暂时隐藏。当筛选条件被删除时，隐藏的数据又恢复显示，Excel 2010 主要提供以下几种筛选方法：

1．自动筛选

在数据列表中选定任意一个单元格，单击"数据"→"排序和筛选"组→"筛选"按钮，数据列表中每列字段名的右边出现一个下拉按钮，如果这时需要在费用开支表中筛选出"人力资源部"的预算费用情况，可以打开"部门"下拉按钮，然后在人力资源部的左边复选框中打钩即可，结果如图 4-81 和图 4-82 所示。

图 4-81　筛选人力资源部的条件设置

**公司5月份费用开支表				
日期	部门	费用科目	说明	预算费用
2019/5/15	人力资源部	办公费	购买圆珠笔20支	¥200.00
2019/5/6	人力资源部	办公费	购买打印纸、订书针	¥600.00
2019/5/14	人力资源部	招待费		¥2,500.00

图 4-82　进行自动筛选后的结果

2．自定义筛选

在这个费用开支表中还可以进行进一步筛选，比如可以筛选出预算费用在 1 000 元以内的记录。

单击"预算费用"下拉按钮，选择"数字筛选"→"小于"选项，在弹出的"自定义自动筛选方式"对话框中设置小于 1 000 的条件即可，如图 4-83 所示。

图 4-83　进行预算费用 1 000 以内的自定义筛选条件设置

最终的筛选结果如图 4-84 所示。

图 4-84　人力资源部且预算费用 1 000 以内的筛选结果

如果下次筛选时需要使用这个表格中的所有数据，需要将上次筛选的结果进行取消，也就是使表格中显示原始数据。

3．高级筛选

高级筛选能实现数据列表中多字段之间复杂的筛选关系。在进行高级筛选之前，需要在数据列表区域以外的位置设置条件区域，条件区域至少有两行，　首行是数据列表中相应字段名，其他行是对该列设置的筛选条件。每个条件输入在对应的字段名下，同一行的所有条件之间是"与"的关系，不同行的条件之间是"或"的关系，一个单元格中只能输入一个条件。

使用高级筛选可以同时设定两个及两个以上的条件，一次执行筛选出结果。

例如，完成人力资源部预算费用在 1 000 以内的筛选，使用高级筛选来完成筛选。

方法：先建立条件区；然后单击数据有效区，然后单击"数据"→"排序筛选"组→"高级"按钮，弹出"高级筛选"对话框，如图 4-85 所示。此时列表区域已经默认选定，然后单击"条件区域"，选择 I4:J5 条件区域，单击"确定"按钮，结果如图 4-86 所示。

可以看出，使用两种筛选的最终结果是完全一样的。因此，在解决此类问题时，可以根据个人的喜好选择使用哪种方法。

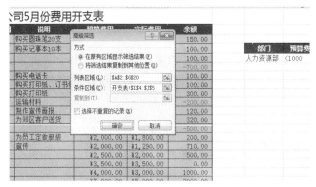

图 4-85 使用高级筛选时条件的设置

**公司5月份费用开支表

期	部门	费用科目	说明	预算费用	实际费用
19/5/15	人力资源部	办公费	购买圆珠笔20支	¥200.00	¥50.00
2019/5/6	人力资源部	办公费	购买打印纸、订书针	¥600.00	¥500.00

图 4-86 使用高级筛选之后的结果

4.6.3 分类汇总

分类汇总是对数据列表按某个字段进行分类，将字段值相同的记录作为一类，再按类别进行计数、求最大值、求和等汇总运算。

在图 4-87 所示的费用开支表中，可以看出该表格涉及同一部门的预算费用和实际费用是产生自不同的费用科目数据，对于这种表格，在统计部门的预算费用和实际费用时，需要将同一部门的记录排列在一起，然后去汇总所需要的数据，这就是分类汇总方法。

1. 简单汇总

简单汇总是按数据表中的某个字段仅做一种方式的汇总。在上述数据中，如果要比较各个部门的预算费用情况，就可以对这个表格中的数据进行分类汇总，然后再进行比较分析。

【例 4-4】求图 4-87 所示的"**公司 5 月份费用开支表"中各个部门预算费用的总和。

**公司5月份费用开支表

日期	部门	费用科目	说明	预算费用	实际费用
/15	人力资源部	办公费	购买圆珠笔20支	¥200.00	¥50.00
/21	行政部	办公费	购买记事本10本	¥200.00	¥100.00
/11	营销部	通讯费		¥300.00	¥200.00
/13	营销部	交通费		¥300.00	¥1,000.00
/17	客户服务部	通讯费	购买电话卡	¥300.00	¥200.00
/5/6	人力资源部	办公费	购买打印纸、订书针	¥600.00	¥500.00
/5/7	行政部	办公费	购买打印纸	¥600.00	¥300.00
/22	客户服务部	运输费	运输材料	¥600.00	¥800.00
/5/8	宣传	宣传费	制作宣传画报	¥1,000.00	¥880.00
/10	客户服务部	运输费	为郊区客户送货	¥1,000.00	¥680.00
/20	营销部	招待费		¥1,000.00	¥1,500.00
/16	质量管理部	服装费	为员工定做服装	¥2,000.00	¥1,800.00
/18	营销部	宣传	宣传	¥2,000.00	¥1,290.00
/14	人力资源部	招待费		¥2,500.00	¥2,000.00
/5/9	营销部	交通费		¥3,500.00	¥3,500.00
/19	质量管理部	材料费		¥4,000.00	¥3,000.00
/5/5	质量管理部	材料费		¥7,000.00	¥5,000.00
/12	行政部	办公费	购买电脑2台	¥10,000.00	¥9,500.00

微课 4-26：简单
汇总

图 4-87 "**公司 5 月份费用开支表"原始表数据

具体操作步骤如下：

（1）对原始数据中的"部门"进行排序（升序或者降序）。这个步骤是必须完成的，因为分类汇总就是要先分类才能汇总，不然汇总毫无意义，可以看出，排序后部门相同的数据记录被列在一起，如图 4-88 所示。

（2）单击"数据"→"分级显示"组→"分类汇总"按钮，打开"分类汇总"对话框，设置分类汇总的参数。"分类字段"选择"部门"，"汇总方式"选择"求和"，"选定汇总项"选择"预算费用"，如图 4-89 所示。

图 4-88　对分类字段进行排序

图 4-89　设置分类汇总的参数

（3）参数设置好后单击"确定"按钮，执行分类汇总，分类汇总结果如图 4-90 所示。

如果想更直观地比较各个部门的预算费用的情况，可以隐藏明细数据，只显示各部门预算费用的总和，结果如图 4-91 所示。

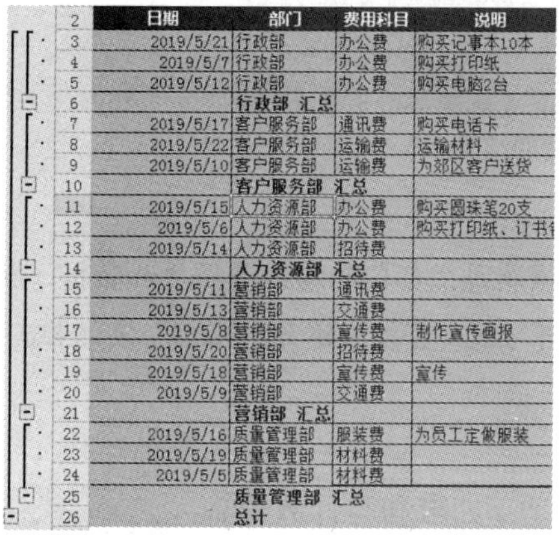

图 4-90　执行分类汇总后的结果

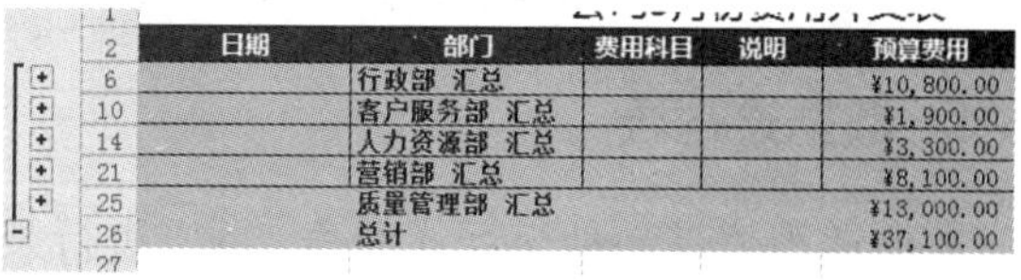

图 4-91　隐藏明细数据后的结果

如果下次执行操作时需要使用这个表格中的所有数据，需要将本次汇总的结果进行取消，也就是使表格中显示原始表数据，单击图 4-92 中的"全部删除"按钮即可。

说明：在进行"分类汇总"操作前，首先要将数据列表进行排序，以便将要进行分类汇总的记录组合到一起。

2．嵌套汇总

如果在汇总预算费用的同时还要汇总实际费用，那么这个问题使用简单汇总是解决不了的，必须使用接下来的嵌套汇总才能解决。嵌套汇总是对同一字段进行多种方式的汇总。

【例 4-5】在例 4-4 的基础上，对图 4-87 所示的"**公司 5 月份费用开支表"中各部门的"实际费用"进行求和汇总。

单击"数据"→"分级显示"组→"分类汇总"按钮，打开"分类汇总"对话框，设置分类汇总的参数。"分类字段"选择"部门"，"汇总方式"选择"求和"，"选定汇总项"选择"实际费用"，取消"替换当前分类汇总"复选框，如图 4-93 所示。

图 4-92　单击"全部删除"按钮

图 4-93　嵌套汇总参数的设置

执行的嵌套汇总结果如图 4-94 所示。

2	日期	部门	费用科目	说明	预算费用	实际费用
6		行政部 汇总				¥9,900.00
7		行政部 汇总			¥10,800.00	
11		客户服务部 汇总				¥1,680.00
12		客户服务部 汇总			¥1,900.00	
16		人力资源部 汇总				¥2,550.00
17		人力资源部 汇总			¥3,300.00	
24		营销部 汇总				¥8,370.00
25		营销部 汇总			¥8,100.00	
30		质量管理部 汇总			¥13,000.00	
31		总计				¥32,300.00
32		总计			¥37,100.00	

图 4-94　执行嵌套汇总后的结果

要点提示：

通过该结果可以看出，每个部门的预算费用总和数据及每个部门的实际费用总和数据，就是我们所说的嵌套汇总。在设置嵌套的汇总参数时必须取消勾选"替换当前分类汇总"复选框。

4.6.4　数据透视表

数据透视表是一种交互式的表，可以进行某些计算，如求和与计数等，是一种可以快速汇总、分析大量数据表格的交互式工具。使用数据透视表可以按照数据表格的不同字段从多个角度进行透视，并建立交叉表格，用以查看数据表格不同层面的汇总信息、分析结果以及摘要数据。之所以称为数据透视表，是因为可以动态地改变它们的版面布置，以便按照不同方式分析数据，也可以重新安排行号、列标和页字段。每一次改变版面布置时，数据透视表会立即按照新的布置重新计算数据。另外，如果原始数据发生更改，则可以更新数据透视表。

数据透视表是针对以下用途特别设计的：以友好的方式，查看大量的数据表格。对数

值数据快速分类汇总，按分类和子分类查看数据信息。展开或折叠所关注的数据，快速查看摘要数据的明细信息。建立交叉表格（将行移动到列或将列移动到行），以查看源数据的不同汇总。快速计算数值数据的汇总信息、差异、个体占总体的百分比信息等。若要创建数据透视表，要求数据源必须是比较规则的数据，也只有比较大量的数据才能体现数据透视表的优势。

数据透视表专门用于以下目的：以友好的方式查看大量数据表；快速分类汇总数值数据，并按分类和子类别查看数据信息；展开或折叠感兴趣的数据以快速查看摘要数据的详细信息；创建交叉表（将行移动到列或将列移动到行）以查看源数据的不同汇总；快速计算数值数据的汇总信息、差异和百分比。

要点提示：

前面所讲到的分类汇总适合于按一个字段进行分类汇总，而数据透视表可以对数据表的多个字段进行分类汇总。

在上面的分类汇总中，如果要求出每个部门中每种费用的预算费用总和情况，就不能用分类汇总来完成，不过可以通过数据透视表来完成。

【例 4-6】对图 4-87 所示的"**公司 5 月份费用开支表"，求出每个部门中每种费用的预算费用总和。

（1）单击数据有效区，再单击"插入"→"表格"组→"数据透视表"→"数据透视表"按钮，在弹出的对话框中已经选择了有效的数据区域；若没有选择的，可手动选择数据有效区域 A2:G20，如图 4-95 所示。

（2）选择数据透视表放置的位置，可以选择放置在新工作表中，也可以选择放置在该工作表的空白处，本题选择放置在本工作表中，设置如图 4-96 所示。

图 4-95　选择数据区域

图 4-96　数据透视表位置参数设置

（3）将部门项拖到"行标签"中，将费用科目拖到"列标签"中，将预算费用项拖到"数值"中，默认的汇总方式为求和。若需要其他的汇总方式，在"求和项"下拉列表中选择值字段设置，打开图 4-97 所示"值字段设置"对话框，然后选择所需要的计算类型。本例中所需的是默认状态的求和，最终得到的结果如图 4-98 所示。

图 4-97　"值字段设置"对话框

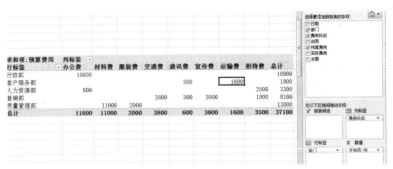

图 4-98 预算费用求和

从该结果可以看出每个部门不同费用科目的预算费用总和，这样就可以根据需要进一步分析数据。

4.7 数据表的保护和打印

4.7.1 数据表的保护

Excel 对数据表提供了几种类型的保护措施，相当于给工作表做了权限，一般来讲，常用的保护主要有以下两个方面：

1）打开工作表的保护

有些工作表完成后，用户不想让其他使用该计算机的人打开该工作表，可以使用打开工作表的保护功能，通过密码才能打开。

【例 4-7】工作表的保护设置。

具体操作步骤如下：

（1）选择"文件"→"信息"命令，单击"保护工作簿"下拉按钮，打开下拉列表，如图 4-99 所示。

图 4-99 "保护工作簿"下拉列表

（2）单击"用密码进行加密"按钮，打开"加密文档"对话框，设置文件加密的密码，如图 4-100 所示的。

（3）单击"确认"按钮，打开"确认密码"对话框，如图 4-101 所示。

（4）重新输入一遍刚刚设置的密码，单击"确定"按钮，密码即设置成功。再次打开该文件时，只有输入了正确的密码，才能打开该文件进行操作。

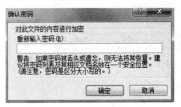

图 4-100　"加密文档"对话框　　　　图 4-101　"确认密码"对话框

2）工作表操作的保护

Excel 为用户提供了工作表操作的保护功能，以防止其他用户对工作表的内容进行删除、复制、移动或者编辑操作。

【例 4-8】工作表操作的设置。

具体操作步骤如下：

（1）选择"文件"→"信息"命令，单击"保护工作簿"下拉按钮，打开"保护工作簿"下拉列表，如图 4-102 所示。

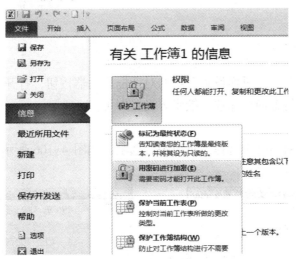

图 4-102　"保护工作簿"下拉列表

（2）单击"保护当前工作表"按钮，弹出图 4-103 所示的对话框。

（3）可以根据需要对想要设置保护的项目打钩，同时设定一个密码，单击"确定"按钮，出现图 4-104 所示的对话框。

（4）再次输入刚刚设置的密码，单击"确定"按钮即可。

（5）打开工作表进行测试，当进行相关项的操作时如果需要输入密码，输入正确密码才能操作，否则不能操作。

图 4-103 "保护工作表"对话框

图 4-104 "确认密码"对话框

要点提示：

如果需要撤销密码，可以打开文件后，选择"文件"→"信息"命令，将先前设置的密码删除即可。

4.7.2 数据表的打印

表格设计好后，可以将它打印出来作为资料保存，Excel 为用户提供了丰富的打印功能。

1. 边框设置

如果不给工作表设置边框，打印出来的工作表是没有边框的。平常看到的表格线只是作为编辑过程中的参考线，不能被打印出来。关于边框设置在前面已经介绍了，在此不再讲述。

2. 页面设置

1）设置页面

单击"页面布局"→"页面设置"组的对话框启动器按钮，打开图 4-105 所示的"页面设置"对话框，进行方向、缩放、纸张等设置即可。

2）设置页边距

在"页面设置"对话框中选择"页边距"选项，如图 4-106 所示，可进行纸张页边距及居中方式等设置。

图 4-105 "页面设置"对话框

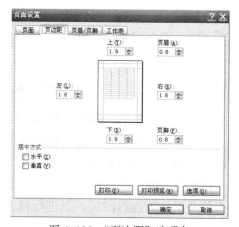

图 4-106 "页边距"选项卡

3）设置页眉和页脚

页眉和页脚分别位于打印页顶部和底部，用于放置打印页号、表格名称、时间及作者名称等。

选择"页眉/页脚"选项卡，如图 4-107 所示，单击"页眉"和"页脚"下拉按钮可进行页眉、页脚的设置。

4）设置工作表

在"页面设置"对话框中选择"工作表"选项卡，如图 4-108 所示，可设置需要打印的区域、打印顺序及打印标题等。打印区域指的是在工作表中可以选取的需要打印的内容，打印标题是指打印每一页上的表头。

图 4-107 "页眉/页脚"选项卡

图 4-108 "工作表"选项卡

3. 打印表格

1）打印预览

单击"页面布局"→"页面设置"组→"打印预览"按钮，切换到"打印预览"窗口查看打印输出效果。可对效果图进行放大查看，不符合打印要求时可在打印预览状态直接进行修改，单击"关闭"按钮回到编辑状态。

2）打印

设置好工作表后即可对工作表进行打印。

选择"文件"→"打印"命令，打开打印界面，可选择打印机名称、打印范围、打印内容及打印份数等设置，全部设置完成后单击"打印"按钮进行打印。

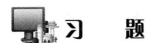 习　　题

一、选择题

1. 在 Excel 2010 中，用来存储并处理工作表数据的文件，称为（　　）。

　　A．工作区　　　　B．单元格　　　　C．工作簿　　　　D．工作表

2．在 Excel 的单元格内输入日期时，年、月、日分隔符可以是（不包括引号）（　　　）。

    A．"/"或"-"　　　　　B．"/"或"\"　　　　　C．"."或"|"　　　　　D．"\"或"-"

3．在 Excel 中，下面的输入，能直接显示产生 1/5 数据的输入方法是（　　　）。

    A．0.2　　　　　　　B．0 1/5　　　　　　　C．1/5　　　　　　　D．2/10

4．在单元格中输入数字字符串 100081（邮政编码）时，应输入（　　　）。

    A．100081'　　　　　B．"100081"　　　　　C．'100081　　　　　D．100081

5．在 Excel 中，某单元格的公式为 =SUM(Al,A2,A3,A4)，它相当于下列（　　　）表达式。

    A．=A1+A2+A3+A4　　　　　　　　　　B．=SUM(A1+A4)

    C．=SUM(A1.A4)　　　　　　　　　　　D．=SUM(A1-A4)

6．要选取 A1 和 D4 之间的区域可以先单击 A1，再按住（　　　）键，并单击 D4。

    A．【Home】　　　　B．【End】　　　　　C．【Enter】　　　　D．【Shift】

7．如果在 B2:B11 区域中产生数字序号 1，2，3……10，则先在 B2 单元格中输入数字 1，再选中单元格 B2，按住（　　　）不放，然后用鼠标拖动填充柄至 B11。

    A．【Alt】　　　　　B．【Ctrl】　　　　　C．【Shift】　　　　D．【Insert】

8．在单元格选定之后按【F2】键会执行（　　　）操作。

    A．将插入点定位在单元格　　　　　　B．删除单元格

    C．添加新单元格　　　　　　　　　　D．删除单元格原选内容

9．以下不属于 Excel 2010 中数字分类的是（　　　）。

    A．常规　　　　　　B．货币　　　　　　C．日期　　　　　　D．条形码

10．若 C2:C4 命名为 ab，数值分别为 98、88、69，D2:D4 命名为 cd，数值为 94、75 和 80，则 AVERAGE(ab,cd) 等于（　　　）。

    A．83　　　　　　　B．84　　　　　　　C．85　　　　　　　D．504

11．下列数据或公式的值为字符（文本）型的是（　　　）。

    A．2005 年　　　　　B．(123.456)　　　　C．=Round(123.456,1)　D．=pi()

12．在 Excel 中，图表中的（　　　）会随着工作表中数据的改变而发生相应的变化。

    A．图例　　　　　　B．系列数据的值　　C．图表类型　　　　D．数据区域

13．Excel 2010 中网格线在默认状态下是（　　　）的。

    A．不显示　　　　　　　　　　　　　B．不打印

    C．不显示但可打印　　　　　　　　　D．不显示又不打印

14．Excel 2010 不可以给表格加上（　　　）。

    A．边框　　　　　　B．底纹　　　　　　C．颜色　　　　　　D．下画线

15．如果单元格中数据超过了默认宽度，就会显示一排（　　　）。

    A．#　　　　　　　　B．b　　　　　　　　C．?　　　　　　　　D．*

16．以下不是算术运算符的是（　　　）。

    A．+　　　　　　　　B．-　　　　　　　　C．^　　　　　　　　D．$

17．在 Excel 2010 中打开"设置单元格格式"对话框的快捷键是（　　　）。

　　A.【Ctrl+Shift+E】　　　　　　　　B.【Ctrl+Shift+F】

　　C.【Ctrl+Shift+G】　　　　　　　　D.【Ctrl+Shift+H】

18．D10:J10 是（　　　）函数参数。

　　A．单元格引用　　　B．逻辑判断　　　　C．文本　　　　　　　D．数字

19．Excel 中的嵌入图表是指（　　　　）。

　　A．工作簿中只包含图表的工作表　　　B．包含在工作表中的工作簿

　　C．置于工作表中的图表　　　　　　　D．新创建的工作表

20．在 Excel 数据清单中，按某一字段内容进行归类，并对每一类做出统计的操作是（　　　）。

　　A．排序　　　　　　　B．分类汇总　　　　C．筛选　　　　　　D．记录处理

二、填空题

1．在 Excel 工作表的单元格 E5 中有公式"=E3+$E$2"，删除第 D 列后，则 D5 单元格中的公式为_____。

2．在 Excel 工作表的单元格 C5 中有公式"=$B3+C2"，将 C5 单元格的公式复制到 D7 单元格内，则 D7 单元格内的公式是_____。

3．Excel 运算符包括_____、_____、_____和_____。

4．如果在 Excel 中要输入当前系统时间可以按_____组合键。

5．如果在 Excel 中要输入分数 2/3，应先输入_____，再输入_____。

6．在 Excel 中，如果要在多个单元格区域中输入一样的公式，可以选中多个单元格区域，直接在编辑栏输入公式后，按_____组合键即可。

7．已知单元格 A1 中存有数值 563.68，若输入函数=INT(A1)，则该函数值为_____。

8．在 Excel 2010 中，错误值"#DIV/0"代表的意思是_____。

9．当输入的数值位数太长，一个单元格放不下时，数据将自动改为_____。

10．要查看公式的内容，可单击单元格，在_____内显示出该单元格的公式。

11．公式被复制后，公式中参数的地址发生相应的变化，称为_____。公式被复制后，参数的地址不发生变化，称为_____。相对地址与绝对地址混合使用，称为_____。

12．在 A1 单元格内输入 30001，然后按【Ctrl】键，拖动该单元格填充柄至 A8，则 A8 单元格中内容是_____。

13．在 Excel 中某单元格的公式为"=IF("学生">"学生会",True, False)"，其计算结果为_____。

14．要选取不相邻的几张工作表可以在单击第一张工作表之后按住_____键不放，再分别单击其他的工作表。

15．在 Excel 中，需要返回一组参数的最大值，则应该使用函数_____。

16．图表中包含数据系列的区域称为_____。

17．分类汇总是将工作表中某一列是_____的数据进行_____，并在表中插入一行来存放_____。

18．在 Excel 数据透视表的数据区域默认的字段汇总方式是_____。

19．数据透视表是一种对数据进行交叉分析的_____表格，它将数据的_____、_____、_____三个过程结合在一起，非常方便用户组织和统计数据。

20．在 Excel 中，如果要将图表完全对齐到指定区域，则在移动图表的过程中必须按住_____键。

三、简答题

1．Excel 文件、工作簿、工作表、单元格之间有什么关系？

2．什么是数据清单？数据清单经过筛选后，未显示的数据是否从数据清单中删除了？

3．如何引用其他工作簿中的单元格中的数据？

4．单元格地址有哪几种表示方式？

5．Excel 的图表和数据透视图有什么相同和不同之处？

四、操作题

李亮习惯使用 Excel 表格来记录每月的个人开支情况，他在"开支明细表.xlsx"工作簿中记录了 2018 年每个月各类支出的明细数据，请根据下列要求帮助李亮对明细表进行整理和分析。

（1）在工作表"开支记录"的第一行添加表标题"2018 年开支明细表"，并通过合并单元格，放于整个表的上端、居中。

（2）将工作表应用一种主题，并增大字号，适当加大行高列宽，设置居中对齐方式，除表标题"2018 年开支明细表"外，为工作表分别增加恰当的边框和底纹以使工作表更加美观。

（3）将每月各类支出及总支出对应的单元格数据类型都设为"货币"类型，无小数、有人民币货币符号。

（4）通过函数计算每个月的总支出、各个类别月均支出、每月平均总支出；并按每个月总支出升序对工作表进行排序。

（5）利用"条件格式"功能，将月单项开支金额中大于 1 000 元的数据所在单元格以不同的字体颜色与填充颜色突出显示；将月总支出额中大于月均总支出 110%的数据所在单元格以另一种颜色显示，所用颜色深浅以不遮挡数据为宜。

（6）在"年月"与"服装服饰"列之间插入新列"季度"，数据根据月份由函数生成，例如，1 至 3 月对应"1 季度"、4 至 6 月对应"2 季度"……。

（7）复制工作表"开支记录"，将副本放置到原表右侧，改变该副本表标签的颜色，并重命名为"按季度汇总"；删除"月均开销"对应行。

（8）通过分类汇总功能，按季度升序求出每个季度各类开支的月均支出金额。

（9）在"按季度汇总"工作表后面新建名为"折线图"的工作表，在该工作表中以分类汇总结果为基础，创建一个带数据标记的折线图，水平轴标签为各类开支，对各类开支的季度平均支出进行比较，给每类开支的最高季度月均支出值添加数据标签。

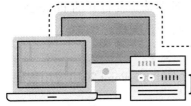

第 5 章

PowerPoint 2010演示文稿制作软件

PowerPoint 2010 是 Microsoft Office 2010 办公自动化套装软件的一个重要组成部分，是专门用于设计和制作产品展示、会议演示、广告宣传、各种形式的演讲、课堂教学课件等形式多样、内容丰富的演示文稿应用软件。PowerPoint 2010 集文字、声音、视频、图片、表格、公式、艺术字、动态 SmartArt 图形等多种媒体元素于一身，配合母版、版式、主题模板、动画设置、动作按钮、超链接、幻灯片切换、幻灯片放映等丰富便捷的编辑技术，可以快速创建极具感染力和视觉冲击力的动态演示文稿。

 ## 5.1 PowerPoint 2010 基础知识

5.1.1 PowerPoint 2010 的启动与退出

1. PowerPoint 2010 的启动

在 Windows 7 中启动 PowerPoint 2010 主要有以下三种方法：

（1）利用"开始"菜单。单击"开始"按钮，打开"开始"菜单，选择"所有程序"→"Microsoft Office"→"Microsoft PowerPoint 2010"命令，如图 5-1 所示。显示启动画面，启动 PowerPoint 2010，如图 5-2 所示。

图 5-1 选择"Microsoft PowerPoint 2010"命令

图 5-2 启动界面

（2）利用桌面快捷方式。将应用程序名 Microsoft PowerPoint 2010 从"开始"菜单拖动到桌面，创建用于 PowerPoint 程序启动的桌面快捷图标，双击该快捷图标启动 Microsoft

PowerPoint 2010。

（3）利用已有的 PowerPoint 文档。通过 Windows 的资源管理器选定要打开的 PowerPoint 文档，双击文档名即可启动 PowerPoint 2010 应用程序，同时打开该文档。

2．Microsoft PowerPoint 2010 的关闭和退出

在 PowerPoint 2010 程序完成工作时，可以使用下面的方法关闭 PowerPoint 2010 应用程序。

（1）单击窗口右上角的"关闭"按钮。

（2）选择"文件"→"退出"命令。

（3）右击标题栏，在弹出的菜单中选择"关闭"命令。

（4）按【Alt+F4】组合键。

如果在退出操作之前，已被修改的演示文稿还没有被保存，则在退出 PowerPoint 时将会显示一个确认对话框询问用户"是否要保存对'演示文稿 1'的修改？"，如图 5-3 所示，单击"保存"按钮；单击"不保存"按钮放弃所做的修改，直接关闭当前的演示文稿退出 PowerPoint；单击"取消"按钮，则返回原来的编辑状态。

图 5-3　提示对话框

5.1.2　PowerPoint 2010 的工作界面

在启动 PowerPoint 2010 后将会看到图 5-4 所示的工作界面。

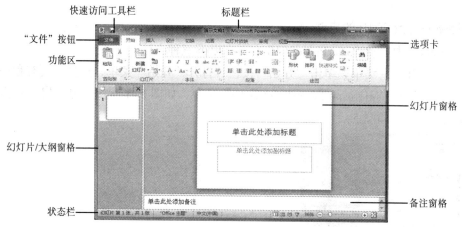

图 5-4　PowerPoint 2010 工作界面

1．标题栏

标题栏位于窗口顶部，显示当前演示文稿的名称和当前所使用的应用程序名称"Microsoft PowerPoint 2010"。其右侧有一组"最大化"、"最小化"和"关闭"按钮，用于应用程序最大化、最小化和关闭操作。

2．快速访问工具栏

快速访问工具栏位于工作界面的左上角，包含一组使用频率较高的工具，如"保存""撤销"等常用的按钮。用户可以单击快速访问工具栏右侧的下拉按钮，在展开的"自定义访问工具栏"下拉列表中选择要在其中显示或隐藏的工具按钮。

3．"文件"按钮

单击"文件"按钮，打开"文件"菜单，包含当前文档文件的详细信息和"保存""另存为""打开""关闭""新建""打印"等对文件操作的相关命令。

4．选项卡

选项卡位于标题栏的下方，常用的有"开始"、"插入"、"设计"、"切换"、"动画"、"幻灯片放映"、"审阅"和"视图"选项卡。选项卡含有多个选项组，根据操作对象不同，还会增加相应的选项卡，称为"动态选项卡"。例如，在幻灯片中插入剪贴画，选择该剪贴画时才会显示"图片工具/格式"选项卡。这些选项卡能完成绝大多数 PowerPoint 操作。单击选项卡标签，系统会在下方显示相应的命令按钮，若要使用其中的命令，可以直接单击它。灵活利用这些命令按钮进行操作，可以提高工作效率。

（1）"开始"选项卡。包括剪贴板、幻灯片、字体、段落、绘图、编辑等相关的操作。

（2）"插入"选项卡。包含用户想放在幻灯片中的所有内容，如表格、图像、插图、链接、文本、符号、媒体等相关的操作。

（3）"设计"选项卡。用户可以为幻灯片选择页面设置、主题设计和背景设计相关的操作。

（4）"切换"选项卡。主要包含对切换到本章幻灯片的设置操作，如幻灯片的切换方式以及切换时间的设置。

（5）"动画"选项卡。包含所有动画效果，主要用于设置幻灯片中各对象的动画效果。

（6）"幻灯片放映"选项卡。用于设置幻灯片的放映方式，如用户可以选择从哪张幻灯片开始放映、录制旁白及执行其他准备工作等。

（7）"审阅"选项卡。在"审阅"选项卡上可以找到拼写检查、信息检索、翻译、中文简繁转换等服务，用户还可以用注释来审阅演示文稿、审阅批注等。

（8）"视图"选项卡。通过"视图"选项卡可以快速地在各种视图之间切换，同时还可以调整显示比例、拆分窗口、显示标尺、网格线等。

如果用户需要更大的窗口，可以暂时隐藏功能区。

5．演示文稿的编辑区

演示文稿的编辑区位于功能区的下方，包括左侧的幻灯片/大纲窗格、右侧的幻灯片编辑窗格和右侧下方的备注窗格。

（1）幻灯片/大纲窗格。包含幻灯片和大纲两个选项卡，其中"幻灯片"选项卡显示幻灯片缩略图，通过缩略图可以快速找到所需要的幻灯片，也可以通过拖动缩略图来调整幻灯片的位置；"大纲"选项卡显示幻灯片的文本。

（2）幻灯片窗格。也称文档窗格，是编辑文档的工作区，位于工作窗口中间，可以输入文档的内容、编辑图像、制定表格、设置对象方式等。主要用于制作和编辑幻灯片。

（3）备注窗格。用来对幻灯片进行说明，主要用于为每张幻灯片添加注释内容，也可为演讲者提供讲解提示信息。

6．状态栏

状态栏位于 PowerPoint 2010 窗口底部，主要由状态提示栏、视图切换按钮、显示比例栏组成。

（1）状态提示栏。用于显示当前演示文稿的编辑状态，如当前演示文稿中幻灯片的数量、序列信息及当前幻灯片使用的主题信息等。

（2）视图切换按钮。用于在演示文稿不同视图之间的切换，单击相应的视图切换按钮可切换到对应的视图中，从左到右依次是"普通视图"按钮 、"幻灯片浏览视图"按钮 、"阅读视图"按钮 、"幻灯片放映"按钮 。

（3）显示比例栏。用于设置幻灯片窗格中幻灯片的显示比例，单击 按钮或 按钮，可以将 10% 的比例缩小或放大幻灯片，单击右侧的 按钮，将根据当前幻灯片窗格的大小显示幻灯片。

7．任务窗格

在默认情况下位于窗口右侧。当某些操作需要具体说明操作内容时，系统会自动打开任务窗格。例如，幻灯片中需要插入一幅"剪贴画"时，单击"插入"→"图像"组→"剪贴画"按钮，"剪贴画"任务窗格会在窗口右侧打开。

说明：若要隐藏任务窗格，单击任务窗格右上角的"关闭"按钮即可。

5.1.3 PowerPoint 2010 的视图方式

为满足用户的不同需求，PowerPoint 2010 提供了多种显示方式，称为视图。有演示文稿视图、母版视图、幻灯片放映视图。演示文稿视图有四种：普通视图、幻灯片浏览视图、备注页视图和阅读视图。母版视图有三种：幻灯片母版、讲义母版和备注母版。视图的切换可在"视图"选项卡中设置，也可通过窗口右下角的视图方式按钮进行切换。

1．普通视图

普通视图是启动 PowerPoint 2010 后默认的视图方式，是建立和编辑幻灯片的主要方式，演示文稿的绝大部分工作，如新建幻灯片，文字、图形、图表的插入及排版，母版的设计、版式设计、背景设计、动画设计、幻灯片的切换等都是在此视图下完成的。普通视图将工作区分为三大窗格：幻灯片/大纲窗格、编辑窗格和备注窗格。在幻灯片/大纲窗格可对幻灯片进行添加、删除、移动、复制等操作。在编辑窗格，可对当前选中的幻灯片进行各种编辑。在备注窗格可对每张幻灯片添加文字备注。

2．幻灯片浏览视图

在幻灯片浏览视图的主编辑区按序号显示演示文稿中全部幻灯片的缩略图，可以让使用者从整体上对幻灯片进行浏览，可以在本演示文稿中插入、删除、复制、移动幻灯片，可以设置幻灯片的切换效果等。还可以在不同的演示文稿间复制、移动幻灯片（另一个演示文稿必须处于打开状态，并且也要切换到幻灯片浏览视图），但不能对个别演示文稿的内容进行编辑修改。如果在某张幻灯片上双击，即可切换到普通视图。

3．备注页视图

备注页视图主要用于编辑备注页，在该视图下，可插入文本、图片等内容。

4．阅读视图

阅读视图隐藏了用于幻灯片编辑的各种工具，仅保存标题栏、状态栏和幻灯片窗格，通常用于演示文稿制作完成后对其进行简单的预览，方便在审阅的窗口中查看演示文稿。单击状态栏的视图切换按钮即可从阅读视图切换到其他视图。

5．母版视图

母版视图包括幻灯片母版视图、讲义母版视图和备注母版视图。使用母版视图，可以对与演示文稿关联的每张幻灯片、备注页及讲义进行全局改观。

6．演示文稿放映视图

在 PowerPoint 窗口下方的状态栏，单击"幻灯片放映"按钮 ，即可从当前幻灯片开始放映幻灯片，幻灯片放映视图是模仿放映幻灯片的过程，在全屏幕方式下按顺序放映幻灯片。单击鼠标左键或按【Enter】键播放下一张，按【Esc】键结束放映。

5.1.4　PowerPoint 2010 常用术语

1．演示文稿

一个演示文稿就是一个 PowerPoint 文件，扩展名为.pptx。它包括为演讲而制作的幻灯片、备注、录音等内容。

2．幻灯片

演示文稿中的单页称为幻灯片，一个演示文稿可由若干张幻灯片组成。每张幻灯片上可包含文字、图片、声音、视频等内容。

3．对象

每一张幻灯片中都可以添加若干内容，如文本框、形状、图片、剪贴画、公式、视频和音频等。这些内容添加到幻灯片中，都是以对象的形式插入的。用户可以对这些对象进行修改、复制、删除和移动等操作。

4．版式

版式是指幻灯片上对象的布局格式，也就是幻灯片上标题和副标题文本、列表、图片、表格、图表、自选图形和视频等元素的排列方式。PowerPoint 2010 内置了 11 种版式，用户可根据需要选择，也可选择其中的空白版式，根据个人喜好对幻灯片上的各对象进行布局。

5．占位符

占位符是版式中预先设定好的，用于占据位置。用户可在占位符中添加文字内容，也可插入表格、图标、SmartArt 图形、图片、剪贴画和媒体文件等。

6．母版

母版是定义演示文稿中所有幻灯片或页面格式的幻灯片视图或页面，用它可以制作演示文稿中的统一标志、文本格式、背景、颜色、主题以及动画等。可用于统一幻灯片的版式和背景。例如，幻灯片母版是一张特殊的幻灯片，用于设置演示文稿中每张幻灯片的对象格式，其中包括幻灯片的标题、正文文字的位置和大小、项目符号的样式、背景图案等。对母版进行相关编辑后，即可快速制作出多张样式相同的幻灯片，从而提高工作效率。

7．模板

模板是一种以特殊格式保存的演示文稿。即一个由系统预先精心设计好的，包括幻灯片的背景图案、色彩的搭配、文本格式、标题层次、动画、版式等的演示文稿。PowerPoint 2010 为用户提供了许多内置的模板。同时，用户也可在 Office.com 或者其他网站上获取已有的模板，还可以自己制作模板，其扩展名为.potx。

5.2 演示文稿的基本操作

5.2.1 演示文稿的建立与保存

1．新建演示文稿

在 PowerPoint 中创建一个演示文稿，就是建立一个新的以".pptx"为扩展名的 PowerPoint 的文件。新建演示文稿通常采用如下几种方式：创建空白演示文稿、根据主题、根据模板、根据现有演示文稿、根据从 Office.com 下载的模板等方法来创建演示文稿。

微课 5-1：新建演示文稿

1）创建空白演示文稿

这是建立演示文稿最常用的一种方法，建立的幻灯片不含任何背景图案、内容。用户可以充分利用 PowerPoint 2010 提供的版式、主题、颜色等，创建自己喜欢、有个性的演示文稿。在默认情况下，每次当用户启动 PowerPoint 2010 后，系统会自动帮助用户以默认格式建立一个名为"演示文稿 1"并且只包含一张标题幻灯片的空白演示文稿。除此以外，还可以用以下两种方法新建演示文稿：

方法一：使用选项卡。选择"文件"→"新建"命令，选择"空白演示文稿"并单击"创建"按钮，如图 5-5 所示，新建一个空白演示文稿。

图 5-5　创建空白演示文稿

方法二：使用快速访问工具栏。单击快速访问工具栏的"新建"按钮🗋，新建一个空白演示文稿。

2）利用模板创建演示文稿

模板已确定了幻灯片的背景图案、配色方案等，所以套用模板可以提高创建演示文稿的效率。利用"样本模板"或"Office.com 模板"中提供的模板创建演示文稿后，再自行添加内容。若要利用"Office.com 模板"中的模板创建演示文稿，要求计算机联网。

方法一：选择"文件"→"新建"命令，在"样本模板"中任选一种，单击"创建"按钮。

方法二：选择"文件"→"新建"命令，在"Office.com 模板"中选择一种模板，单击"下载"按钮，如图 5-6 所示。即可建立如模板所设定的演示文稿，然后再在各幻灯片中添加内容即可。

图 5-6　模板下载界面

3）利用主题创建演示文稿

主题是由系统预先定义好背景、颜色、字体及版式的特殊文档。PowerPoint 提供了多种主题帮助用户简化演示文稿的创建过程，使演示文稿具有统一的风格，也可以轻松更改现有演示文稿的整体外观。

方法：选择"文件"→"新建"命令，选择"主题"，打开系统内置的主题列表，在列表中选择一种需要的主题，如"暗香扑面"，单击"创建"按钮或双击该主题图标，即可依据此主题快速创建一个只包含一张幻灯片的演示文稿。

4）利用现有内容创建演示文稿

如果想利用现有演示文稿中的一些内容和风格来设计其他演示文稿，就可以使用"根据现有内容新建"功能。

方法：选择"文件"→"新建"命令，单击"根据现有内容新建"按钮，打开"根据现有内容新建"对话框，选择需要应用的演示文稿，单击"新建"按钮。

2．演示文稿的保存

演示文稿创建好，或在编辑修改后，最重要的是应及时保存，以免在编辑过程中出现意外情况，如应用程序卡死、不小心关闭了演示文稿、死机等，导致之前的工作全部白费。在保存文档时，如果是第一次保存，则会打开"另存为"的对话框，如图 5-7 所示，提示用户输入文档保存的位置、名字及类型。在"文件名"一栏中修改演示文稿的文件名，"保存类型"一栏中选择演示文稿的类型，注意选择"PowerPoint 演示文稿（*.pptx）"演示文稿的保存方法有多种：

微课 5-2：保存演示文稿

1）直接保存演示文稿

选择"文件"→"保存"命令或者单击快速访问工具栏中的"保存"按钮 🖫 或者通过快捷键【Ctrl+S】进行保存，可直接保存演示文稿。若非第一次保存，程序会自动将演示文稿的内容保存到第一次保存的位置。

2）另存为演示文稿

若不想改变原有演示文稿中的内容，可通过"另存为"命令将演示文稿保存到其他位置或更改其名称。

选择"文件"→"另存为"命令，打开图 5-7 所示的"另存为"对话框，重新设置保存的位置或文件名，再单击"保存"按钮。

图 5-7 "另存为"对话框

3）将演示文稿保存为模板

将制作好的演示文稿保存为模板，可提高制作同类演示文稿的速度。

选择"文件"→"另存为"命令，打开图 5-7 所示的"另存为"对话框，在"保存类型"下拉列表中选择"PowerPoint 模板（*.potx）"，再单击"保存"按钮。

4）自动保存演示文稿

在制作演示文稿的过程中，为了减少不必要的损失，可设置演示文稿定时保存，即到达指定的时间后，无须用户执行保存操作，系统将自动进行保存。

选择"文件"→"选项"命令，打开"PowerPoint 选项"对话框，选择"保存"选项卡，如图 5-8 所示。在"保存演示文稿"栏中勾选两个复选框，在"保存自动恢复信息时间间隔"复选框后面的数值框中输入自动保存时间间隔，在"自动恢复文件位置"文本框中输入文件未保存就关闭时临时保存的位置，单击"确认"按钮。

图 5-8　自动保存演示文稿的设置

5.2.2　演示文稿的打开与关闭

1. 演示文稿的打开

当需要对已有的演示文稿进行编辑、查看或放映时，需将其打开。常用打开演示文稿的方法有两种。

（1）使用选项卡。选择"文件"→"打开"命令或按【Ctrl+O】组合键，在打开的"打开"对话框中选择演示文稿文件所在的位置和文件名后，单击"打开"按钮。

（2）双击演示文稿文件。在 Windows 资源管理器中双击扩展名为".pptx"或".ppt"的文件启动 PowerPoint 并打开该演示文稿。

注意：默认情况下，PowerPoint 2010 在"打开"对话框中仅显示 PowerPoint 演示文稿，若要打开 PowerPoint 中其他类型文件，可选择"所有 PowerPoint 演示文稿"，然后选择相应的文件类型。

2. 演示文稿的关闭

完成演示文稿的编辑或结束放映后，若不再需要对演示文稿进行操作，可将其关闭。演示文稿的关闭有两种方式，一种是只关闭演示文稿而不关闭 PowerPoint 应用程序，另一种则是直接关闭 PowerPoint 应用程序从而关闭演示文稿。

（1）只关闭演示文稿不关闭应用程序。选择"文件"→"关闭"命令或使用【Ctrl+F4】组合键。

（2）直接关闭应用程序。单击程序窗口右上角的"关闭"按钮，或双击控制菜单图标，或选择"文件"→"退出"命令。

5.2.3 幻灯片的基本操作

幻灯片是演示文稿的组成部分，一个完整的演示文稿通常是由多张幻灯片组成的。在制作演示文稿的过程中不可避免地需要对幻灯片进行操作，如添加幻灯片、应用幻灯片的版式、选择幻灯片、移动和复制幻灯片、删除幻灯片等。通过这些操作来确定演示文稿的整体框架，然后在幻灯片中添加相应的内容。

1. 添加幻灯片

空白演示文稿在创建初期，默认只包含一张幻灯片，在编辑的过程中，就需要添加幻灯片。添加幻灯片的方法通常有三种。

1）通过选项卡

单击"开始"→"幻灯片"组→"新建幻灯片"下拉按钮，在打开的下拉列表中选择新建幻灯片的版式，将新建一张带有版式的幻灯片，如图 5-9 所示，并添加在当前选定幻灯片的后面。

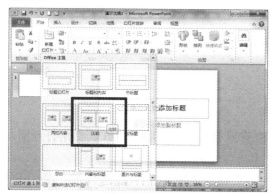 

图 5-9　选择幻灯片版式

2）通过快捷菜单

在通视图下，在"幻灯片"窗格中某张幻灯片的缩略图上右击，或在"大纲"窗格的某张幻灯片缩略图右侧的文本插入点处右击，在弹出的菜单中选择"新建幻灯片"命令，即可在选中幻灯片的后面添加一张新的幻灯片。

3）通过快捷键

在"幻灯片"窗格中选择某张缩略图，按【Enter】键或【Ctrl+M】组合键，可在所选定的幻灯片后添加一张新的幻灯片。在"大纲"窗格中只能按【Ctrl+M】组合键添加新的幻灯片。

2. 应用幻灯片的版式

幻灯片版式是指幻灯片的布局格式，即定义幻灯片显示内容的位置和格式信息，包括占位符。通过应用幻灯片版式，可以使幻灯片的制作更加整齐和简洁。演示文稿中的每张幻灯片都是基于某种版式创建的。PowerPoint 2010 为幻灯片提供了"标题幻灯片""标题和内容""比较"等十一种版式供用户根据内容需要选择。通常，一个演示文稿的第一张幻灯片为"标题幻灯片"，一个演示文稿中幻灯片不能都使用相同的版式，应有所变化，以丰富幻灯片的内容，体现幻灯片的实用性和灵活性。

方法：选择需要更改版式的幻灯片，单击"开始"→"幻灯片"→"版式"下拉按钮，打开"版式"下拉列表，从十一种版式中为当前幻灯片选择一种版式。

3. 选择幻灯片

先选择后操作是计算机操作的默认规律，在 PowerPoint 也不例外，要操作幻灯片必须先进行选择操作。需要选择的幻灯片的张数不同，其方法也有所区别，常用的有以下四种方法：

1）选择单张幻灯片

在普通视图的 "幻灯片/大纲"浏览窗格或"幻灯片浏览视图"中，单击幻灯片的缩略图，可选择该幻灯片。

2）选择多张相邻的幻灯片

在普通视图的 "幻灯片/大纲"浏览窗格或"幻灯片浏览视图"中，单击要连续选择的第 1 张幻灯片，按住【Shift】键不放，再单击最后一张幻灯片，释放【Shift】键后，两张幻灯片之间的所有幻灯片均被选择。

3）选择多张不相邻的幻灯片

在普通视图的 "幻灯片/大纲"浏览窗格或"幻灯片浏览视图"中，单击要选择的第 1 张幻灯片，按住【Ctrl】键不放，再依次单击需要选择的幻灯片。

4）选择全部的幻灯片

在普通视图的 "幻灯片/大纲"浏览窗格或"幻灯片浏览视图"中，按【Ctrl+A】组合键，选择当前演示文稿中所有的幻灯片。

4. 移动和复制幻灯片

在制作演示文稿的过程中，可能需要对各种幻灯片的顺序进行调整，或者需要在某张幻灯片上修改信息，将其制作成新的幻灯片，此时需要对幻灯片进行移动和复制。常用的方法有以下三种：

1）通过鼠标拖动

选择需要移动的幻灯片，按住鼠标左键不放拖动到目标位置后释放鼠标完成移动操作；若对选定的幻灯片在按住【Ctrl】键同时拖动到目标位置，可实现幻灯片的复制。

2）通过菜单命令

方法一：选择需要移动或复制的幻灯片，右击，在弹出的菜单中选择"剪切"或"复制"命令，再将光标定位到目标位置，右击，在弹出的菜单中选择"粘贴"命令，即可完成幻灯片的"移动"或"复制"。

方法二：选择需要复制的幻灯片，右击，在弹出的菜单中选择"复制幻灯片"命令，则在当前选定的幻灯片的后面复制选定的幻灯片。

3）通过快捷键

选择需要移动或复制的幻灯片，按【Ctrl+X】组合键（移动）或按【Ctrl+C】组合键（复制），然后将光标定位到目标位后按【Ctrl+V】组合键粘贴，完成移动或复制操作。

5. 删除幻灯片

删除幻灯片非常简单，只需在普通视图的 "幻灯片/大纲" 浏览窗格或 "幻灯片浏览视图"中选中要删除的一张或多张演示文稿中多余的幻灯片，右击，在弹出的菜单中选择"删除幻灯片"命令即可；或者选中要删除的幻灯片，直接按【Delete】键。

5.3 演示文稿的设计与编辑

一个好的演示文稿，能够缩短会议时间、增强报告的说服力、取得良好的教学效果。在设计演示文稿时要考虑使用什么样的模板、设计什么样的背景和主题才能与论点更协调、是否有更合理的图表来表达观点、动画对沟通是否有帮助等，这也是使演示文稿更有说服力的关键所在。为提高效率，演示文稿的设计一般按外观设计、内容设计与编辑、对象动画设计、放映设计等顺序进行组织。

5.3.1 演示文稿的设计基础

1. 演示文稿设计的一般原则

一个成功的演示文稿必须满足内容精炼、结构清晰、重点突出、页面整洁四个准则。因此，做好一个 PPT 演示文稿，一般应当遵循以下原则：

1）一个目标、一个灵魂、两个中心

一个演示文稿只为一类人服务，针对不同听众制作不同层次内容的演示文稿，每一个演示文稿只说明一个重点。逻辑是演示文稿的灵魂，通过结构和布局把主题表达清楚，做提纲时，用逻辑树将大问题分解成小问题，小问题用图表现。演讲时演示文稿为辅，演讲者才是中心，演示文稿更依赖于演讲来表述更多的细节说服观众，这也是演示文稿与其他文档的区别。

2）简洁、鲜明的风格

演示文稿不是依靠效果堆砌，风格应简洁而鲜明。一般来说，一个演示文稿中不超过三种字体、不超过三种色系、不超过三种动画（包括幻灯片的切换）。一个演示文稿应干净、简洁、有序。

3）七个概念、八字真言

每张幻灯片传达五个概念效果最好。七个概念人脑恰好可以处理，超过九个概念负担太重，需要重新组织。"文不如表，表不如图！"能用图时不用表，能用表时不用字。

4）10 – 20 – 30 原则

任何一个单一的话题，一定不要超过 10 张幻灯片，单张页面最好不要超过 10 行。标题或关键字用 20 磅以上的字标出，演讲时间不超过 20 min。任何辅助性文字说明不要超过 30 个字，整个演示文稿不要超过 30 张。

5）统一原则

整套幻灯片的设计格式应该一致，即结构清晰，风格一致，包括统一的配色、文字格式、图形使用的方式和位置等，在幻灯片中形成一致的风格。

6）艺术性原则

美的形式能激发观众的兴趣，优秀的演示文稿应是内容与美的形式的统一，展示的对象结构对称、色彩柔和、搭配合理、协调、有审美性。

7）可操作性原则

演示文稿的操作要尽量简便、灵活，便于控制。在操作界面上设置简洁的菜单、按钮和图标，切忌不停地来回翻页幻灯片，使演讲者自己和听众都陷入混乱。

2．演示文稿制作的一般流程

1）准备素材

主要是搜集和整理演示文稿中所需要的一些文字、图片、声音、动画等文件。

2）构思

首先，明确制作这个演示文稿的目的及要表达的中心思想是什么，了解演讲的对象。其次，要梳理结构，确定先展示什么，后展示什么。如何展示素材，是否需要用到多媒体元素或超链接。最后，要弄明白采用什么样的方式放映更合适；如何展示才会更生动、更吸引人。

3）设计

先对自己掌握的资料进行分析和归纳，找到一条清晰的逻辑主线，构建演示文稿的主体框架，然后根据使用的场合确定整个演示文稿的风格及主题配色、主题字体等，完成模板和导航系统的设计。在设计的过程中，筛选出比较简单的实现方法，体现"简洁即美"的设计原则。

4）制作

制作阶段的任务是将内容视觉化，对文字进行提炼，按层次逻辑进行组织，将复杂的原理通过"进程图"和"示意图"等表达出来，将表格中的数据转化为直观的图表。制作过程可分两步进行：

（1）添加对象。将文本、图表、图形等对象输入或插入到相应的幻灯片中。

（2）美化修饰。为了达到更好的表达效果，还要对幻灯片中各个对象元素进行排版、美化，添加必要的动画。排版与美化是对信息进一步组织与制作，区分出信息的层次和要点，提高页面的展示效果。动画是引导观众思维的一种重要手段，应当根据演示场合的实际情况决定是否需要添加动画及确定添加何种类型的动画。如果需要添加动画，除了完成为对象元素添加合适的动画，还要根据实际需要设计自然、无缝的页面切换，提高演示文稿的动感。

5）预演

预演是最后一个环节，也是非常重要的一个环节。在演示文稿制作完成之后，开始正式演讲之前应该花足够的时间进行排练和计时，熟悉讲稿的内容，并且适当修改讲稿，直到能够熟练而自然地背诵出讲稿，这样正式演讲时才会得心应手，连贯流畅。

5.3.2　演示文稿的外观设计

演示文稿的外观设计，指的是从全局考虑整个演示文稿的布局、背景、颜色、字体、页眉、页脚等外观设计。外观设计的主要方式有使用主题、设计母版、设置背景、设置页眉页脚等。为提高效率，一般按主题应用、母版设计、背景设置等顺序进行组织。

1. 主题设置

PowerPoint 中幻灯片的主题是指对幻灯片背景、版式、字符格式及颜色搭配方案的预先定义。启动 PowerPoint 将自动建立一个新的演示文稿，应用默认主题"Office 主题"，在幻灯片的制作过程中用户可以根据幻灯片的制作内容及演示效果随时更改幻灯片的主题。整个演示文稿可以应用一种主题，也可以对单张幻灯片应用单独的一种主题。

PowerPoint 提供多种主题，包括内置的主题和来自 Office.com 的主题，为满足设计需要，用户还可以从网上搜索下载主题，也可自定义主题。

1）应用主题

打开演示文稿，在"设计"选项卡的"主题"组内显示了部分内置主题列表，单击主题列表右下角的"其他"按钮 ，可以显示全部内置主题，将鼠标指针移到某主题，会显示主题的名称，同时可预览到将该主题应用于当前文档的效果。例如，将鼠标指针移到主题"角度"上，预览效果如图 5-10 所示。单击该主题，则会将主题应用于当前文档，会按所选主题的颜色、字体和图形外观效果修饰该演示文稿。

微课 5-3：应用幻灯片主题

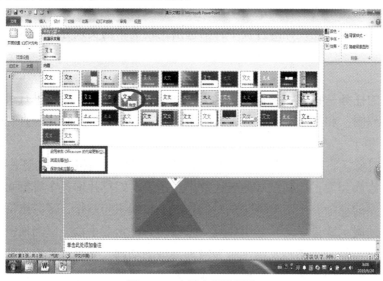

图 5-10　内置主题的设置

（1）整个演示文稿应用一种主题。单击"设计"选项卡"主题"组中的某一种主题。

（2）设置部分幻灯片的主题。选择要设置主题的幻灯片，右击"设计"选项卡"主题"组中的某一种主题，则弹出菜单，如图 5-11 所示，选择"应用于选定幻灯片"命令，所选幻灯片按该主题效果更新，其他幻灯片不变。如果选择"应用于相应幻灯片"命令，原本与当前幻灯片相同主题的所有幻灯片将应用该主题。如果选择"设置为默认主题"命令，则当用户新建演示文稿时，幻灯片自动应用该主题。

　　说明：如果可选的内置主题不能满足用户的需求，可单击主题列表右侧的"其他"按钮⊽，在弹出的下拉列表中选择"浏览主题(M)…"，并在"选择主题或主题文档"对话框中选择所需的主题。

　　2）自定义主题

　　若对当前的主题进行了修改，同时在以后制作演示文稿中还可能使用到，则可将其另存为"Office Theme(*.thmx)"文件格式的自定义主题，保存到 Office 主题文件中。这样在下次使用时只需在图 5-10 中单击"浏览主题"按钮，定位到该自定义主题文件即可。

图 5-11　快捷菜单

　　主题是主题颜色、主题字体和主题效果三者的组合，用户可根据需要更改当前主题的颜色、字体和效果。

　　（1）设置主题颜色。主题颜色是指一组可以预设背景、文本、线条、阴影、标题文本、填充、强调和超链接的色彩组合。

　　单击"设计"→"主题"组→"颜色"下拉按钮，打开图 5-12 所示的主题颜色列表。单击"内置"栏某个颜色组，即可将其应用于与当前幻灯片同主题的所有幻灯片。右击颜色组，可根据需要选择只将该颜色应用于所选幻灯片或全部幻灯片等。

　　如果用户对内置的颜色组不满意，可单击主题颜色列表下方的"新建主题颜色(C)"按钮，打开图 5-13 所示的"新建主题颜色"对话框，设置各部分颜色后，若对"示例"栏显示的效果不满意，单击"重置"按钮即可将所有颜色还原到原始状态；若对效果满意，可在"名称"文本框中输入新建主题颜色的名称，如"自定义 1"，单击"保存"按钮保存且自动应用该主题颜色。保存后的自定义主题颜色将出现在颜色列表的最上方。若要删除或再次编辑该主题颜色，可在其上右击，在弹出的菜单中选择"编辑"或"删除"命令。

图 5-12　主题颜色列表

图 5-13　"新建主题颜色"对话框

（2）设置主题字体。单击"设计"→"主题"组→"字体"下拉按钮，打开图 5-14 所示的主题字体列表。单击"内置"栏中的某个字体，即可将其应用于与当前幻灯片同主题的所有幻灯片。右击字体，可根据需要选择将该字体应用于相应幻灯片或全部幻灯片等。

如果用户对内置字体不满意，可重新设置主题字体。

方法：单击列表下方的"新建主题字体"按钮，弹出图 5-15 所示的"新建主题字体"对话框，可设置标题和正文的中、西文字体。在"名称"文本框中输入新建主题字体的名称，如"自定义 1"，单击"保存"按钮即可保存该主题字体，并自动应用到当前文档。

图 5-14　主题字体列表　　　　图 5-15　"新建主题字体"对话框

（3）设置主题效果。单击"设计"→"主题"组→"效果"下拉按钮，打开主题效果列表，显示出系统内置的各种效果。单击某个效果图标即可将其应用于当前演示文稿。

2. 母版设计

在"视图"选项卡的"母版视图"组中有三种类型母版：幻灯片母版、讲义母版、备注母版。讲义母版、备注母版在演示文稿中应用比较少，因为在演示文稿的放映过程中不会显示出来，只有通过打印才能看到。

1）幻灯片母版

幻灯片母版是幻灯片层次结构中的顶层幻灯片，用于存储有关演示文稿的主题和幻灯片版式的信息，包括背景、颜色、字体、效果、占位符大小和位置等。

方法：单击"幻灯片母版"按钮，进入"幻灯片母版"视图，同时打开"幻灯片母版"选项卡，如图 5-16 所示，可以对幻灯片母版进行编辑和设置。

在图 5-16 中的左侧列出了一列母版，将鼠标悬置于第一个母版上时会显示"暗香扑面幻灯片母版：由幻灯片 1-9 使用"，这段文字说明了该母版是基于"暗香扑面"主题创建的母版，且演示文稿中的第 1-9 张幻灯片是基于该母版创建的。

每个演示文稿包含至少一个幻灯片母版，也即每一个演示文稿至少会应用一种主题，默认的主题为"Office 主题"。在一个演示文稿中可以对不同的幻灯片应用不同的主题，每个应用的主题都会在幻灯片中创建一个相应幻灯片母版，即一个幻灯片中应用了几种不同的主题，就至少有几个母版。此外，还可以在"幻灯片母版"视图中直接插入新的幻灯片母版，进行设计、保存后，就成为一种主题，然后在普通视图中，可以应用新建母版所对应的主题，也可以不应用。在本例的演示文稿中只应用了一个主题，且只有九张幻灯片，所以"暗香扑面"主题由幻灯片 1～9 使用。

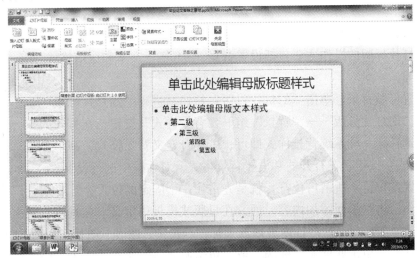

图 5-16　"幻灯片母版"选项卡

设计幻灯片母版的主要优点是，修改母版内容时，可以统一地将该修改应用到所有基于该母版的幻灯片中，从而使幻灯片能保留统一的风格和样式，而不需要单独去修改，不仅节省了时间，提高了效率，同时避免了遗漏和误操作。如果演示文稿非常长，其中包含大量幻灯片，希望在多张幻灯片上展现相同的信息或相同的样式，可考虑在幻灯片母版中设计这个信息或样式，如 LOGO、颜色、背景、导航按钮等，特别方便。

演示文稿中幻灯片样式的控制采用层次控制逻辑，层次高的控制层次低的，幻灯片母版是幻灯片层次结构中的顶层幻灯片，因此具有上述功能。

创建和使用幻灯片母版的最佳方法是：最好在开始构建各张幻灯片之前创建幻灯片母版，而不要在构建幻灯片之后再创建母版。如果先创建了幻灯片母版，则添加到演示文稿中的所有幻灯片都会基于该幻灯片母版。如果在构建了各张幻灯片之后再创建幻灯片母版，则幻灯片上的某些项目可能不符合幻灯片母版的设计风格。可以使用背景和文本格式设置功能在各张幻灯片上覆盖幻灯片母版的某些自定义内容，但其他内容，如页脚和徽标等，只能在"幻灯片母版"视图中修改。

2）版式母版

PowerPoint 2010 提供了"标题幻灯片""标题和内容"等十一种幻灯片版式，每一种版式都有对应的母版，称为版式母版，是幻灯片母版的组成部分，因此有十一种版式母版，也就是说，每一种主题包含十一种版式母版。

事实上，在幻灯片母版视图中，左侧窗格中幻灯片母版缩略图中第一个较大的母版为幻灯片母版的基础母版，其余较小的为与它上面的幻灯片基础母版相关联的幻灯片版式母版。幻灯片基础母版可以看作是幻灯片版式母版的母版，幻灯片基础母版的设置是对所有幻灯片进行控制生效，包括幻灯片版式；而各种幻灯片版式母版则是在幻灯片母版的基础上，根据各自版式的特点经过"个性化"设置之后的结果，对各自版式的幻灯片进行控制生效。基于同样的层次控制逻辑，如果版式母版中相对基础母版的对应元素的对应样式没有发生更改，则基础母版中该元素样式的变化会自动应用到版式母版和相应的幻灯片中，否则不会应用。

3）制作幻灯片母版

制作幻灯片母版的操作主要包括设置背景、占位符、文本和段落格式、页眉、页脚等。

微课 5-4：制作并使用幻灯片母版

（1）设置母版背景。单击"幻灯片母版"按钮，进入"幻灯片母版"视图，单击"幻灯片母版"→"背景"组→"背景样式"按钮，在打开的下拉列表中选择任一种系统背景样式即可；若要自定义背景样式，则单击"设置背景格式"按钮，在打开的"设置背景格式"对话框中进行设置。

（2）设置占位符。所谓占位符，就是先占住一个固定的位置，等着用户的后续操作，再往里面添加内容，通常在母版或模板中定义。在具体表现上，占位符是一种带虚线边缘的框，在这些框内可以放置标题、正文、图表、图片、音频、视频等对象，虚线框内往往有"单击此处添加标题"或"单击此处添加文本"等提示语，单击后，提示语会自动消失。创建母版或模板时，占位符起到规划幻灯片结构的作用。PowerPoint 2010 提供了"内容""内容（竖排）""文本"等十种类型的占位符，可以放置文本、图表等。在幻灯片母版视图中可以在版式母版中设置占位符。

选定一种版式母版，单击"幻灯片母版"→"母版版式"组→"插入占位符"下拉按钮，打开下拉列表，如图 5-17 所示，插入可选的占位符，如文本，并调整到幻灯片上适当的位置，再设置占位符的大小、字体、颜色、段落等格式（其设置方法与设置文本相同）。

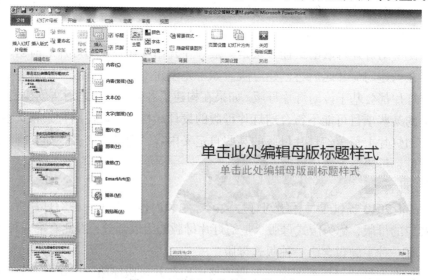

图 5-17 "插入占位符"下拉列表

（3）设置页眉和页脚。在幻灯片母版中还可以为幻灯片添加页眉、页脚，包括日期、时间、编号、页码等内容。

在"幻灯片母版"视图中，单击"插入"→"文本"组→"页眉页脚"按钮，打开"页眉页脚"对话框,如图 5-18 所示。

图 5-18　"页眉和页脚"对话框

　　勾选"日期和时间"复选框,设置日期和时间;若选中"自动更新"单选按钮,页脚显示的日期将自动根据计算机日期进行修改;若选中"固定"单选按钮,则可在下方的文本框中输入一个固定的时间,不会根据计算机日期而变化;勾选"幻灯片编号"复选框,设置幻灯片的编号;勾选"页脚"复选框,在下方的文本框中输入文字,将其设置为页脚;若在标题幻灯片中不显示页眉和页脚,则需要勾选"标题幻灯片中不显示"复选框;最后单击"应用"按钮完成设置。

　　4)退出幻灯片母版的设计

　　单击"幻灯片母版"→"关闭"组→"关闭母版视图"按钮,关闭该视图模式,切换到原来的视图模式,母版的改动就会反映在相应母版的幻灯片上。

　　5)讲义母版

　　讲义是演讲者在演示文稿中使用的纸稿,纸稿中显示了每张幻灯片的大致内容、要点等。讲义母版就是设置该内容在纸稿中的显示方式,制作讲义母版主要包括设置每页纸张上显示的幻灯片数量、排列方式以及页眉和页脚信息等。

　　单击在"视图"→"母版视图"组→"讲义母版"按钮,进入讲义母版的编辑状态,如图 5-19 所示。

　　在"页面设置"组中可以设置讲义方向、幻灯片方向、每页幻灯片的数量;在"占位符"组中可以通过单击或撤销选中的复选框来显示或隐藏相应内容;在讲义母版中还可以移动各占位符的位置、设置占位符中文本样式等;在"关闭"组中单击"关闭母版视图"按钮,退出讲义母版的编辑状态。

　　6)备注母版

　　备注是指演讲者在幻灯片下方输入的内容,根据需要可将这些内容打印出来。要想使这些备注信息打印纸张上,就需要对备注母版进行设置。

　　单击"视图"→"母版视图"组→"备注母版"按钮,进入备注母版的编辑状态,如图 5-20 所示。其设置方法和幻灯片母版及讲义母版的设置方法相同。

图 5-19　讲义母版

图 5-20　备注母版

3. 背景设置

一个好的演示文稿不仅内容充实，外表装饰也很重要，其中背景的设计就非常重要。演示文稿的背景可以说是演示文稿的灵魂，精美绚丽的背景能为演示文稿锦上添花，一张淡雅或清新或漂亮的背景图片能把演示文稿包装得更富有创意、更能吸引观众。

微课 5-5：设置幻灯片的背景

可以在整个幻灯片后面插入图片或剪贴画作为背景，也可以在部分幻灯片后面插入图片作为水印。还可以在幻灯片后面插入颜色作为背景。通过向一个或所有幻灯片添加图片作为背景或水印，可以使演示文稿独具特色。

1）背景设置方法

（1）直接在幻灯片中设置。单击"设计"→"背景"组→"背景样式"→"设置背景格式"按钮，打开"设置背景格式"对话框，如图 5-21 所示。

图 5-21　"设置背景格式"对话框

在这种设置方法下，设置结果仅应用于当前选定的幻灯片，并且不论当前选定的幻灯片的版式是否相同，一律生效；其他未选定的幻灯片，即使与当前选定幻灯片的版式相同，其背景也不会改变。但如果在此对话框中单击"全部应用"按钮，则当前演示文稿中所有幻灯片均应用该背景。如果要清除背景，单击"重置背景"按钮。

（2）在幻灯片母版中设置。打开"幻灯片母版"视图，选择幻灯片基础母版或某种版式母版，单击"幻灯片母版"→"背景"组→"背景样式"→"设置背景格式"按钮，打开"设置背景格式"对话框，如图 5-21 所示。

在这种设置方法下，如果是在幻灯片的基础母版中设置，所设置的背景在该幻灯片母版下的所有版式中都会被应用，也就是说所有幻灯片都会被应用；如果在某个版式母版中设置，则这种背景只有该版式的幻灯片才会被应用。

值得注意的是，如果在母版和幻灯片中都设置了背景，最后生效的是幻灯片中设置的背景。在母版中插入图片，如果是"置于底层"，则相当于背景。

2）背景类型

背景设置是在图 5-21 所示的"设置背景格式"对话框中，对背景格式的"填充"方式进行设置。其中设置的背景类型有"纯色填充""渐变填充""图片或纹理填充""图案填充"四种类型。"隐藏背景图形"复选框是指在设置了背景的情况下，取消背景的展示但又不删除背景，以便需要显示时可以再启动。

（1）纯色填充。"纯色填充"的设置界面如图 5-21 所示，是指一种颜色对背景进行填充，在"填充颜色"栏的"颜色"下拉列表中选择幻灯片的背景颜色。若对所提供的颜色不满意，可单击"其他颜色"按钮，在打开的"颜色"下拉列表中选择所需要的颜色。拖动"透明度"滑块可调节填充颜色的透明度，0%为不透明，100%为完全透明。

（2）渐变填充。"渐变填充"的设置界面如图 5-22 所示，是比较复杂的一种填充方式，但如果设计得好，会获得意想不到的效果。

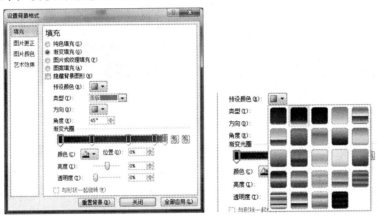

图 5-22　渐变填充设置

这种填充方式允许用户指定几种颜色及其关键帧位置，然后以线性、射线等类型方式，按指定的方向进行渐变填充。其中：

"预设颜色"下拉列表中预先设计好二十四种渐变填充方式，如图 5-22 所示，包括颜色及填充的方式和方向等。

"类型"有线性、射线、矩形、路径、标题的阴影五种方式，前四种和形状中的颜色填充是一致的，而"标题的阴影"是一种动态的填充效果，颜色的起点会根据幻灯片上标题位置的变化而变化。

"填充方向"是指从填充起点开始沿着某个方向进行渐变填充，不同的填充类型有不同的填充方向，如"线性"填充方式，有"线性对角－左上到右下"等八种填充方向，还可设置角度。

"渐变光圈"用来设定渐变的颜色及关键帧位置。在每一个关键帧位置指定一种颜色，相邻关键帧之间根据关键帧的距离进行渐变，从一种颜色均匀按填充类型和填充方向渐变到另一种颜色。右侧的"＋"和"×"按钮可以在渐变光圈中实现增加或删除关键帧。选定关键帧之后，可以在"颜色"下拉列表中选定关键帧的颜色，拖动渐变光圈的滑动按钮，可以改变关键帧之间的距离。

"亮度"为 0% 时，表示正常亮度，低于 0% 时为变暗，高于 0% 时为加亮。

（3）图片或纹理填充。用户要使用图片作为幻灯片背景时，选择"图片或纹理填充"，如图 5-23（a）所示。其中：

"纹理填充"共提供了"纸莎草纸""画布""斜纹布"等二十四种纹理，如图 5-23（b）所示，纹理将平铺到整个背景上。

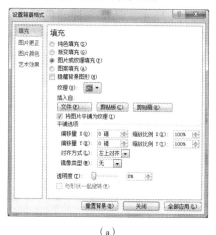

（a）

（b）

图 5-23　图片或文理填充

"插入自"栏下边的三个按钮分别用于插入三种不同来源的图片。单击"文件"按钮，插入来自文件的图片；单击"剪贴板"按钮，可以插入已经复制到剪贴板的图片；单击"剪贴画"按钮，然后在列表中找到所需的剪贴画，或在"搜索文字"框中输入描述所需剪辑的字词或文件名。

值得注意的是，若用户选择使用"图片或纹理填充"，则在选择了图片或纹理背景后，还可以使用"图片更正"、"图片颜色"和"艺术效果"三种功能对选定的图片或纹理进行更进一步的设置、加工。

（4）图案填充。"图案填充"的设置界面如图 5-24 所示，共有四十八种图案，可以设置图案的前景色和背景色。

设置完成后，单击"关闭"按钮可将设置应用到当前幻灯片；单击"全部应用"按钮可将设置应用到演示文稿中的所有幻灯片；单击"重置背景"按钮将对话框

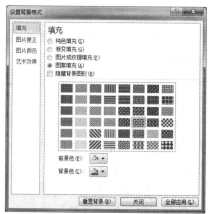

图 5-24　图案填充设置

中的设置还原到打开对话框时的状态。

5.3.3　演示文稿的内容设计与编辑

一个完整的演示文稿一般包括片头动画、封面、前言、目录、正文页、过渡页、封底、致谢（片尾动画）等几个部分，所应用的对象通常包括文字、艺术字、形状、SmartArt 图形、表格、图片、图表、音频、视频等。根据使用的不同目的及相应的应用场合，有些部分是不必需的，可以省略。

1．版面布局

版面布局指的是演示文稿中需要展示的各元素，包括文字、形状、图片等，在版面上进行大小、位置的调整，使版面变得清晰、有条理。优秀的演示文稿往往因为其合理的版面布局给读者带来舒适的视觉体验。版面布局应该遵循以下原则：

（1）对齐原则。一般来说，同一级标题或同一层次的内容在整个演示文稿放映过程中采用同样的对齐方式，方便读者迅速发现最重要的信息。

（2）留白原则。在页面中留出一定的空白，既可以分隔页面、减少压迫感，又能引导读者视线，凸显重点。

（3）重复原则。是指设计中的某些方面要在整个作品中重复，这样可以使作品具有整体性，使演示文稿更具有可读性。重复原则一般应用于固定的模板、在某一页或某个演示文稿中相同层次的内容使用相同的格式。

（4）降噪原则。在演示文稿设计中应减少不必要的干扰因素，如字数和段落应设计合理、分布错落有致，图形简繁得体，避免使用过多的颜色，以避免分散观众的注意力。

（5）对比原则。把具有可比性的元素放在一起，用比较的方法加以描述或说明，这样可以加大不同元素的视觉差异，使读者的注意力集中在特定的区域，同时还可以增加页面的活泼性与美感。

2．文本的输入与编辑

1）文本的输入

在 PowerPoint 2010 中，文本对象不能直接插入到幻灯片中。插入文本有两种方法：

微课 5-6：文本的输入与格式化

（1）直接在幻灯片中的占位符内输入文本。单击幻灯片中相应占位符的位置，将光标定位其中，然后输入文本，并可对文本进行格式设置。在占位符内输入的文本，可在普通视图下幻灯片/大纲窗格中的大纲窗格中显示出来。

（2）通过插入文本框来添加文本信息。单击"插入"→"文本"组→"文本框"按钮，然后在编辑区拖动创建文本框边框，然后在文本框中输入文本。此方法添加的文本信息无法显示在"大纲"窗格中。

2）文本的格式化

（1）文字的格式化。在幻灯片中输入的各种文字的字体、字号、字形都取决于所使用的模板，所以为了使幻灯片更加美观，可以对文字进行格式化。

利用"开始"选项卡"字体"组中的各种命令按钮对所选定的文字进行字体格式设置，或单击"字体"组的对话框启动器按钮，打开"字体"对话框，对文本字体格式进行设置，操作方法与 Word 中的"字体"设置相同。

（2）段落格式化。因为 PowerPoint 中的文字都位于文本框中，段落的设置基本是针对文本框中的文字进行的。

利用"开始"选项卡"段落"组的各种命令按钮进行段落格式设置，或单击"段落"组的对话框启动器按钮，打开"段落"对话框，对段落格式进行设置，操作方法与 Word 中的"段落"设置相同。

3．图片的插入与编辑

一个优秀的演示文稿，有一半的成就归功于图片设计。在制作演示文稿之前，通常要精心准备素材，其中一个重要的任务就是准备图片。PowerPoint 2010 提供了较为丰富的图片处理功能，善用这些功能既可以提高设计效率，也能获得最佳的显示效果。PowerPoint 2010 图片处理功能在"图片工具"选项卡中。

1）插入图片

在内容占位符中单击"插入图片"图标，或者单击"插入"→"图像"→"图片"按钮，打开"插入图片"对话框，选择要插入的图片即可将图片插入到幻灯片中。选定插入的图片后，可在对图片的样式、大小、排列方式、颜色等进行设计和调整。

2）删除背景

"图片工具/格式"选项卡"调整"组中的"删除背景"按钮具有简单的删除图片背景的功能，可实现抠图。

选定插入的图片，在"图片工具/格式"选项卡中，单击"调整"→"删除背景"按钮，进入"删除背景"功能状态，显示"删除背景"选项卡及其相关功能按钮，图片上会显示两个框，中间那个框带有八个控制点，用来选择感兴趣的区域，如图 5-25 所示。

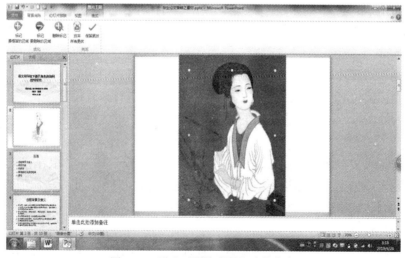

图 5-25　进入"删除背景"功能状态

单击点线框线条上的一个句柄，然后拖动线条，使之包含希望保留的图片部分，并将大部分希望消除的区域排除在外。系统将在该框内将自动检测前景和背景，其中枚红颜色覆盖的区域为背景，没有覆盖的为前景。

当移动感兴趣的区域框或更改感兴趣区域框大小时，系统将自动检测前景和背景。大多数情况下，不需要执行任何附加操作，只要不断尝试点线框线条的位置和大小，即可以获得满意的结果。

如有必要，请执行下列一项或两项操作：

（1）若要指示您不希望自动消除的图片部分，请单击"优化"→"标记要保留的区域"按钮，会出现一个笔形光标，标记不想删除的部分，在删除背景时会保留下来。

（2）若要指示除了自动标记要消除的图片部分外，哪些部分确实还要消除，可单击"标记要删除的区域"按钮，也会出现一个笔形光标，标记需要删除的部分，在删除背景时会被删除掉。

如果对线条标出的要保留或删除的区域不甚满意，想要更改它，请单击"删除标记"，然后单击线条进行更改。

当调整至检测出背景和前景符合要求时，可单击"关闭"→"保留更改"按钮，完成背景删除，如图 5-26 所示。否则，单击"放弃所有更改"按钮，取消自动背景消除。

图 5-26　"保留更改"的结果

3）图片样式与图片效果

图片样式就是各种图片的外观格式，PowerPoint 2010 提供了一个样式集，包含二十八种图片样式，用来给用户进行图片美化。图片效果就是对图片进行各种效果处理，包括阴影、映像、发光、柔化边缘、棱台、三维旋转六个方面，通过合适地处理产生特定的视觉效果，使图片更加美观。其中，预设效果为系统设计好的一些效果的组合，共有十二种，方便用户直接选用。如图 5-27 所示，左边是应用前图片效果，右边是应用后的图片效果。

图 5-27 应用"图片样式"与"图片效果"的效果图

设置图片效果的步骤如下：

（1）选择要改变样式和图片效果的图片，单击"图片工具/格式"→"图片样式"→"其他"按钮，打开图片样式下拉列表，选择"棱台型椭圆，黑色"样式。

（2）单击"图片边框"选择"无轮廓"；

（3）单击"图片效果"，单击"发光"项，在其下拉列表中单击"发光变体"中的"茶色，18pt 发光，强调文字颜色 2"；

（4）在"图片效果"中，单击"阴影"项，在其下拉列表中选择"透视"中"左下对角透视"。

4. 制作电子相册

单击"插入"→"相册"按钮，打开"相册"对话框，如图 5-28 所示。在对话框中，设置好图片的来源，并可对相册的版式进行设置。设置完成后，单击"创建"按钮即可。

5. 插入剪贴画、形状、图表、艺术字、符号、公式和表格

剪贴画、形状、SmartArt 图形、图表、艺术字、符号、公式和表格这几个对象在演示文稿文档中的插入与在 Word 中的插入方法相同，设置属性和修改效果方式也相同，在此就不赘述。

图 5-28 "相册"对话框

6. 文本与 SmartArt 图形

SmartArt 图形是信息和观点的视觉表示形式，是为文本设计的。在演示文稿的展示中，通常会有部分文本内容是具有一定层次关系、附属关系或并列关系或循环关系等逻辑关系，利用"SmartArt 图形"，可以准确表达文字间的层次或逻辑关系，制作的图形漂亮精美，具有很强的立体感和画面感。在幻灯片中插入 SmartArt 图形有两种方法：

1）在幻灯片中插入 SmartArt 图形之后输入文本

在普通视图中，选中要插入 SmartArt 图形的幻灯片，单击"插入"→"插图"组→"SmartArt"按钮，打开"选择 SmartArt 图形"对话框，如图 5-29 所示。选择要插入的图形，单击"确定"按钮。

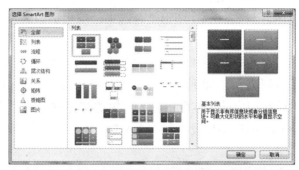

图 5-29　"选择 SmartArt 图形"对话框

选中已经插入的 SmartArt 图形，功能区将显示"SmartArt 工具"的"设计"和"格式"选项卡，可以编辑图形，更改布局和样式的类型。在 SmartArt 图形中可以添加和删除形状以调整布局结构。

例如，已在某幻灯片中插入了一个基本列表，现在要在图中输入相应的文字，如图 5-30 所示。单击"文本窗格"按钮，打开"文本"窗格，在"文本"窗格中的"[文本]"中输入文本，或者在形状中直接输入文本。

图 5-30　SmartArt 图形的实例

2）直接将幻灯片中的文字变成 SmartArt 图形

在幻灯片中插入一个文本框，把需要变为 SmartArt 图形的文字放入其中，然后选中文字所在的文本框，单击"开始"→"段落"组→"转换为 SmartArt 图形"下拉按钮，将鼠标指针放置在一种图形上，即可在幻灯片的设计区预览到应用该图形的效果。选择合适的图形，则所选文本框中的文字将应用该 SmartArt 图形。

3）SmartArt 图形转换为文本

若 SmartArt 图形都是文字，也可以将 SmartArt 图形转换为文本。

微课 5-8：SmartArt 图形

选定待转换的 SmartArt 图形，单击"SmartArt 工具/设计"→"重置"组→"转换"→"转换为文本"按钮，则 SmartArt 图形将转换为文本。

7. 图片与 SmartArt 图形

有时在一个幻灯片中需要展示多张图片，如果不精心组织、布局，就会让版面显得非常凌乱。这时，可以将图片与 SmartArt 图形结合起来，应用适当的 SmartArt 图形将图片组织起来。

选定需要组织的图片，单击"图片工具/格式"→"图片样式"组→"图片版式"下拉按钮，打开图片版式下拉列表，有 30 种适合整理和组织图片的 SmartArt 图形结构，单击可选定所需要的结构。然后在相应的文本框中输入简短的描述对应图片的文字，如图 5-31 所示。还可以对整个 SmartArt 图形结构及内部的文本框、图片框进行细节设置，如调整大小、移动位置、设置样式等。

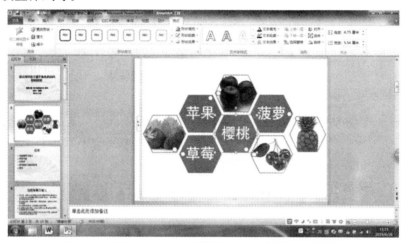

图 5-31　图片与 SmartArt 图形配上文字并调整后的效果

8. 概念图表与 SmartArt 图形

图表一直是演示文稿设计中不可缺少一个重要元素，图表有展示数据及分析结果的数据图表，也有通过图形及其他元素一起来展示内容间各种关系的概念图表。在演示文稿中，数据图表由"插入"→"插图"组→"图表"按钮插入并进行设置；概念图表通常应用 SmartArt 图形来设计。PowerPoint 2010 提供了列表、流程等八类，共几十种 SmartArt 图形模板。下面给出以"流程"SmartArt 图形功能来展示图表效果的实例。

流程用来展示递进关系，有明显的先后顺序关系，且是单向的。例如，"基本流程"用于显示行进或者任务、流程的顺序步骤。图 5-32 所示即为应用"基本流程"设计处理的一个软件开发过程五个阶段的处理流程。

图 5-32　应用"基本流程"设计的处理流程

设计步骤：

（1）插入"基本流程"SmartArt 图形后，调整好数目及大小，再输入文本。

（2）选定五个项目的矩形框，单击"SmartArt 工具/格式"→"形状"组→"更改形状"下拉按钮，打开"形状"基本形状列表，选择"对角圆角矩形"形状，则 5 个矩形变成了对角圆角矩形框。

（3）选定四个箭头，单击"SmartArt 工具/格式"→"形状"组→"更改形状"下拉按钮，打开"形状"基本形状列表，选择"燕尾形"箭头，则四个箭头变成燕尾形状。

（4）选定 5 个项目的矩形框，还可以对其他效果进行设置，如形状轮廓、形状效果（选择"预设 12"），艺术字样式等进行个性化设置。最后效果如图 5-32 所示。

9．插入音频和视频文件

在比较轻松的环境中，边演讲边播放一些轻音乐，会给观众一种美好的享受。在产品推介会上，播放一些关于产品的设计创意或广告视频，会给观众留下深刻的印象。因此，在适当的场合为演示文稿插入一些相关的音频和视频是一种值得应用的演讲技巧。

1）插入音频文件

单击"插入"→"媒体"组→"音频"下拉按钮，可见插入到演示文稿中的音频文件可有三种来源，分别为"文件中的音频"、"剪贴画音频"和"录制音频"。用户可根据需要选择其中一种来源。选择后，可通过单击"插入"按钮或"确认"按钮来完成插入操作。

在演示文稿中插入音频后，会在相应幻灯片页面上显示一个喇叭图标，选中该图标，则会增加"音频工具"选项卡，包含"格式"和"播放"两个子选项卡，同时会在该图标下方显示一个播放条，如图 5-33 所示。播放条是在设计时进行音频试听控制的，在放映幻灯片时不会显示，放映时仅显示喇叭图标。

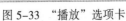

微课 5-9：插入媒体文件

图 5-33　"播放"选项卡

"音频工具/格式"选项卡的功能主要是对喇叭图标的设置及美化喇叭的外观；"播放"选项卡提供幻灯片放映时音频播放方式的设置功能。

（1）书签。添加书签来指示音频剪辑中关注的时间点。

单击"音频工具/播放"→"书签"组→"添加书签"按钮即可。如果要删除书签，则在播放条中找到要删除的书签点，单击"播放"→"书签"组→"删除书签"按钮即可。

（2）编辑。编辑中的"剪裁音频"功能可以实现对每个音频剪辑的开头和末尾处进行修剪。若要修剪剪辑的开头，单击起点，如图 5-34 中最左侧的绿色标记所示，看到双向箭头时，将箭头拖动到所需的音频剪辑起始位置。若要修剪剪辑的末尾，单击终点，如图 5-34 中右侧的红色标记所示，看到双向箭头时，将箭头拖动到所需的音频剪辑结束位置。

图 5-34　剪裁音频

（3）音频选项。其中：

"音量"功能实现设置播放时音量大小的控制。

"开始"指音频开始播放的时机，默认是单击鼠标或按空格键时。若要在放映该幻灯片时自动开始播放音频，则在"开始"列表中选择"自动"，但切换到下一张幻灯片时，音频立即停止；若要通过在幻灯片上单击音频来手动播放，则在"开始"列表中选择"单击时"；若要在演示文稿中单击切换到下一张幻灯片时也播放音频，则在"开始"列表中 "跨幻灯片播放"，此时直到该音频播放完毕（没有设置循环播放）或全部幻灯片放映结束。

勾选"循环播放，直到停止"复选框，则音频将在有效范围内一直循环播放直到超出有效范围，然后停止播放。

勾选"放映时隐藏"复选框，则幻灯片放映时不会显示喇叭图标，也不能对音频的播放进行干预和控制，则此时一定要设置为"自动"或"跨幻灯片播放"方式，否则该音频将无法启动播放。

勾选"播放完返回开头"复选框，则音频播放完后返回开头，而不是停在末尾。

2）插入视频文件

单击"插入"→"媒体"组→"视频"下拉按钮，可见插入到演示文稿中的视频来源有三个，分别为"文件中的视频"、"来自网站的视频"和"剪贴画视频"。选择好文件来源并找到文件后，单击"插入"按钮即可插入到当前幻灯片中。

视频的图标是一个较大的播放区域，称为播放窗口，其初始大小与相应视频的分辨率有关，可调整其大小，画面内容为视频的第一帧内容。因为视频必须进行观看，所以视频有"全屏播放"功能。PowerPoint 支持的视频文件格式有 avi、wmv 和 mpg。其余格式需要进行格式转换，否则无法插入到演示文稿中。

5.4　演示文稿的放映设计

PowerPoint 2010 提供了丰富的放映效果功能，如设置幻灯片中对象的动画、设置幻灯片切换效果、设置幻灯片的链接操作及设置幻灯片的放映。

5.4.1　幻灯片的对象动画

用户可以在幻灯片上插入各种对象，如文本、图片、表格、图表等，并可为各对象设置动画效果，这样就可以安排信息显示顺序、突出重点、控制信息流程、集中观众的注意力、增强视觉效果。

1．动画类型

PowerPoint 2010 中有以下四种不同类型的动画效果：

（1）"进入"效果。进入是指对象从外部进入或出现幻灯片播放画面时的展现方式，例如，可以使对象逐渐淡入焦点、从边缘飞入幻灯片或者跳入视图中。

（2）"退出"效果。退出是指播放画面中的对象离开播放画面时的展现方式，这些效果包括使对象飞出幻灯片、从视图中消失或者从幻灯片旋出。

（3）"强调"效果。强调是指在播放动画过程中需要突出显示对象的展现方式，起强调作用。这些效果的包括使对象缩小或放大、更改颜色、加粗闪烁或沿着其中心旋转等。

（4）动作路径。动作路径是指画面中的对象按预先设定的路径进行移动的展现方式，使用这些效果可以使对象上下移动、左右移动或者沿着星形或圆形图案移动（与其他效果一起）。

2．设置动画效果

默认情况下，任何对象都没有设置动画。如果需要为某个对象设置动画，只需要选中该对象，然后在"动画"选项卡中进行设置即可。

选中幻灯片上某个对象，如一段文本或一幅图片，在"动画"选项卡的"动画"组中，单击"其他"按钮，弹出四类动画选择列表，如图 5-35 所示。在下拉列表中选择"进入""强调""退出""动作路径"中的某一种动画效果。

如果在预设的列表中没有满意的动画效果，可以单击列表下方的"更多进入效果(E)""更多强调效果(M)""更多退出效果(X)""其他动作路径(P)"按钮。

微课 5-10：设置幻灯片对象动画

将鼠标指针置于某个动画效果上时，被选中的对象即可预览到该动画效果，选择合适的动画并应用。应用后，幻灯片页面中已应用动画对象的左上角会显示一个动画序号，以标明该页面中各对象的动画播放顺序，此时"效果选项"按钮变成可用状态。

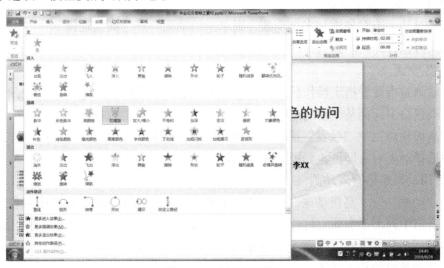

图 5-35　动画效果列表

3．调整动画效果

1）设置动画效果选项

单击"动画"→"动画"组→"效果选项"下拉按钮，打开"效果选项"下拉列表，如图 5-36 所示为"陀螺旋"动画效果选项列表，选择合适的效果选项。注意，不同的动画其"效果选项"也不同。

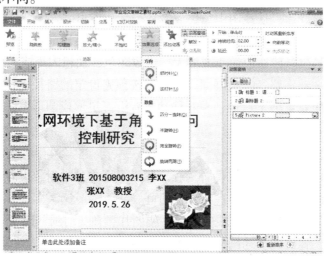

图 5-36　"陀螺旋"动画效果选项列表

2）设置动画的计时方式

在"动画"选项卡的"计时"组中可以设置动画播放的开始方式、持续时间、延迟等。"开始"命令包含"单击时""与上一动画同时""上一动画之后"三个选项；"持续时间"设置时间（秒）越长，动画放映的速度越慢；"延迟"命令是指经过多少秒之后开始播放。还可"对动画重新排序"的"向前移动"或"向后移动"调整动画播放的先后顺序。

4．高级动画设置

1）为对象添加多个动画

如果要对某一个对象添加多个动画，则单击"动画"→"高级动画"→"添加动画"下拉按钮，可在打开的动画选择列表中选择所需要的各种动画效果。

2）触发动画

触发动画是指设置指定操作后才能播放动画效果，即设置动画的特殊开始条件。

在动画窗格中选择某个动画选项，或者在幻灯片中选择已添加了动画的对象，单击"动画"→"高级动画"→"触发"按钮，在打开的下拉列表中选择"单击"选项，在打开的子列表中选择触发对象即可，如图 5-37 所示。

3）使用动画窗格管理动画

单击"动画"→"高级动画"→"动画窗格"按钮，则会在幻灯片页面的右侧打开动画窗格，窗格中列出了当前幻灯片中已设置动画的对象名称及对应的动画顺序，如图 5-38 所示。当鼠标指针悬置在某名称上时会显示对应的动画效果，单击"播放"按钮则可预览整张幻灯片播放时的动画效果。

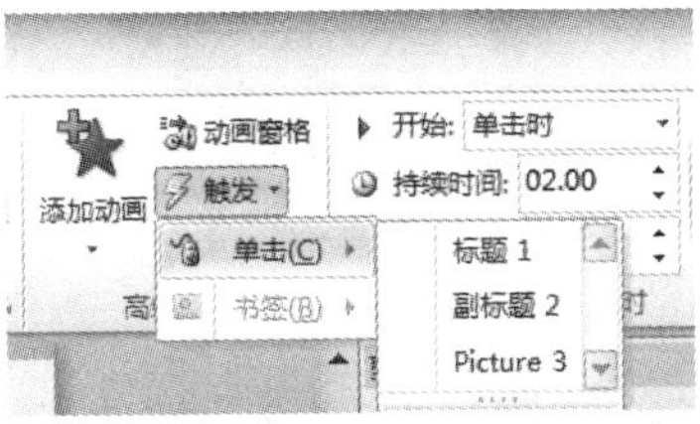

图 5-38　动画窗格

图 5-37　设置触发动画

（1）选中动画窗格中的某对象名称，利用窗口下方"重新排序"中的"上移"或"下移"按钮，或直接拖动窗口中的对象名称，可以改变幻灯片中对象的播放顺序。

（2）在动画窗格中，还可以使用鼠标拖动时间条的边框以改变动画放映时间长度，拖动时间条改变其位置可以改变开始时的延迟时间。

（3）选中动画窗格中的某对象名称，单击其右侧的下拉按钮，可打开下拉列表，如图 5-39 所示，可方便地设置动画效果。单击"效果选项"按钮，则打开当前对象动画"轮子"进行效果设置的对话框，如图 5-40 ～图 5-42 所示。在"轮子"动画设置对话框中有"效果"、"计时"和"正文文本动画"三个选项卡，在"效果"选项卡中可对"轮子"动画的辐射状、动画播放的声音及动画播放后的状态动画文本播放方式进行设置。

在"计时"选项卡中右对动画开始方式、延迟时间、播放速度、重复次数、特殊播放方式等进行设置；在"正文文本动画"选项卡中可对组合文本方式、间隔时间等进行设置。

（4）在动画窗格的列表中单击"播放"按钮测试动画的效果。也可以在"动画"选项卡上的"预览"组中，单击"预览"测试动画的效果。

（5）如果要删除某一动画，在动画窗格中选择某一动画，按【Delete】键，将当前动画效果删除

图 5-39　设置动画下拉列表

图 5-40　"轮子"对话框

图 5-41　"计时"选项卡

图 5-42　"正文文本动画"选项卡

4）复制动画

如果需要复制一个对象的动画，并将其应用到另一个对象，则应用"动画"选项卡"高级动画"组中的"动画刷"来完成。

选择含有要复制的动画的对象，单击"动画刷"按钮，再单击要向其中复制动画的对象，其动画设置就复制并应用到该对象上。如果双击"动画刷"按钮，则可将同一动画设置复制到多个对象上。

5．自定义动画

若预设的动画路径不能满足设计要求时，可以自定义动画路径来规划对象的动画路径。

选中对象，"动作路径"中选择"自定义路径"选项，将鼠标指针移到幻灯片上，当鼠标指针变成"+"字形时，可建立路径的起始点（绿色前头），当鼠标指针变成画笔时，可移动鼠标，画出自定义的路径，最后双击确定终点（红色箭头），如图 5-43 所示。

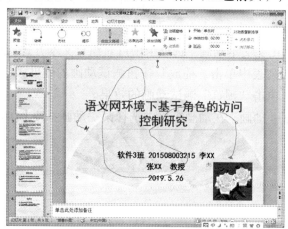

图 5-43　自定义动画路径

说明：选中已定义的路径动画并右击，在弹出的菜单中选择"编辑顶点"命令，在出现的黑色顶点上再右击，在弹出的菜单中选择"平滑顶点"命令，即可修改动画路径。

5.4.2　幻灯片间的切换设置

幻灯片的切换效果是指演示文稿放映时幻灯片进入和离开播放画面时的整体视觉效果。选择适当的切换效果可使幻灯片的过渡更为自然，增强演示效果，给人以赏心悦目的感觉。PowerPoint 提供了多种不同的幻灯片切换方式，可以使演示文稿中幻灯片间的切换呈现不同的效果。

1. 应用切换效果

选择要设置幻灯片切换效果的一张或多张幻灯片，在"切换"选项卡的"切换到此幻灯片"组中，选择一种切换方式，则设置的切换效果将默认应用于所选择的幻灯片。如果希望所有幻灯片均采用该切换效果，可单击"切换"→"计时"组→"全部应用"按钮。

若单击"切换到此幻灯片"组右下角的"其他"按钮，打开切换效果下拉列表，如图 5-44 所示，列出了"细微型""华丽型""动态内容"等三类切换效果供选择。

微课 5-11：设置幻灯片切换效果

图 5-44　切换效果列表

2. 设置切换属性

幻灯片的切换属性包括效果选项、换片方式、持续时间和声音效果。不同的切换效果，其效果选项也可能不同。应用幻灯片切换效果时，切换属性均采用默认设置。如果对默认切换属性不满意，则可另外进行设置。

单击"切换"→"切换到此幻灯片"组→"效果选项"按钮，可以设置幻灯片切换方向。在"声音"下拉列表中选择切换时发出的声音；在"持续时间"栏可设置合适的切换速度；在"换片方式"栏选择合适的换片方式。

5.4.3　幻灯片的超链接设置

幻灯片放映时用户可以使用超链接来增加演示文稿的交互效果。在 PowerPoint 中，超链接可以是从一张幻灯片到同一演示文稿中另一张幻灯片的连接，也可以是从一张幻灯片到不同演示文稿中的另一张幻灯片，到电子邮件地址、网页或文件的连接。

超链接只有在放映幻灯片时才有效。当放映幻灯片时，用户可以在添加了超链接的文本或图形或动作按钮上单击，程序自动跳转到指定幻灯片页面或指定的程序。有两种方式插入超链接。

1．以动作按钮表示的超链接

动作按钮是预先设置好的一组带有特定动作的图形按钮，这些按钮被预设置为指向前一张、后一张、第一张、最后一张幻灯片、播放声音和播放电影等链接，应用这些预设好的按钮，或者自定义的动作按钮实现在放映幻灯片时跳转的目的。

选中需要添加动作按钮的幻灯片，单击"插入"→"插图"组→"形状"按钮，打开"形状"的下拉列表，如图 5-45 所示。选择需要的按钮后，插入到幻灯片中，会打开"动作设置"对话框，如图 5-46 所示。此时，可以进行不同的动作设置，完成超链接到某张幻灯片或运行选定的程序。

图 5-45　"形状"下拉列表

图 5-46　"动作设置"对话框

说明：

① 在插入了超链接之后，若需要对已有的超链接进行修改，选中设置有超链接的对象后，单击"插入"→"链接"组→"超链接"按钮，或"动作"按钮，或者右击，在弹出的菜单中选择"编辑超链接"命令，打开图 5-46 的"动作设置"的对话框，即可对超链接进行编辑修改。

② 若要使整个演示文稿的每张幻灯片均可通过相应按钮切换到上一张幻灯片、下一张幻灯片、第一张幻灯片，不必对每张幻灯片逐一进行添加按钮，只要在"幻灯片母版"视图对幻灯片母版进行一次设置即可

③ 若要删除超链接，在已添加超链接的对象上右击，在弹出的菜单中选择"取消超链接"命令即可。

2．以带下画线的文本、图片表示的超链接

在"普通"视图中，选中要创建超链接的文本或图形对象，单击"插入"→"链接"组→"超链接"按钮，或者右击，在弹出的菜单中选择"超链接"命令，打开"插入超链接"对话框，如图 5-47 所示。在"插入超链接"对话框中设置所需要的超链接，设置完成后，作为超链接的文本下有下画线标识。

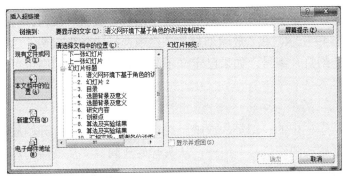

微课 5-12：创建超链接与动作按钮

图 5-47　"插入超链接"对话框

说明：

① 在播放幻灯片时，鼠标指针放置到被设置了超链接的文本或对象上时，鼠标指针的形状变成一个手的形状。

② 若需要对已有的超链接进行修改，选中设置有超链接的对象，单击"插入"→"链接"组→"超链接"按钮，或右击，在弹出的菜单中选择"编辑超链接"命令，打开图 5-47 的"插入超链接"所示的对话框，即可对超链接进行编辑修改。

5.4.4　幻灯片的放映设置

在 PowerPoint 中，放映幻灯片可以由演讲者控制放映，也可以根据观众需要自行放映，因此在放映之前需要进行相应的设置，如设置放映方式、隐藏或显示幻灯片、设计排练计时等，从而满足不同场合对放映的不同需求。

1. 启动幻灯片放映

1）设置放映范围

放映幻灯片时，系统默认的设置是播放演示文稿中的所有幻灯片，也可以只播放其中的一部分幻灯片。

方法一：单击"幻灯片放映"→"开始放映幻灯片"组→"自定义幻灯片放映"下拉列表中的"自定义"按钮，打开"自定义放映"对话框，单击"新建"按钮，打开"定义自定义放映"对话框，如图 5-48 所示，添加需要放映的那些幻灯片，然后输入幻灯片放映名称，如"自定义放映 1"，单击"确定"按钮。

在播放演示文稿时单击"自定义幻灯片放映"下拉列表中的的"自定义放映 1"，就会播放所选择的那些幻灯片。

图 5-48　自定义放映设置

方法二：单击"幻灯片放映"→"设置"组→"设置幻灯片放映"按钮，打开"设置放映方式"对话框，如图5-49所示。在"放映幻灯片"栏中选择"全部"或在"从""到"文本框中指定开始到结束的幻灯片编号。如果已定义了某个自定义放映，则也可以选择某个自定义放映来播放。

2）放映幻灯片

按【F5】键，或单击状态栏中的"幻灯片放映"按钮（从当前幻灯片开始放映），或利用"幻灯片放映"→"开始放映幻灯片"组→"从头开始放映""从当前幻灯片开始""自定义幻灯片放映"等放映按钮，可按不同的方式进行幻灯片放映。

3）结束放映

按【Esc】键结束放映，或在播放的幻灯片任意位置右击，也会出现"放映控制"快捷菜单，选择"结束放映"命令，结束放映。

2．设置放映方式

在幻灯片放映前可以根据使用者的不同，通过设置放映方式满足各自的需要。

单击"幻灯片放映"→"设置"组→"设置幻灯片放映"按钮，打开"设置放映方式"对话框，如图5-49所示。

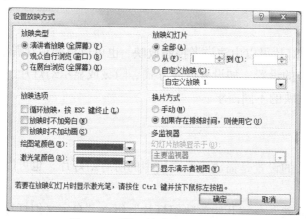

微课5-13：幻灯片的放映

图5-49　"设置放映方式"对话框

1）放映类型

在"放映类型"选项区中选择演示文稿放映方式，有"演讲者放映"、"观众自行浏览"和"在展台浏览"三种选择。通常情况下使用第一种，可以灵活地控制放映过程，记录并修正过程中的问题。

（1）演讲者放映（全屏幕）。以全屏幕形式显示，演讲者可以控制放映的进程，可用绘图笔进行勾画，适用于大屏幕投影的会议、上课。

（2）观众自行浏览（窗口）。幻灯片的放映将在窗口中进行，以界面形式显示，可浏览、编辑幻灯片，此时幻灯片只能按预先计时的设置进行自动放映，放映过程中用户可以随时使用菜单和Web工具栏，适用于人数少的场合。

（3）在展台放映（全屏幕）。以全屏形式在展台上做演示，按预定的或通过"幻灯片放映"→"排练计时"设置的时间和次序放映，但不允许现场控制放映的进程。适合在展台上展示产品，并设置自动放映功能。

2）放映选项

在"放映选项"选项区中设置放映选项。勾选"循环放映，按 Esc 键终止"复选框，可以设置自动放映时的循环效果。如果选中"在展台浏览"单选按钮，该复选框会自动选中。

3）换片方式

在"换片方式"选项区中设置是手动还是自动换片。在放映过程中既可以人工控制幻灯片的放映，也可以设置排练计时让其自动放映。若选中"如果存在排练时间，则使用它"单选按钮，单击"确定"按钮后再次放映幻灯片，PowerPoint 就会按刚才录制的排练时间自动放映演示文稿。

3．隐藏幻灯片

放映幻灯片时，系统将自动按设置的放映方式依次放映每张幻灯片，但在实际放映过程中，可以将暂时不需要的幻灯片隐藏起来，等到需要时再将其显示。

在"幻灯片"浏览窗格中选定需要隐藏的幻灯片，单击"幻灯片放映"→"设置"→"隐藏幻灯片"按钮，隐藏幻灯片，在"幻灯片"浏览窗格中选择的幻灯片上将出现叉标志，单击"幻灯片放映"→"开始放映幻灯片"组→"从头开始"按钮，开始放映幻灯片，此时隐藏的幻灯片将不再放映出来。

说明：

① 若要显示隐藏的幻灯片，在放映幻灯片时，右击，在弹出的菜单中选择"定位至幻灯片"命令，再在弹出的菜单中选择隐藏的幻灯片名称。

② 如果要取消隐藏幻灯片，可以再次执行隐藏操作，即选定要取消隐藏的幻灯片，单击"幻灯片放映"→"设置"→"隐藏幻灯片"按钮。

4．排练计时

对于某些需要自动放映的演示文稿，设置动画效果后，可以设置排练计时，从而在放映时可以根据排练的时间和顺序进行放映。

单击"幻灯片放映"→"设置"组→"排练计时"按钮，进入放映排练状态，同时打开"录制"工具栏自动为该幻灯片计时，如图 5-50 所示。通过单击或按【Enter】键控制下一个动画出现的时间。若用户确认该幻灯片的播放时间，也可以在"录制"工具栏的时间框中输入时间值。一张幻灯片播放完后单击鼠标切换到下一张幻灯片，"录制"工具栏中的时间将从头开始为该张幻灯片的放映进行计时。放映结束后，会打开一个提示框，提示排练计时时间，并询问是否保留幻灯片的排练时间，单击"是"按钮进行保存。再打开幻灯片浏览视图，在每张幻灯片的左下角将显示幻灯片的播放时间，如图 5-51 所示。

说明：如果不想使用排练好的时间自动放映该幻灯片，在"幻灯片放映"选项卡的"设置"组中，取消"使用计时"复选框，在放映幻灯片时就能手动进行切换。

图 5-50　录制工具栏

图 5-51　显示播放时间

5.5　演示文稿的保护和输出

5.5.1　演示文稿的保护

如果演示文稿涉及一些重要的机密信息而需要防止文稿被恶意盗用或破坏，或者不希望别人查看自己的设计方法等细节，或不希望别人修改相关内容而挪作他用等，则要为文稿设置安全保护。PowerPoint 2010 提供了对演示文稿的几种安全保护措施，如将文稿标置为最终状态、加密、人员限制、使用数字签名等。下面介绍两种常用的方法。

1）文稿的最终状态设置

选择"文件"→"信息"命令，则可看到"有关×××的信息"中的"保护演示文稿"按钮，单击"保护演示文稿"按钮，打开"保护演示文稿"下拉列表，如图 5-52 所示，选择"标记为最终状态"项。

图 5-52　标记文稿为最终状态

此时可看到图 5-52 中"信息"列表界面上的"保护演示文稿"按钮右侧的"权限"两字变成了橘黄色，且提示文字变成了"此演示文稿已标记为最终状态以防止编辑"。

说明：

① 将演示文稿设置为最终状态，将禁用或关闭输入、编辑命令和校对标记，并且演示

文稿将变为只读。当其他用户打开该文稿时，只能浏览阅读而无法篡改文稿里面的内容。该命令还可防止审阅者或读者无意中更改演示文稿。

②　选择"开始"选项卡或重新打开该演示文稿时，将会弹出一条黄色警告信息，提示用户该演示文稿已经标记为最终状态，并且可以看到"开始"等选项卡中的各个按钮都呈现为未激活状态。但发现提示信息中同时提供了一个"仍然编辑"按钮，单击该按钮后，文稿又可以恢复编辑。这说明这项保护功能有其局限性。

2）加密

对制作好的演示文稿设置密码，可以使陌生用户在不知道密码的情况下无法打开演示文稿进行浏览或篡改。

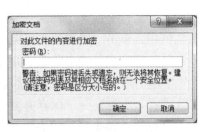

在图 5-52 所示的"保护演示文稿"下拉列表中，选择"用密码进行加密"，将打开"加密文档"对话框，如图 5-53 所示。在"密码"框中输入密码，单击"确定"按钮，打开"确认密码"对话框，输入相同的密码，单击"确定"按钮，完成加密。

图 5-53　"加密文档"对话框

说明：该演示文稿已经实现加密功能，再次打开时需要输入正确的密码，否则将不能打开。值得注意的是：Microsoft 不能取回丢失或忘记的密码，因此应将密码和相应文件名的列表存放在安全的地方。

5.5.2　演示文稿的打印与打印预览

演示文稿不仅可以进行现场演示，还可以将其打印在纸张上。例如，要求一页纸上打印 4 张幻灯片。

选择"文件"→"打印"命令，在窗口中间的"份数"数值框中输入"1"，即打印 1 份，在"打印机"下拉列表中选择与计算机相连的打印机，在幻灯片布局下拉列表中选择"4 张幻灯片"选项，勾选"幻灯片加框"和"根据纸张调整大小"复选框。在窗口的右窗格中会显示打印预览效果。单击"打印"按钮，开始打印。

5.5.3　演示文稿的输出

除了放映及打印输出外，PowerPoint 2010 还提供了其他文稿输出功能，如演示文稿打包、演示文稿的视频转换、演示文稿生成 PDF 阅读文档、生成图片演示文稿等。

1）演示文稿的打包

PowerPoint 提供了文件打包功能，可以将演示文稿的所有文件（包括链接文件）压缩并保存在磁盘或 CD 中，以便安装到其他计算机上播放或发布到网上。

微课 5-14：演示文稿的打包

（1）打包成 CD。将 CD 放入刻录机，选择单击"文件"→"保存并发送"命令，选择"将演示文稿打包成 CD"项，单击"打包成 CD"按钮，打开"打包成 CD"对话框，如图 5-54 所示，在"将 CD 命名为（N）"文本框

中输入 CD 的名称。单击"添加"按钮，可以添加多
个演示文稿，将它们一起打包。单击"选项"按钮，
打开"选项"对话框，可以选择是否包含链接的文件
和嵌入的 TrueType 字体等选项，默认包含链接的文件
和嵌入的 TrueType 字体。单击"复制到 CD"按钮，
即可将选中的演示文稿文件刻录到 CD 中。

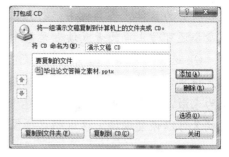

（2）打包到文件夹。若要将文件打包到磁盘文
件的某个文件夹或某个网络位置，在"打包成 CD"

图 5-54 "打包成 CD"对话框

对话框中，单击"复制到文件夹(F)"按钮，打开"复制到文件夹"对话框；选中打包文件
所在的位置和文件夹名称后，单击"确定"按钮，系统开始打包。

2）将演示文稿转换为直接放映格式

选择"文件"→"保存并发送"命令，在"文件类型"列表中选择"更改文件类型"，
打开"更改文件类型"列表，如图 5-55 所示，双击"PowerPoint 放映"，打开"另存为"
对话框，其中自动选择保存类型为"PowerPoint 放映（*.ppsx）"，选择存放路径和文件名，
然后单击"保存"按钮即可。

图 5-55 "更改文件类型"列表

说明：将演示文稿转换为直接放映格式后，在没有安装 PowerPoint 应用程序的计算机
上双击放映格式（*.ppsx）文件即可放映该演示文稿。

3）将演示文稿转换成视频

PowerPoint 2010 提供了将演示文稿转换成视频的功能，还可以一并录制背景音乐、旁
白。因此，可以生成一个自动播放的演讲，而不需要演讲者本人在场。

选择"文件"→"保存并发送"命令，选择"创建视频"选项，在"不使用录制计时
和旁白"下拉列表中根据需要选择是否录制计时和旁白；设置完成后，单击"创建视频"
按钮，打开"另存为"对话框，选定创建后的视频存放的位置及文件名。创建的视频为

"Windows Media 视频（*.wmv）"格式，单击"保存"按钮开始进行转换。如果要将演示文稿中的背景音乐合并到视频中，必须保证该音乐文件是"包含在演示文稿中"的。

4）将演示文稿转换为 PDF 文件输出

PDF 文件格式是作为全世界可移植电子文档的通用格式，能够正确保存源文件的字体、格式、颜色和图片，使文件的交流可以轻易跨越应用程序和系统平台的限制，是当前流行的一种文档格式。

选择"文件"→"另存为"命令，打开"另存为"对话框，在"保存类型"中选择"PDF（*.pdf）"；单击"选项"按钮，打开"选项"对话框，在该对话框中可以设置幻灯片范围、发布选项、包括非打印信息、PDF 选项等，在设置完成后单击"确定"按钮保存更改；单击"确定"按钮，返回"另存为"对话框，选定 PDF 文件保存的位置，并输入文件名，最后单击"保存"按钮，完成 PDF 文件的转换输出。

说明：单击"另存为"对话框中的"工具"下拉按钮，在打开的下拉列表中选择"常规选项"，打开"常规选项"对话框，可以为输出得到的 PDF 文件设置密码。

5）将演示文稿转换为图片输出

演示文稿的图片输出是指将幻灯片转换成图片，生成相应的图片文件。可以仅将当前的幻灯片页面转换为图片，也可以将演示文稿中所有幻灯片转换为多张图片输出。

选择"文件"→"另存为"命令，打开"另存为"对话框，在该对话框中选择相应的图片文件格式，如"JPEG 交换文件格式（*.jpg）"或"GIF 可交换的图形格式（*.gif）"或*.png 格式或*.bmp 格式等；选择文件保存的位置，并输入文件名，单击"保存"按钮，打开如图 5-56 所示的对话框，选择希望转换的方式进行转换。

图 5-56　转换对话框

说明："每张幻灯片"按钮会将演示文稿中所有幻灯片进行转换，会在选定的目录下创建一个子目录，每张幻灯片都将生成一个图片文件，文件名称为设定的文件名加上自动序号。

 **习　　题**

一、选择题

1．PowerPoint 2010 中，演示文稿和幻灯片的关系是（　　）。

　A．演示文稿包含幻灯片　　　　　　　　B．幻灯片就是演示文稿

　C．幻灯片包含演示文稿　　　　　　　　D．演示文稿不包含幻灯片

2．演示文稿存储后，默认的扩展名是（　　）。

　A．.docx　　　　　　B．.exe　　　　　　C．.bmp　　　　　　　D．.pptx

3．下列操作中，无法退出 PowerPoint 2010 的是（　　）。

　A．选择"文件"→"退出"命令　　　　　B．单击标题栏上的"关闭"按钮

C．选择"文件"→"关闭"命令　　　　D．选择"窗口"→"拆分"命令

4．幻灯片中占位符的作用是（　　　）。

　A．表示文本长度　　　　　　　　　B．限制插入对象的数量

　C．表示图形的大小　　　　　　　　D．为文本、图形预留位置

5．PowerPoint 2010 中，插入音乐应执行（　　　）。

　A．"插入"→"音频"命令

　B．"插入"→"对象"命令

　C．"插入"→"超链接"命令

　D．"插入"→"幻灯片（从文件）"命令

6．关于母版，下列说法不正确的是（　　　）。

　A．标题母版为使用标题版式的幻灯片设置格式

　B．通过对母版的设置可以控制幻灯片中各部分的表现形式

　C．通过对母版的设置可以预定义幻灯片的背景、字体格式、占位符大小和位置等。

　D．修改母版不会给任何幻灯片的格式带来影响

7．PowerPoint 2010 中，不能设置（　　　）。

　A．动画播放顺序　　　　　　　　　B．动画播放速度

　C．动画延迟时间　　　　　　　　　D．幻灯片切换动画

8．要从第 2 张幻灯片跳转到第 8 张幻灯片，应使用（　　　）。

　A．动画方案　　　　B．自定义动画　　　　C．动作按钮　　　　D．幻灯片切换

9．PowerPoint 2010 中，下列有关移动和复制文本叙述中，不正确的是（　　　）。

　A．文本在复制前，必须先选定　　　B．文本复制的快捷键是【Ctrl+C】

　C．文本的剪切和复制没有区别　　　D．文本能在多张幻灯片间移动

10．在 PowerPoint 2010 的普通视图中，隐藏了某个幻灯片后，在幻灯片放映时被隐藏的幻灯片将会（　　　）。

　A．从文件中删除

　B．在幻灯片放映时不放映，但仍然保存在文件中

　C．在幻灯片放映是仍然可放映，但是幻灯片上的部分内容被隐藏

　D．在普通视图的编辑状态中被隐藏

二、简答题

1．简述创建一个演示文稿的主要步骤。

2．如何能让第一张幻灯片中的声音文件在所有幻灯片放映时能连续播放？

3．如何应用背景、主题配色方案、版式？

4．用什么方法才能将一个演示文稿在没有安装 PowerPoint 2010 的计算机上放映？

第 6 章
Access 2010数据库应用技术

数据库是 20 世纪 60 年代后期发展起来的一项重要技术，70 年代得到迅猛发展。经过 40 多年的发展，现已形成相当规模的理论体系和应用技术，不仅应用于事务处理，并且进一步应用到人工智能、情报检索、计算机辅助设计等各个领域。

 ## 6.1 Access 2010 数据库和表

数据库是数据管理有效的方法，它较好地解决了数据冗余和数据共享的问题，而表是关系数据库管理系统的基本结构，是关系数据库中最基本的对象，是其他对象的主要数据来源。

6.1.1 数据库基础知识

1．数据库相关概念

1）数据库（DataBase，DB）

数据库是数据库系统的数据源，是长期存储在计算机内的、有组织的、可共享的数据的集合。实际上数据库就是为了实现一定的目的按某种规则组织起来的数据的集合。比如学校教务处的教务管理数据库，就保存了学生的基本信息、学校的开课信息和学生的选课成绩信息以及教师的一些基本数据等。

2）数据库管理系统（DataBase Management System，DBMS）

数据库管理系统是数据库系统的一个重要组成部分，它是位于用户与操作系统之间的一层数据管理软件，它是为数据库的建立、使用和维护而配置的软件。数据库管理系统统一管理、统一控制数据库建立、使用和维护。如常见的 Access 2010、SQL Server、Oracle 等都是常用的数据库管理系统。

3）数据库应用系统（DataBase Application System，DBAS）

数据库应用系统是指系统开发人员利用数据库系统资源开发的面向某一类实际应用的软件系统。例如，基于学生课程成绩数据库开发的教务管理系统，基于单位职工数据开发的人事管理系统、基于学生图书数据开发的图书馆管理系统等。

4）数据库系统（DataBase System，DBS）

数据库系统（DataBase System，DBS）是指带有数据库并利用数据库技术进行数据管理的计算机系统。

2．实体间的联系及分类

实体之间的对应关系称为联系，它反映现实世界事物之间的相互关联。两个实体间的联系可以归结为三种类型。

1）一对一联系（One-To-One Relationship）

如果对于实体集 A 中的每一个实体，实体集 B 中有且只有一个实体与之联系，反之亦然，则称实体集 A 与实体集 B 具有一对一联系。例如，一个班级只有一个班长，一个班长只有在一个班级任班长，班级与班长之间的联系就是一对一的联系。

2）一对多联系（One-To-Many Relationship）

如果对于实体集 A 中的每一个实体，实体集 B 中有多个实体与之联系，反之，对于实体集 B 中的每一个实体，实体集 A 中至多只有一个实体与之联系，则称实体集 A 与实体集 B 有一对多的联系。例如，一个班级中可以有多名学生，而一个学生一般只能在一个班级中注册学习，班级和学生之间存在一对多联系。

一对多联系是最普遍的联系，广泛存在于实体与实体之间。例如，在教务管理数据库中，学生和成绩之间建立的关系就是一对多联系，其中学生为一端，成绩为多端，也就是说一个学生记录可以对应于多条成绩记录，一条成绩记录具体对应于某个学生的某门课程的成绩，这跟实际也是很吻合的。

3）多对多联系（Many-To-Many Relationship）

如果对于实体集 A 中的每一个实体，实体集 B 中有多个实体与之联系，而对于实体集 B 中的每一个实体，实体集 A 中也有多个实体与之联系，则称实体集 A 与实体集 B 之间属于多对多的联系。例如，一个学生可以选修多门课程，一门课程可以被多名学生选修。因此，学生和课程间存在多对多的联系。

理论上是存在多对多联系的，但在一般数据库软件中不支持这种联系，因为会给处理数据带来许多麻烦，因此，会将一个多对多联系分解为多个一对多联系。

6.1.2 关系数据库

1．关系数据库基本概念

1）关系（Relation）

一个关系就是一张二维表，每个关系有一个关系名。在 Access 中，一个关系存储为一个表，具有一个表名。

对关系的描述称为关系模式，一个关系模式对应一个关系的结构。其格式为：

关系名（属性名 1，属性名 2，……，属性名 n）。

2）元组（Tuple）

二维表（关系）中的每一行是一个元组，对应于表中的一条记录。如教务管理数据库中学生表的记录就是学生关系的元组。

3）属性（Attribute）

二维表中的每一列，对应于表中的字段。

4）域（Domain）

属性的取值范围称为域，也称值域。例如，成绩的取值在 0～100 分之间，性别只能取"男"或"女"等。

5）关键字（Primary Key）

关键字是属性或属性的集合，关键字的值能够唯一地标识一个元组。例如，学生表中的学号，教师表中的教师工号等。在 Access 中，主关键字和候选关键字就起唯一标识一个元组的作用。

6）外部关键字（Foreign Key）

如果表中的一个字段不是本表的主关键字，而是另外一个表的主关键字和候选关键字，这个字段（属性）就称为外部关键字。例如，成绩表中的学号，虽然不是成绩表的关键字，但是属于学生表的关键字，所以，成绩表中的学号就是外部关键字。

2．关系的特点

在关系模型中对关系有一定的要求，关系必须具有以下特点：

（1）关系必须规范化。关系模型中的每一个关系模式都必须满足一定的要求。最基本的要求是每个属性必须是不可分割的数据单元，即表中不能再包含表。如表 6-1 所示的关系就不满足规范化要求，工资和扣除项包含子项。

表 6-1　不符合规范关系

职　工　号	姓　　名	职　　称	工　　资			扣　　除		实　　发
			基本工资	岗位津贴	业绩津贴	三险	个人所得税	
86051	陈平	讲师	1305	1200	1850	160	112	4083

（2）属性名必须唯一，即一个关系中不能出现相同的属性名。

（3）关系中不允许有完全相同的元组，如果出现相同元组，数据库中的数据就会产生冗余，而数据库管理数据一个突出的特点就是低冗余。

（4）在一个关系中元组和属性的顺序都是无关紧要的。

3．关系运算

对于关系数据库进行查询时，需要找到用户感兴趣的数据，这就需要对关系进行一定的关系运算。关系的基本运算有两类：一类是传统的集合运算（并、差、交等），由于篇幅的限制，这里不讲传统的集合运算；另一类是专门的关系运算（选择、投影、连接），有些查询需要几个基本运算的组合。

1）选择（Select）

从关系中找出满足给定条件的元组的操作称为选择。选择的条件以逻辑表达式给出，使逻辑表达式的值为真的元组将被选取。例如，要从学生表中找出家庭收入小于 30 000 的学生，所进行的查询操作就属于选择运算。

2）投影（Projection）

从关系模式中指定若干属性组成新的关系称为投影。投影是从列的角度进行的运算，相当于对关系进行垂直分解。经过投影运算可以得到一个新的关系模式，所包含的属性个数往往比原关系少，或者属性的排列顺序不同。例如，要从学生关系中查询学生的"学号""姓名"和"政治面貌"，所进行的查询操作就属于投影运算。

3）连接（Join）

连接是关系的横向结合。连接运算将两个关系模式拼接成一个更宽的关系模式，生成的新关系中包含满足连接条件的元组。它是通过连接条件来控制的，连接条件中将出现两个表中的公共属性名，或者具有相同的语义、可比的属性。例如要查询学生的成绩信息，要求显示学号、姓名、考分信息，就必须使用连接运算，因为所需的信息不在一个表中，而学生表和成绩有公共字段学号，所以可以通过学号进行连接。

4．关系的完整性

1）实体完整性（Entity Integrity）

实体完整性规则要求关系中记录的关键字字段不能为空，不同记录的关键字，字段值也不能相同，否则，关键字就失去了唯一标识记录的作用。

微课 6-1：关系的完整性

如学生表将学号字段作为主关键字，那么，该列不得有空值，否则无法对应某个具体的学生，意思是如果没有确定一个实体，那么它的记录是不能输入到数据库中去的，当我们试图给一个没有确定学号的学生添加记录时，会出现图 6-1 所示的提示框，不能添加记录。

2）参照完整性（Referential Integrity）

参照完整性规则要求关系中"不引用不存在的实体"，定义了外键与主键之间的引用规则。例如学生表中的"学号"字段是该表的主键，但在成绩表中是外键，通过图 6-2 所示的设置，可以对两个表实施参照完整性约束，设置这种约束后，则在成绩表中"学号"字段的值只能取"空"

图 6-1　违反实体完整性提示框

或取学生表中"学号"的其中值之一，若违反，将弹出图 6-3 所示的对话框。

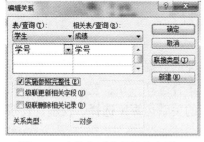

图 6-2　实施参照完整性约束设置

图 6-3　违反参照完整性提示框

3）用户自定义完整性（Definition Integrity）

实体完整性和参照完整性适用于任何关系型数据库系统，它主要是针对关系的主关键字和外部关键字取值必须有效而做出的约束。用户定义完整性则是根据应用环境的要求和实际的需要，对某一具体应用所涉及的数据提出约束性条件。这一约束机制一般不应由应用程序提供，而应由关系模型提供定义并检验。用户定义完整性主要包括字段有效性约束和记录有效性约束。如图 6-4 所示的设置，可以对成绩表中的"成绩"字段的取值范围进行规定，只能取 0～100 之间的值，如果违反规定输入数据，则会弹出图 6-5 所示的提示。

| 图 6-4 | 用户自定义完整性约束设置 | 图 6-5 | 违反用户自定义完整性约束提示框 |

6.1.3　Access 2010 数据库和表的建立

1. 数据库的创建

创建 Access 数据库有两种方法，一是建立一个空数据库，然后向其中添加表、查询、窗体、报表等对象；二是使用 Access 提供的模板，通过简单操作创建数据库。创建数据库后，可随时修改或扩展数据库。

2. 设置默认数据库文件的路径

用 Access 所创建的各种文件都需要保存在磁盘中，为了快速正确地保存和访问磁盘上的文件，应当设置默认的磁盘目录。在 Access 中，如果不指定保存路径，则使用系统默认的保存文件的位置。

选择"文件"→"选项"命令，打开"Access 选项"对话框，选择"常规"选项卡。在"默认数据库文件夹"文本框中输入设定的路径，并单击"确定"按钮，以后每次启动 Access，此文件夹都是系统默认数据库保存的文件夹，直到再次更改为止。

3. 数据表的创建

表是数据记录的集合，是数据库最基本的组成部分。在关系数据库管理系统中，表是数据库中用来存储和管理数据的对象，它是整个数据库系统的基础，也是数据库其他对象的数据来源。在一个数据库中可以建立多个表，通过表与表之间的连接关系，就可以将存储在不同表中的数据联系起来供用户使用。

1）表的组成

数据表简称表，是由表结构和表中的数据两部分组成。

2）字段数据类型

Access 2010 的数据类型有十二种，可以是文字、数字、图像或声音。Access 2010 数据库支持的数据类型及用途如表 6-2 所示。

表 6-2　Access 2010 的数据类型及其用途

数 据 类 型	标　识	用　途	字 段 大 小
文本	Text	文本或文本与数字的组合，或者不需要计算的数字	最多为 255 个中文或英文字符
备注	Memo	长文本或文本和数字的组合，如注释或说明	最多 65535 个字符
数字	Number	用于数学计算的数值数据	1，2，4，8 个字节

续表

数 据 类 型	标　识	用　途	字 段 大 小
日期/时间	Date/time	表示日期和时间	8 个字节
货币	Money	用于计算的货币数值与数值数据，小数点后 1～4 位，整数最多 15 位	8 个字节
自动编号	AutoNumber	在添加记录时自动插入的唯一顺序或随机编号，此类型字段不能更新	4 个字节
是/否	Logical	用于记录逻辑型数据 Yes(−1)/No(0)	1 位
OLE 对象	OLE Object	内容为非文本、非数字、非日期等内容，也就是用其他软件制作的文件	最多为 1GB
超级链接	Hyperlink	存储超链接的字段，超链接可以是 UNC 路径或 URL 字段	最长 2048 个字符
附件	Accessory	存储所有种类的文档和二进制文件，可将其他程序中的数据添加到该字段中	最大为 2GB
计算	Calculation	计算类型用于显示计算结果，计算时必须引用同一表中的其他字段	8 个字节
查阅向导	Lookup Wizard	在向导创建的字段中，允许使用组合框来选择另一个表中的值	与用于执行查阅的主键字段大小相同

3）建立表结构

Access 2010 的数据表由"结构"和"内容"两部分构成。通常是先建立数据表结构，即"定义"数据表，然后再向表中输入数据，即完成数据表的"内容"部分。

建立表结构有三种方法，一是使用设计视图创建表，这是一种最常用的方法；二是使用数据表视图创建表，在数据表视图中直接在字段名处输入字段名，该方法比较简单，但无法对每一字段的数据类型、属性值进行设置，一般还需要在设计视图中进行修改；三是通过从外部数据导入的方式建立表。所谓导入表，就是把当前数据库以外的表导入到当前数据库中，可以通过从另一个数据库文件、Excel 文件、文本文件中导入数据的方法创建新表。

4）向表中输入数据

创建表结构后，数据库的表仍是没有数据的空表，所以，创建表对象的另一个重要任务是向表中输入数据。可直接向表中输入数据，也可以重新打开表输入数据。打开表的方法有以下几种：

方法一：在导航窗格中双击要打开的表。

方法二：右击要打开的表的图标，在弹出的菜单中选择"打开"命令。

方法三：若表处于设计视图状态下，右击表格标题栏并在弹出的菜单中选择"数据表视图"命令，即可切换到数据表视图。

5）常用字段属性及其设置

表结构中的每个字段都有一系列的属性定义，字段属性决定了如何存储和显示字段中的数据。每种类型的字段都有一个特定的属性集。

Access 为大多数属性提供了默认设置，一般能够满足用户的需要，用户也可以改变默认设置。字段的常规属性如表 6-3 所示。

表 6-3　字段的常规属性

属　　性	作　　用
字段大小	设置文本、数据类型的字段中数据的范围，可设置的最大字符数为 255
格式	控制显示和打印数据格式，选项预定义格式或输入自定义格式
小数位数	指定数据的小数位数，默认值是"自动"，范围是 0～15
输入法模式	确定当焦点移至该字段时，准备设置的输入法模式
输入掩码	用于指导和规范用户输入数据的格式
标题	在各种视图中，可以通过对象的标题向用户提供帮助信息
默认值	指定数据的默认值，自动编号和 OLE 数据类型无此项属性
有效性规则	一个表达式，用户输入的数据必须满足该表达式
有效性文本	当输入的数据不符合"有效性规则"时，要显示的提示性信息
必填字段	该属性决定是否出现 Null(空)值
允许空字符串	决定文本和备注字段是否可以等于零长度字符串("")
索引	决定是否建立索引及索引的类型
Unicode 压缩	指定是否允许对该字段进行 Unicode 压缩

6）设置表的主键

主键也称主关键字，是唯一能标识一条记录的字段或字段的组合。指定了表的主键后，在表中输入新记录时，系统会检查该字段是否有重复数据。如果有，则禁止重复数据输入到表中。同时，系统也不允许主关键字段中的值为 Null。

7）建立表之间的关系

前面已经介绍了创建数据库的表的基本方法，但在 Access 中要想管理和使用好表中的数据，就应建立表与表之间的关系，只有这样，才能将不同表中的相关数据联系起来，才能为建立查询、创建窗体或报表打下良好的基础。

数据库中的两个表之间要建立关系，先分析出两表的公共字段，然后直接在两表的公共字段上拖动鼠标即可建立两表之间的关系。

【例 6-1】在 E 盘教务管理数据库文件夹中建立教务管理.accdb 数据库，然后通过表设计视图创建学生表和成绩表，其表结构如表 6-4 和表 6-5 所示，然后建立两表的关系，并实施参照完整性约束。

表 6-4　学生表结构

字　段　名	类　　型	字 段 大 小	字　段　名	类　　型	字 段 大 小
学号	文本	12	专业	文本	16
姓名	文本	4	籍贯	文本	12
性别	文本	2	政治面貌	文本	4
出生日期	日期/时间		家庭收入	数字	单精度型

表 6-5　成绩表结构

字 段 名	类 型	字 段 大 小
学号	文本	12
课程号	文本	6
考分	数字	单精度型

微课 6-2：数据库和表的建立

（1）在 E 盘教务管理数据库文件夹中建立教务管理.accdb 数据库，通过表设计视图创建学生表和成绩表。

① 启动 Access 2010，选择"文件"→"新建"命令，在右侧窗格中选择"空数据库"选项，设置好文件名称，如图 6-6 所示。

图 6-6　新建数据库界面

② 单击图 6-6 所示的"创建"按钮，这时 Access 开始创建数据库，并自动创建一个名称为"表 1"的数据表，该表以数据表视图方式打开。数据表视图中有两个字段，一个是默认的"ID"字段，另一个是用于添加新字段的标识"单击以添加"；光标位于"单击以添加"列的第一个空单元格中。

③ 切换到"表 1"的设计视图，将表命名为"学生"，如图 6-7 所示。

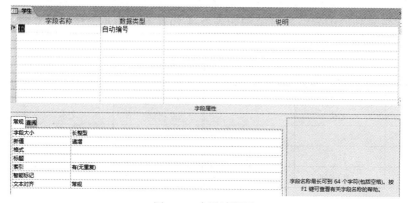

图 6-7　表设计视图

说明：表的设计视图分为上下两部分。上半部分是字段输入区，从左至右分别为字段选定器、"字段名称"列、"数据类型"列和"说明"列。字段选定器用来选择某一字段；"字段名称"列用来说明字段的名称；"数据类型"列用来定义该字段的数据类型；如果需要，可以在"说明"列中对字段进行必要的说明。下半部分是字段属性区，在此区中可以设置字段的属性值，由"常规"和"查阅"两个选项卡组成，右侧是帮助提示信息。

④ 单击"字段名称"列，并在其中输入"学生"表的第一个字段名称"学号"；然后单击"数据类型"列，并单击其右侧的向下箭头按钮，这时弹出一个下拉列表，列表中列出了 Access 提供的十二种数据类型，选择"文本"数据类型。

⑤ 在"常规"选项卡中设置学号"字段大小"为 12。

⑥ 按照上述方法定义完全部字段后，单击第一个字段"学号"的选定器，然后单击"主键"按钮，给"学生"表定义了一个主关键字。

⑦ 单击快速访问工具栏中的"保存"按钮以保存表，便完成了表结构的创建。创建好的"学生"表结构如图 6-8 所示。

⑧ 同样的方法可以创建"成绩"表。创建好的"成绩"表结构如图 6-9 所示。

图 6-8　建好的"学生"表结构　　　　图 6-9　建好的"成绩"表结构

（2）创建学生表和成绩表之间的关系，并实施参照完整性。

① 单击"数据库工具"→"关系"组→"关系"按钮，打开"显示表"对话框。

② 在"显示表"对话框中，单击"学生"表，然后单击"添加"按钮，接着使用同样的方法将"成绩"表添加到图 6-10 所示的"关系"对话框中。

③ 选定学生表中的"学号"字段，然后按下鼠标左键并拖动到"成绩"表中的"学号"字段上，释放鼠标，屏幕显示图 6-11 所示的"编辑关系"对话框，勾选"实施参照完整性"复选框。

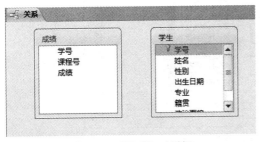

图 6-10　"关系"对话框　　　　　　图 6-11　"编辑关系"对话框

④ 单击"创建"按钮，即可显示所建的两表之间的关系，如图 6-12 所示。

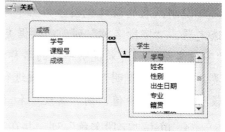

图 6-12　两表建立关系后的效果

【例 6-2】在 E 盘教务管理数据库文件夹中有教务管理数据库（后缀为.accdb）和 Excel 文件"教材用课程名称.xlsx"两个文件，要求将 Excel 文件导入到"教务管理.accdb"数据库文件中。

（1）单击"外部数据"→"导入并链接"组→"Excel"按钮，打开"获取外部数据-Excel 电子表格"对话框，单击"浏览"按钮，选择要导入的 Excel 文件"教材用课程名称.xlsx"，如图 6-13 所示。

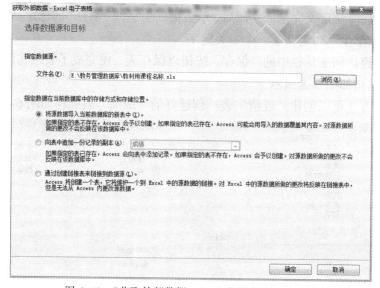

图 6-13　"获取外部数据-Excel 电子表格"对话框

（2）单击"确定"按钮，打开"导入数据表向导"对话框 1，如图 6-14 所示。

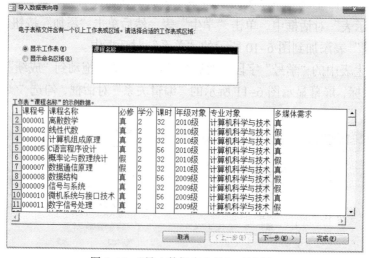

图 6-14　"导入数据表向导"对话框 1

（3）选择要导入的工作表，然后单击"下一步"按钮，打开"导入数据表向导"对话框 2，如图 6-15 所示。

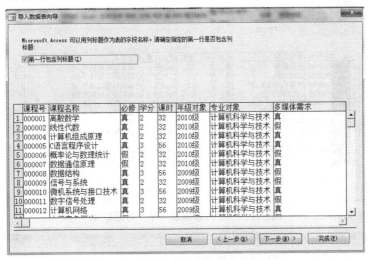

图 6-15　"导入数据表向导"对话框 2

（4）单击"下一步"按钮，打开"导入数据表向导"对话框 3，如图 6-16 所示。

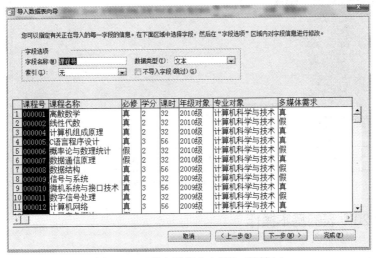

图 6-16　"导入数据表向导"对话框 3

（5）单击图 6-16 下方列表框中的列，可分别为各字段命名，然后单击"下一步"按钮，打开"导入数据表向导"对话框 4，如图 6-17 所示。

（6）选择"让 Access 添加主键"单选按钮，然后单击"下一步"按钮，打开"导入数据表向导"对话框 5，如图 6-18 所示。

（7）在图 6-18 中输入新表名"课程名称"，然后单击"完成"按钮，打开"获取外部数据-Excel 电子表格"对话框 6，单击"关闭"按钮，完成 Excel 文件的导入。

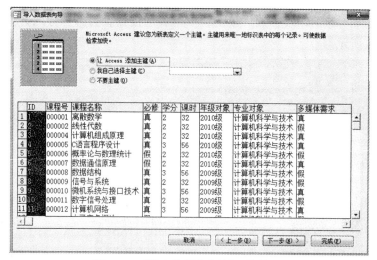

图 6-17　"导入数据表向导"对话框 4

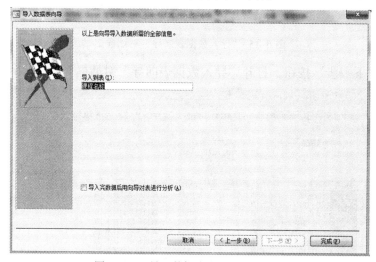

图 6-18　"导入数据表向导"对话框 5

6.1.4　Access 2010 表的基本操作

1. 维护表结构

对表结构的修改是在表设计视图中进行的，主要包括添加字段、删除字段、修改字段名、改变字段顺序及更改字段属性，这个内容相对较容易，主要在后面的案例中说明，在此就不做叙述。

2. 维护表的内容

维护表内容的操作均是在数据表视图中进行的，主要包括添加、删除和修改记录等操作，它们是 Access 2010 表内容的基本操作。

1）添加记录

添加新记录时，使用数据表视图打开要添加的表，可以将光标直接移到表的最后一行上，直接输入要添加的数据；也可以单击"记录导航条"上的新空白记录按钮，或单击"开始"→"记录"→"新建"按钮 ，光标会定位在表的最后一行，直接输入要添加的数据。

2）删除记录

在数据表视图下，单击记录前的记录选定器选中一条记录，然后单击"开始"→"记录"→"删除"按钮，或者右击，从弹出的菜单中选择"删除记录"命令，在弹出的"删除记录"提示框中，单击"是"按钮。

在数据表中可以一次删除多条相邻的记录。删除的方法是，先单击第一个记录的选定器，然后拖动鼠标选择多条连续的记录，最后执行删除操作。

注意：记录一旦被删除，是不可恢复的。

3）修改数据

修改数据非常简单，在数据表视图下，直接将光标定位于要修改数据的字段中，输入新数据或修改即可，然后直接关闭表。

4）查找或替换数据

在一个有多条记录的数据表中，若要快速查找信息，可以通过数据查找操作来完成，还可以对查找到的记录数据进行替换。

5）修饰表的外观

对表设计的修改将导致表结构的变化，会对整个数据库产生影响。但如果只是针对数据表视图的外观形状进行修改，则只影响数据在数据表视图中的显示，而对表的结构没有任何影响。实际上，可以根据操作者的个人喜好或工作上的实际需求，自行修改数据表视图的格式，包括数据表的行高和列宽、字体、样式等格式的修改与设定。

6）隐藏列或显示列

如果数据表具有很多字段，屏幕宽度不够显示其全部字段时，可以通过拖动水平滚动条的方式左右移动来观察各个字段的数据。如果其中有些字段根本不需要显示，可以将这些字段设置为隐藏列。隐藏列的含义是令数据表中的某一列或某几列数据不可见，并不是该列数据被删除，它依然存在，只是被隐藏起来看不见而已。可以采用以下两种方式操作实现：

（1）设置列宽为 0：将那些需要隐藏的字段宽度设为 0，这些字段列就成为隐藏列。

（2）设定隐藏列：选定相应列，执行"隐藏字段"命令，可以很方便地将光标当前所在列隐藏起来。

如果需将已经隐藏的列重新可见，可以选定相应列，执行"取消隐藏字段"命令，即可使已经隐藏的列恢复原来设定的宽度。

7）冻结列

如果数据表字段很多，有些字段就只能通过滚动条才能看到。若想总能看到某些列，可以将其冻结，在滚动字段时，这些列在屏幕上固定不动。例如"教务管理.accdb"数据库中的"学生"表，由于字段数比较多，当查看"学生"表中的"家庭收入"字段值时，"姓名"字段已经移出了屏幕，因而不能快速明确是哪位学生的"家庭收入"。解决这一问题的最好方法是利用 Access 提供的冻结列功能。

3. 复制、重命名及删除表

复制表可以对已有的表进行全部复制、只复制表的结构以及把表的数据追加到另一个表的尾部。重命名是对表进行重新命名，删除表是当表已经确定不用时，可以通过删除表来释放空间，这两个对表的操作必须在表关闭的状态下进行，可以在相应表对象的位置右击，通过快捷菜单完成。

4. 记录的排序

打开一个数据表进行浏览时，Access 一般是以按照输入时的先后顺序显示记录。如果想要改变记录的显示顺序，可以对记录进行排序。可设置字段的值以"升序"或"降序"的方式来重排表中的记录。

Access 可根据某一字段的值对记录进行排序，也可以根据几个字段的组合对记录进行排序。但是应该注意，排序字段的类型不能是备注、超链接和 OLE 对象类型。

在数据表中，按照一个关键字的升序或者降序排列的，称为单关键字排序。如果按两个以上的字段排序，称为多字段排序，图 6-19 就是对学生表按家庭收入升序排序结果。

学号	姓名	年级	专业	班级I	性界	出生日期	籍贯	政治面貌	家庭收
20101009	谭林	2010级	计算机科学与技术	2	男	1992/12/23	湖南省常宁县	共青团员	25000
20093009	余明亮	2009级	汉语言文学	5	女	1990/06/20	浙江省安吉	共青团员	25000
20101003	余明亮	2010级	计算机科学与技术	2	男	1992/01/11	湖南省宁乡县	中共党员	25000
20092003	刘璐	2009级	音乐学	3	男	1990/10/21	天津市蓟县	共青团员	25000
20102003	易佳豪	2010级	音乐学	4	男	1989/08/30	湖南省武冈县	共青团员	25000
20093010	王超	2009级	汉语言文学	5	女	1993/08/16	浙江省江山	共青团员	28000
20102005	曹健	2010级	音乐学	4	男	1989/12/18	湖南省洞口县	共青团员	28000
20103002	李牛顿	2010级	汉语言文学	6	男	1994/12/09	湖南省汨罗市	共青团员	28000
20104010	龙杰	2010级	法学	8	女	1990/11/05	湖南省泸溪县	中共党员	29000
20104004	吴展图	2010级	法学	8	男	1991/06/28	湖南省芝山区	共青团员	30000
20101010	魏金平	2010级	计算机科学与技术	2	男	1989/12/09	湖南省邵阳市	共青团员	30000
20103009	洪刚	2010级	汉语言文学	5	男	1992/06/16	湖南省桃江县	共青团员	30000
20104003	高旗	2010级	法学	8	男	1992/10/01	湖南省宜章县	共青团员	31000
20103008	邹奥	2010级	汉语言文学	6	女	1991/11/27	湖南省沅江市	共青团员	31000
20094006	周丽娟	2009级	法学	7	女	1993/11/29	湖南省芙蓉区	共青团员	31000
20093004	朱冬雪	2009级	汉语言文学	5	男	1989/01/06	吉林省东丰县	共青团员	31000
20091004	吴可鹏	2009级	计算机科学与技术	1	男	1992/12/18	湖南省新晃县	共青团员	32000

图 6-19　对学生表按家庭收入升序排序结果

5. 记录的筛选

在数据表视图中，可以利用筛选只显示出满足条件的记录，将不满足条件的记录隐藏起来，方便用户重点查看。Access 2010 提供了五种筛选记录的方法。

（1）使用筛选器筛选。

（2）按选定内容筛选。

（3）按窗体筛选。

（4）按筛选条件设置自定义筛选。

（5）高级筛选。

【例 6-3】在计算机 E:\大学计算机基础教材编写\理论 6-1 的文件夹中有一个数据库文件"学生基本信息.accdb"和一个"photo.bmp"图像文件，其中"学生基本信息.accdb"数据库中有已经设计好的表对象"tStud"。请按照以下要求，完成对表的操作：

微课 6-3：记录的筛选

（1）设置数据表显示的字体大小为 14、行高为 18。

（2）设置"姓名"字段的字段大小为 4。

（3）将"入校时间"字段的显示形式设置为中日期形式。

（4）设置性别字段为只能在"男"和"女"中选择，并设置默认值为"男"。

（5）设置年龄字段的有效性规则，数据只能接受 10～60 之间的数据，当数据不是这个区间数据时，给出提示："年龄只能是 10～60 之间的数据"。

（6）将学号为"20011001"的学生的"照片"字段数据设置成该文件夹下的"photo.bmp"图像文件。

（7）冻结"姓名"字段。

（8）删除表中第二条记录。

（9）完成上述操作后，将"备注"字段删除。

（10）筛选出政治面貌为党员的学生记录。

操作如下：

（1）设置数据表显示的字体大小为 14、行高为 18。

① 在窗口左侧导航窗格中选择"表"对象，双击"tStud"，打开表。

② 在"开始"→"文本格式"组→"字号"下拉列表中选择"14"，单击"确定"按钮。

③ 单击"开始"→"记录"组→"其他"下拉按钮，在展开的下拉列表中选择"行高"，在打开的图 6-20 所示的对话框中输入"18"，单击"确定"按钮。格式设置的结果如图 6-21 所示。

微课 6-4：表的基本操作之例 6-3

图 6-20　"行高"对话框　　　　　图 6-21　设置数据表格式结果

④ 单击快速访问工具栏中的"保存"按钮。

（2）设置"姓名"字段的字段大小为 4。

① 单击"开始"→"视图"组→"视图"→"设计视图"命令（或者右击"tStud"表，在弹出的菜单中选择"设计视图"命令）。

② 选中"姓名"字段，在"姓名"字段的"字段大小"行输入"4"，即可设置姓名字段的大小为 4，如图 6-22 所示。

图 6-22　"姓名"字段的字段大小设置

（3）将“入校时间”字段的显示形式设置为“中日期”形式。

① 在图 6-22 所示的设计视图中，单击“入校时间”字段行任一点。

② 在“格式”下拉列表中选择“中日期”，如图 6-23 所示。

③ 单击快速访问工具栏中的“保存”按钮，重新打开“tStud”表，可以看出，日期显示的格式已经变成中日期格式，结果如图 6-24 所示。

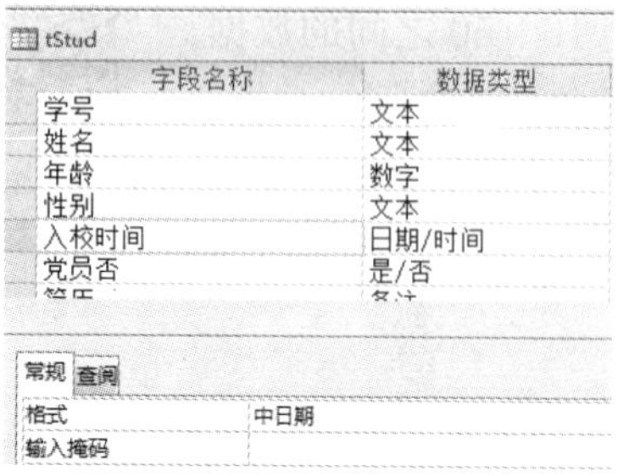

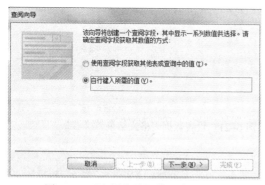

图 6-23 “入校时间”字段日期格式设置

姓名	学号	年龄	性别	入校时间
王希	20011001	21	男	03-09-01
王冠	20011002	18	男	05-09-04
陈风	20011003	19	女	04-09-11
张进	20011004	22	女	03-09-02
张保国	20011005	17	男	05-09-02
王小青	20021001	18	女	05-09-05
刘流	20021002	18	男	05-09-01
孙青青	20021003	19	女	04-09-04
舒华	20021004	21	男	03-09-07
陈进	20021005	20	男	04-09-03

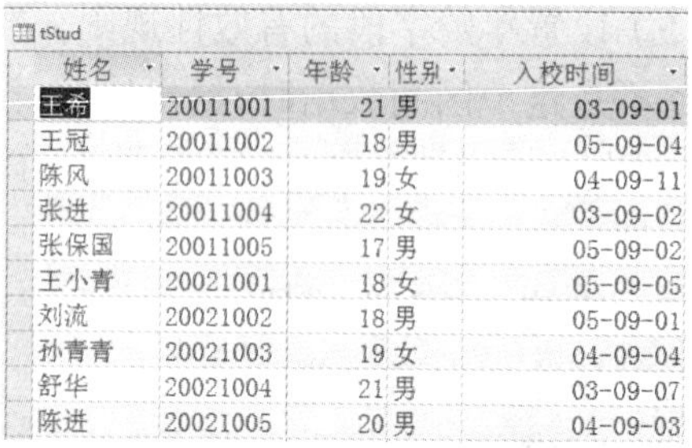

图 6-24 字段日期格式设置结果

（4）设置性别字段为只能在“男”和“女”中选择，并设置默认值为“男”。

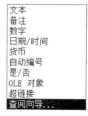

① 选择“tStud”表，单击“开始”→“视图”组→“视图”→“设计视图”命令（或者右击“tStud”表，在弹出的菜单中选择“设计视图”命令）。

② 选中“性别”字段，打开数据类型，选择查阅向导类型，如图 6-25 所示。

图 6-25 选择查阅向导类型

③ 在弹出的“查阅向导”第一个对话框中，选择第二项自行输入所需的值，如图 6-26 所示。

④ 在弹出的“查阅向导”第二个对话框中，在相应框中输入“男”和“女”，如图 6-27 所示。

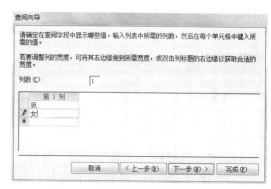

图 6-26 “查阅向导”第一个对话框

图 6-27 “查阅向导”第二个对话框

⑤ 单击“下一步”按钮，在弹出的“查阅向导”第三个对话框中，单击“完成”按钮即可。

⑥ 选择“tStud”表，单击“开始”→“视图”组→“视图”→“设计视图”命令，打开“tStud”表的设计视图，选择“性别”行，在常规项的默认值中输入“男”即可，如图 6-28 所示。

（5）设置年龄字段的有效性规则，数据只能接受 10 ~ 60 之间的数据，当数据不是这个区间数据时，给出提示："年龄只能是 10-60 之间的数据"。

① 单击"开始"→"视图"组→"视图"→"设计视图"命令（或者右击"tStud"表，在弹出的菜单中选择"设计视图"命令）。

② 选中"年龄"字段，在"年龄"字段的"有效性规则"行输入">=10 And <=60"，在"年龄"字段的"有效性文本"行输入"年龄只能是 10-60 之间的数据"，如图 6-29 所示。

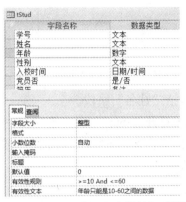

图 6-28　性别默认值设置　　　　　图 6-29　"年龄"字段的有效性规则设置

③ 转到数据表视图，当修改某个学生的年龄为 8 时，打开图 6-30 所示的对话框。

（6）将学号为"20011001"的学生的"照片"字段数据设置成考生文件夹下的"photo.bmp"图像文件。

① 单击"开始"→"视图"组→"视图"→"数据表视图"命令。

② 右击学号为"20011001"对应的照片列，在弹出的菜单中选择"插入对象"命令，如图 6-31 所示。

图 6-30　违反"年龄"字段的有效性规则对话框　　　　　图 6-31　右键菜单

③ 在弹出的对话框中选择"由文件创建"单选按钮，如图 6-32 所示，单击"浏览"按钮，在考生文件夹中找到要插入图片的位置，如图 6-33 所示。

④ 选中"photo.bmp"文件，单击"确定"按钮即可。

图 6-32 "Microsoft Access"对话框

图 6-33 "浏览"对话框

（7）冻结"姓名"字段。

① 双击打开"tStud"表，选择"姓名"字段列。

② 右击，在弹出的图 6-34 所示的菜单中选择"冻结字段"命令，可以看出，该字段处于冻结状态。

（8）删除表中第二条记录。

① 双击打开"tStud"表，选择学号为"20011002"行，在行头处右击，在弹出的菜单中选择"删除记录"命令，如图 6-35 所示。

② 在打开的图 6-36 所示的对话框中单击"是"按钮，可以得出图 6-37 所示的数据记录，可以看出，学号为"20011002"行的数据被删除。

图 6-34 选择"冻结字段"命令　图 6-35 选择"删除记录"命令　图 6-36 删除记录确认对话框

学号	姓名	年龄	性别	入校时间	党员否	简历	照片	备注
20011001	王希	21	男	03-09-01	☑	2003年在北京读大	Image	
20011003	陈凤	19	女	04-09-11	☑	2004年在北京读大		
20011004	张进	22	女	03-09-02	☑	2003年在北京读大		台属

图 6-37 执行删除记录结果

（9）完成上述操作后，将"备注"字段删除。

① 单击"开始"→"视图"组→"视图"→"设计视图"命令。

② 选择"备注"行。

③ 右击"备注"列，在弹出的菜单中选择"删除字段"命令，在打开的对话框中单击"确定"按钮。

④ 转到数据表视图，可以看出，原来表中的备注字段已经不存在，如图 6-38 所示。

图 6-38 "备注"字段删除结果

（10）筛选出政治面貌为党员的学生记录。

① 双击打开"tStud"表，单击"政治面貌"列的下拉按钮，打开筛选下拉列表，取消选中"No"复选框，如图 6-39 所示。

② 单击"确定"按钮，筛选出政治面貌是党员的学生记录，如图 6-40 所示。

图 6-39 筛选下拉列表　　　　　　　　图 6-40 筛选结果

 6.2 Access 2010 数据查询

数据库中往往存放了大量的数据，如何能从大量数据中直接找到用户想要的数据就显得尤为关键，而查询能从一个或者多个表中的大量数据中快速抽取出用户想要的数据，供用户查看、统计、分析和使用，查询结果还可以作为其他数据库对象（如报表、窗体）的数据来源。

6.2.1 查询概述

数据库管理系统的优点不仅在于它能存储数据，更在于它能处理数据。在 Access 2010 中，任何时候都可以从已经建立的数据库表中按照一定的条件抽取出需要的记录，查询就是实现这种操作最主要的方法。

1. 查询的功能

1）选择字段

以一个或多个表或查询为数据源，指定需要的字段，按照一定的准则将需要的数据集中在一起，为这些字段提供一个动态的数据表。例如，对于"学生"表，可以只选择"学号""姓名""性别""政治面貌"字段建立一个"查询"对象。

2）选择记录

"查询"对象还可以根据指定的条件查找数据表中的记录，只有符合条件的记录，才能在查询结果中显示。例如，可以基于"教师"表创建一个"查询"对象，只显示职称为"教授"或者"副教授"的教师信息。

3）编辑记录

"查询"对象可以一次编辑多个表中的记录，可以修改、删除及追加表中的记录。

4）实现计算

可以在"查询"对象中进行各种统计计算，如计算某门课的平均成绩。还可以建立一个计算字段来保存计算的结果。

5）建立新表

"查询"对象可以根据查询到的字段生成新的数据表。

2．查询的类型

Access 2010 提供了多种不同类型的查询方式，以满足对数据的多种不同需求。根据对数据源的操作和结果的不同分为五类：选择查询、参数查询、交叉表查询、操作查询和 SQL 查询。

1）选择查询

选择查询是最常见的查询类型，它可以指定查询准则（即查询条件），从一个或多个表，或其他"查询"对象中检索数据，并按照所需的排列顺序将这些数据显示在"数据表"视图中。使用选择查询还可以将数据分组、求和、计数、求平均值以及进行其他类型的计算。

2）参数查询

参数查询利用系统对话框，提示用户输入查询参数，按指定形式显示查询结果。它提高了查询的灵活性，实现了随机的查询需求。

3）交叉表查询

交叉表查询类似于 Excel 的数据透视表，利用表中的行和列以及交叉点信息，显示来自一个或多个表的统计数据，在行与列交叉处显示表中某字段的统计值。

4）操作查询

操作查询可以对数据库中的表进行数据操作。"操作查询"又可分成生成表查询、删除查询、追加查询、更新查询四种。

5）SQL 查询

SQL 查询是查询、更新和管理关系数据库的高级方式，是用结构化查询语言（Structured Query Language）创建的查询。并不是所有的 SQL 查询都能够在设计视图中创建出来，如联合查询、传递查询、数据定义查询和子查询只能通过编写 SQL 语句实现。

6.2.2　查询的创建

Access 2010 提供了两种创建查询的方法，一是使用查询向导创建查询，二是使用设计视图创建查询。本节只讲述使用设计视图创建查询。在设计视图中既可以创建如选择查询之类的简单查询，也可以创建像参数查询之类的复杂查询。通常，查询设计视图中查询项目及含义如表 6-6 所示。

表 6-6　查询项目及含义

项　　目	含　　义
字段	用来设置查询结果中要输出的列，一般为字段或字段表达式
表	字段所基于的表或查询
排序	用来指定查询结果是否在某字段上进行排序
显示	用来指定当前列是否在查询结果中显示（复选框选中时表示要显示）
条件	用来输入查询限制条件
或	用来输入逻辑的"或"限制条件
总计	在汇总查询时会出现，用来指定分组汇总的方式

1）创建选择查询

在实际应用中，查询往往需要指定一定的条件。例如，查找职称为教授的男教师。这种带条件的查询需要通过设置查询条件来实现。

查询条件是运算符、常量、字段值、函数以及字段名和属性等的任意组合，能够计算出一个结果。查询条件在创建带条件的查询时经常用到，因此，了解条件的组成，掌握它的书写方法非常重要。

（1）运算符。运算符是构成查询条件的基本元素。Access 提供了关系运算符、逻辑运算符和特殊运算符，三种运算符及含义如表 6-7 ~ 表 6-9 所示。

表 6-7　关系运算符及含义

关系运算符	说　明	关系运算符	说　明
=	等于	<>	不等于
<	小于	<=	小于等于
>	大于	>=	大于等于

表 6-8　逻辑运算符及含义

逻辑运算符	说　明
Not	当 Not 连接的表达式为假时，整个表达式为真
And	当 And 连接的表达式均为真时，整个表达式为真，否则为假
Or	当 Or 连接的表达式均为假时，整个表达式为假，否则为真

表 6-9　特殊运算符及含义

特殊运算符	说　明
In	用于指定一个字段值的列表，列表中的任意一个值都可与查询的字段相匹配
Between	用于指定一个字段值的范围，指定的范围之间用 And 连接
Like	用于指定查找文本字段的字符模式。在所定义的字符模式中，用"?"表示该位置可匹配任何一个字符；用"*"表示该位置可匹配任何多个字符；用"#"表示该位置可匹配一个数字；用方括号描述一个范围，用于可匹配的字符范围
Is Null	用于指定一个字段为空
Is Not Null	用于指定一个字段为非空

（2）函数。Access 提供了大量的内置函数，也称表中函数或函数，如算术函数、字符函数、日期/时间函数和统计函数等。这些函数为更好地构造查询条件提供了极大的便利，也为更准确地进行统计计算、实现数据处理提供了有效的方法。Access 2010 的在线帮助按字母顺序详细列出了它所提供的所有函数与说明，常用函数格式和功能请参考附录。

2）创建参数查询

在查询设计器窗口中，可以输入查询条件。但有时查询条件可能需要在运行查询时才能确定，此时就需要使用参数查询，一般在条件处用中括号表示。

3）创建交叉表查询

交叉表查询是利用表中的行和列以及交叉点信息，显示来自一个或多个表的统计数据。在用查询设计视图设计交叉表查询时，要注意以下几点：

（1）一个列标题：只能是一个字段作为列标题。

（2）多个行标题：可以指定多个字段作为行标题，但最多为 3 个行标题。

（3）一个值：设置为"值"的字段是交叉表中行标题和列标题相交单元格内显示的内容，"值"的字段也只能有一个，且其类型通常为"数字"。

【例 6-4】在计算机 E:\大学计算机基础教材编写\理论 6-2 文件夹中有一个数据库文件"客户房间信息.accdb"，里面已经设计好两个表对象"客户表"和"房间表"。请完成以下查询的创建：

① 创建一个查询，查找并显示所有客人的"姓名"、"房间号"、"电话"和"入住日期"四个字段内容，将查询命名为"客户入住信息"。

② 创建一个查询，查找"身份证"字段第 4 位至第 6 位值为"102"的记录，并显示"姓名"、"入住日期"和"价格"三个字段内容，将查询命名为"身份证号含 102 的客户信息"。

③ 创建一个查询，能够在客人结账时根据客人的姓名统计这个客人已住天数和应交金额，并显示"姓名"、"房间号"、"已住天数"和"应交金额"，将查询命名为"客户应交金额"。

注：输入姓名时应提示"请输入姓名："，应交金额 = 已住天数*价格。

④ 以表对象"房间表"为数据源创建一个交叉表查询，使用房间号统计并显示每栋楼的各类房间个数。行标题为"楼号"，列标题为"房间类别"，所建查询命名为"房间号统计"。

操作如下：

（1）创建一个查询，查找并显示所有客人的"姓名"、"房间号"、"电话"和"入住日期"四个字段内容，将查询命名为"客户入住信息"。

① 单击"创建"→"查询"组→"查询设计"按钮，打开"显示表"对话框，分别双击表"客户表""房间表"，然后关闭"显示表"对话框，建立表间关系，如图 6-41 所示。

② 分别双击"姓名"、"房间号"、"电话"和"入住日期"字段，

微课 6-5：查询设计之例 6-4

将其添加到"字段"行，如图 6-42 所示。

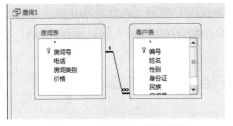

图 6-41　设置两个表的关系

图 6-42　设置查询字段

③ 单击"查询工具/设计"→"结果"组→"运行"按钮，显示客户的相关信息，如图 6-43 所示。

④ 按【Ctrl+S】组合键保存修改，另存为"客户入住信息"。关闭设计视图。

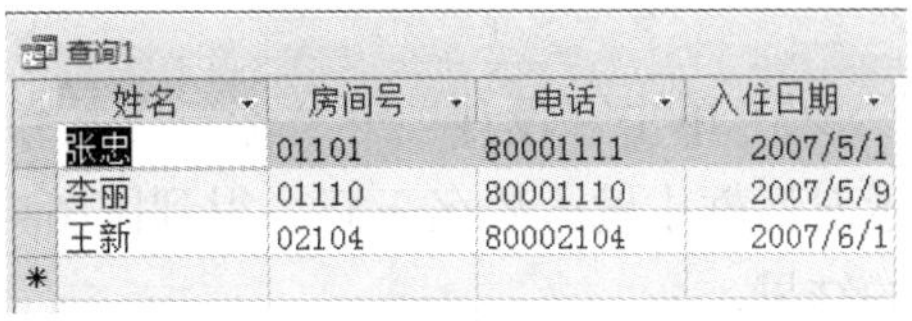

（2）创建一个查询，查找"身份证"字段第 4 位至第 6 位值为"102"的记录，并显示"姓名"、"入住日期"和"价格"三个字段内容，将查询命名为"身份证号含 102 的客户信息"。

① 单击"创建"→"查询"组→"查询设计"按钮，在"显示表"对话框中分别双击表"客户表""房间表"，关闭"显示表"对话框，建立表间关系，如图 6-41 所示。

② 分别双击"姓名"、"入住日期"、"价格"和"身份证"字段添加到"字段"行。

③ 在"身份证"字段的"条件"行输入"Mid([身份证],4,3)=102"，取消勾选"显示"复选框，取消该字段显示，如图 6-44 所示。

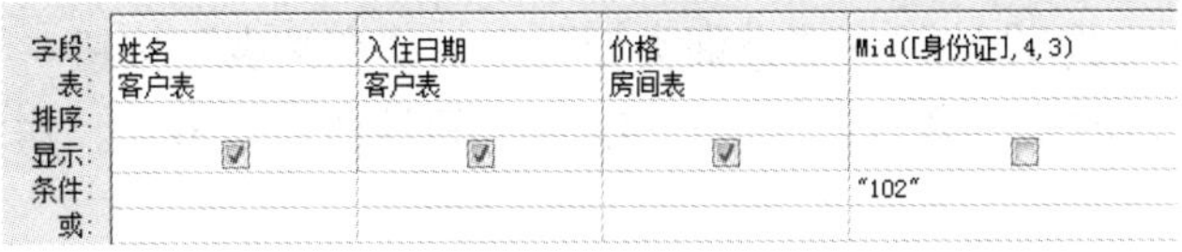

字段：	姓名	入住日期	价格	Mid([身份证],4,3)
表：	客户表	客户表	房间表	
排序：				
显示：	☑	☑	☑	□
条件：				"102"
或：				

图 6-44　设置查询条件

④ 单击"查询工具/设计"→"结果"组→"运行"按钮，显示客户的相关信息，如图 6-45 所示。

⑤ 按【Ctrl+S】组合键保存修改，另存为"身份证号含 102 的客户信息"。关闭设计视图。

图 6-45　运行结果

（3）创建一个查询，能够在客人结账时根据客人的姓名统计这个客人已住天数和应交金额，并显示"姓名"、"房间号"、"已住天数"和"应交金额"，将查询命名为"客户应交金额"。

注意：输入姓名时应提示"请输入姓名："，应交金额 = 已住天数*价格，假定当前日期为 #2007/6/5#。

① 单击"创建"→"查询"组→"查询设计"按钮，在"显示表"对话框中分别双击表"客户表""房间表"，关闭"显示表"对话框，建立表间关系。

② 分别双击"姓名""房间号"字段将其添加到"字段"行。在"姓名"字段的"条

件"行输入"[请输入姓名:]"。

③ 在"房间号"行的下一列输入"已住天数：Day(#2007/6/5#-[入住日期])"。

④ 在"已住天数"行的下一列输入"应交金额：Day(#2007/6/5#-[入住日期])*[价格]"，如图6-46所示。

图6-46　设置查询条件

⑤ 单击"设计"→"运行"按钮，在提示对话框中输入姓名王新，得到图6-47所示的结果。

⑥ 按【Ctrl+S】组合键保存修改，另存为"客户应交金额"。关闭设计视图。

图6-47　运行结果

（4）以表对象"房间表"为数据源创建一个交叉表查询，使用房间号统计并显示每栋楼的各类房间个数。行标题为"楼号"，列标题为"房间类别"，所建查询命名为"房间号统计"。

注意： 房间号前2位为楼栋号。

① 单击"创建"→"查询"组→"查询设计"按钮，在"显示表"对话框中双击"房间表"，关闭"显示表"对话框。

② 单击"查询工具/设计"→"查询类型"组→"交叉表"按钮。

③ 在"字段"行的第一列输入"楼号:Left([房间号],2)"。双击"房间类别""房间号"字段。

④ 在"房间号"字段的"总计"行下拉列表中选择"计数"。

⑤ 分别在"楼号""房间类别""房间号"字段的"交叉表"行下拉列表中选择"行标题"、"列标题"和"值"，交叉表设置如图6-48所示。

⑥ 单击"查询工具/设计"→"结果"组→"运行"按钮，得到房间统计结果，如图6-49所示。

图6-48　交叉表的设置

图6-49　交叉表运行结果

⑦ 按【Ctrl+S】组合键保存修改，另存为"房间号统计"。关闭设计视图。

4）创建操作查询

操作查询用于对数据库进行复杂的数据管理操作，用户可以根据自己的需要利用查询创建一个新的数据表以及对数据表中的数据进行增加、删除和修改等操作。也就是说，操作查询不像选择查询那样只是查看、浏览满足检索条件的记录，而是可以对满足条件的记录进行更改。

操作查询共有四种类型：生成表查询、删除查询、追加查询和更新查询。所有查询都将影响到表，其中，生成表查询在生成新表的同时，也生成新表数据；而删除查询、更新查询和追加查询只修改表中的数据。

注意：由于操作查询将改变数据表内容，而且某些错误的操作查询可能会造成数据表中数据的丢失，因此用户在进行操作查询之前，应先对数据库或表进行备份。

【例 6-5】在计算机 E:\大学计算机基础教材编写\理论 6-2 文件夹有一个教务管理.accdb 的数据库文件，该文件中有三个表，分别是"学生表"、"成绩表"和"课程表"，学生表中包含了多个班的学生信息，现要求通过生成表查询分别生成"1 班学生表"和"2 班学生表"，将"2 班学生表"中姓名为罗幸的同学数据追加到"1 班学生表"中，同时删除"2 班学生表"姓名为罗幸的学生信息，并将罗幸同学的所有课程的成绩加 2 分。

微课 6-6：查询设计之例 6-5

操作如下：

（1）通过生成表查询分别生成"1 班学生表"和"2 班学生表"，将"2 班学生表"中姓名为罗幸的同学数据追加到"1 班学生表"中。

① 单击"创建"→"查询"组→"查询设计"按钮，在"显示表"对话框双击"学生表"，关闭"显示表"对话框。

② 依次双击"学号"、"姓名"、"年级"、"专业"、"性别"和"出生日期""政治面貌""班级 ID"八个字段，"班级 ID"字段的条件设置为 1，但不显示，设置结果如图 6-50 所示。

字段	学号	姓名	年级	专业	性别	出生日期	政治面貌	班级ID
表	学生	学生	学生	学生	学生	学生	学生	学生
排序								
显示	☑	☑	☑	☑	☑	☑	☑	☐
条件								"1"
或								

图 6-50　生成表查询设置

③ 单击"查询工具/设计"→"查询类型"组→"生成表"按钮，打开"生成表"对话框，设置生成表的名称。

④ 单击"查询工具/设计"→"结果"组→"运行"按钮，在打开的对话框中单击"是"按钮。结果如图 6-51 所示，生成一个新表数据是"1 班学生表"。

学号	姓名	年级	专业	性别	出生日期	政治面貌
20091001	杨嘉枚	2009级	计算机科学与技术	男	1990/10/31	共产党员
20091002	汤跃	2009级	计算机科学与技术	男	1993/9/11	共青团员
20091003	黄雄	2009级	计算机科学与技术	男	1991/5/19	共青团员
20091004	吴可鹏	2009级	计算机科学与技术	男	1992/12/18	共青团员
20091005	熊琳	2009级	计算机科学与技术	女	1991/8/27	共青团员
20091006	陈涛	2009级	计算机科学与技术	男	1990/8/29	中共党员
20091007	文剑超	2009级	计算机科学与技术	男	1987/12/2	共青团员
20091008	陈洪	2009级	计算机科学与技术	男	1992/12/3	共青团员
20091009	张越男	2009级	计算机科学与技术	女	1989/2/9	共青团员
20091010	程昱義	2009级	计算机科学与技术	女	1991/9/16	共青团员

图 6-51　生成"1 班学生表"结果

⑤ 按照同样的步骤可以生成"2班学生表"，如图6-52所示。

⑥ 单击"创建"→"查询"组→"查询设计"按钮，在"显示表"对话框双击"2班学生表"，关闭"显示表"对话框。

学号	姓名	年级	专业	性别	出生日期	政治面貌
20101001	邓颖	2010级	计算机科学与	女	1993/2/27	共青团员
20101002	张耿	2010级	计算机科学与	女	1991/11/30	共青团员
20101003	余明亮	2010级	计算机科学与	男	1992/1/11	中共党员
20101004	谭倩	2010级	计算机科学与	男	1991/8/19	共青团员
20101005	罗幸	2010级	计算机科学与	男	1992/2/18	共青团员
20101006	汤姣	2010级	计算机科学与	男	1991/8/22	共青团员
20101007	瞿双洋	2010级	计算机科学与	男	1990/7/29	共青团员
20101008	邹志祥	2010级	计算机科学与	男	1987/12/22	共青团员
20101009	谭林	2010级	计算机科学与	男	1992/12/23	共青团员
20101010	魏金平	2010级	计算机科学与	男	1989/12/9	共青团员

图6-52　生成"2班学生表"结果

⑦ 依次双击"学号"、"姓名"、"年级"、"专业"、"性别"、"出生日期"和"政治面貌"7个字段，设置姓名的条件为"罗幸"，设置结果如图6-53所示。

字段：	学号	姓名	年级	专业	性别	出生日期	政治面貌
表：	2班学生表	2班学生表	2班学生表	2班学生表	2班学生表	2班学生表	2班学生表
排序：							
显示：	☑	☑	☑	☑	☑	☑	☑
条件：		"罗幸"					
或：							

图6-53　设置追加查询条件

⑧ 单击"查询工具/设计"→"查询类型"组→"追加"按钮，打开"追加"对话框，设置追加表的名称，单击"确定"按钮。

⑨ 单击"查询工具/设计"→"结果"组→"运行"按钮，在打开的对话框中单击"是"按钮。结果如图6-54所示，"1班学生表"中多了一条"罗幸"的记录。

学号	姓名	年级	专业	性别	出生日期	政治面貌
20091001	杨喜枚	2009级	计算机科学与技术	男	1990/10/31	中共党员
20091002	汤跃	2009级	计算机科学与技术	男	1993/9/11	共青团员
20091003	黄雄	2009级	计算机科学与技术	男	1991/5/19	共青团员
20091004	吴可鹏	2009级	计算机科学与技术	男	1992/12/18	共青团员
20091005	熊琳	2009级	计算机科学与技术	女	1991/8/27	共青团员
20091006	陈涛	2009级	计算机科学与技术	男	1990/8/29	中共党员
20091007	文剑超	2009级	计算机科学与技术	男	1987/12/2	共青团员
20091008	陈洪	2009级	计算机科学与技术	男	1992/12/3	共青团员
20091009	张越男	2009级	计算机科学与技术	女	1989/2/9	共青团员
20091010	程昱羲	2009级	计算机科学与技术	女	1991/9/16	共青团员
20101005	罗幸	2010级	计算机科学与技术	男	1992/2/18	共青团员

图6-54　追加查询结果

（2）单击"2班学生表"，依然可以看到罗幸同学，但实际上罗幸同学已经转到1班了，现要删除2班罗幸同学的记录，可以按照以下方法进行。

① 单击"创建"→"查询"组→"查询设计"按钮，在"显示表"对话框双击"2班学生表"，关闭"显示表"对话框。

② 单击"查询工具/设计"→"查询类型"组→"删除"按钮，双击"姓名"字段，设置姓名的条件为"罗幸"，设置结果如图6-55所示。

③ 单击"查询工具/设计"→"结果"组→"运行"按钮，在打开的对话框中单击"是"按钮。结果如图6-56所示，罗幸的记录已经不存在。

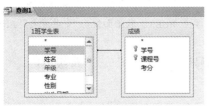

图 6-55　删除查询设置　　　　　　　图 6-56　删除查询运行结果

（3）下面对罗幸同学的所有课程成绩加 2 分，可以按如下操作步骤进行。

① 单击"创建"→"查询"组→"查询设计"按钮，在"显示表"对话框依次双击表"1 班学生表"和"成绩"表，关闭"显示表"对话框。

② 通过分析得出，两表通过"学号"建立关系，如图 6-57 所示。

③ 单击"查询工具/设计"→"查询类型"组→"更新"按钮，双击"姓名"和"考分"字段，设置姓名的条件为"罗幸"，设置"考分"字段的更新为[考分]+2，设置结果如图 6-58 所示。

图 6-57　建立两表的关系　　　　　　图 6-58　更新查询设置

④ 单击"查询工具/设计"→"结果"组→"运行"按钮，在打开的对话框中单击"是"按钮。通过更新前后的成绩对比，罗幸的所有成绩记录得到更新。

5）创建 SQL 查询

SQL 由 SQL 的数据定义语言、SQL 的数据操作语言、SQL 的特定查询语言组成，其中 SQL 的数据定义语言由 CREATE、DROP 和 ALTER 命令组成，而 SQL 数据操作语言是完成数据操作的命令，它由 INSERT（插入），DELETE（删除），UPDATE（更新）和 SELECT（查询）等组成。SQL 特定查询，主要包括联合查询、传递查询、数据定义查询和子查询。由于篇幅的限制，这里只介绍 SELECT 语句。

SELECT 语句是 SQL 中功能强大、使用灵活的语句之一，它能够实现数据的筛选、投影和连接操作，并能够完成筛选字段重命名、多数据源数据组合、分类汇总和排序等具体操作。SELECT 语句的一般格式为：

微课 6-7：查询的
创建

```
SELECT [ALL|DISTINCT] *|<字段列表>
FROM <表名 1>[,<表名 2>] …
[WHERE <条件表达式>]
[GROUP BY <字段名> [HAVING <条件表达式>]]
[ORDER BY <字段名> [ASC|DESC]]。
```

【例 6-6】在计算机 E:\大学计算机基础教材编写\理论 6-2 文件夹中有一个教务管理.accdb 的数据库文件，该文件中有三个表，分别是学生表、成绩表和课程表，使用 SQL 的查询语句完成以下查询操作：

① 查询学生的课程成绩信息，要求显示学生的"学号"、"姓名"、"课程名称"和"考分"信息。

② 查找政治面貌为党员的计算机科学与技术专业的学生，并显示"学号"、"姓名"、"性别"、"专业"、"班级 ID"和"家庭收入"。

③ 查找成绩不及格学生的信息，并显示"学号"、"姓名"、"班级 ID"、"课程名称"和"考分"，结果按学号的升序排序。

④ 按"学号"和"姓名"显示学生的课程平均成绩信息，结果按平均成绩的降序排序。

操作如下：

（1）查询学生的课程成绩信息，要求显示学生的"学号"、"姓名"、"课程名称"和"考分"信息。

SELECT 学生.学号,学生.姓名,课程名称.课程名称,成绩.考分 FROM 学生,成绩,课程名称 WHERE 学生.学号=成绩.学号 and 课程名称.课程号=成绩.课程号

（2）查找政治面貌为党员的计算机科学与技术专业的学生，并显示"学号"、"姓名"、"性别"、"专业"、"班级 ID"和"家庭收入"。

SELECT 学号,姓名,性别,班级 ID,家庭收入 FROM 学生 WHERE 政治面貌="中共党员"AND 专业="计算机科学与技术"

（3）查找成绩不及格学生的信息，并显示"学号"、"姓名"、"班级 ID"、"课程名称"和"考分"，结果按学号的升序排序。

SELECT 学生.学号, 学生.姓名, 学生.班级 ID, 课程名称.课程名称, 成绩.考分 FROM 学生, 成绩, 课程名称 WHERE (((学生.学号)=[成绩].[学号]) AND ((成绩.考分)<60) AND ((课程名称.课程号)=[成绩].[课程号])) ORDER BY 学生.学号

单击"查询工具/设计"→"结果"组→"运行"按钮，显示结果如图 6-59 所示。

（4）按学号姓名显示学生的课程平均成绩信息，结果按平均成绩的降序排序。

SELECT 学生.学号, 学生.姓名, Avg(成绩.考分) AS 平均成绩 FROM 学生 INNER JOIN 成绩 ON 学生.学号 = 成绩.学号 GROUP BY 学生.学号, 学生.姓名 ORDER BY Avg(成绩.考分) DESC

单击"查询工具/设计"→"结果"组→"运行"按钮，显示结果如图 6-60 所示。

学号	姓名	班级 ID	课程名称	考分
20091005	熊琳	1	信号与系统	46
20091005	熊琳	1	微机系统与接口技术	32
20091005	熊琳	1	数据结构	55
20091008	陈洪	1	微机系统与接口技术	56
20092003	刘鸿	3	外国音乐史概论	50
20092005	刘玮	3	视频技术理论与应用	54
20093001	荆圭喜	5	中国当代文学	44
20093007	陆莉	5	影视鉴赏	56
20094002	刘永峰	7	法学文书写作	37
20101002	张耿	2	计算机科学与技术文化基础	46
20101003	余明亮	2	计算机科学与技术文化基础	50
20101003	余明亮	2	离散数学	45
20101003	余明亮	2	线性代数	44
20101004	谭倩	2	计算机科学与技术组成原理	52

图 6-59 成绩不及格学生的信息

学号	姓名	平均成绩
20094010	周鑫文	85.6
20092008	张永维	84.8
20102001	伍萍	84.4
20101005	罗幸	84.0
20104002	唐淼	83.8
20104004	吴展图	83.4
20094007	蒋琰	83.0
20091006	陈涛	82.7
20092007	赵娇燕	82.6
20104006	曾军民	82.4
20094006	周丽娟	82.4

图 6-60 降序排列的学生课程平均成绩

6.3 Access 2010 报表

报表是 Access 数据库的对象之一，其主要作用是比较和汇总数据、显示经过格式化且

分组的信息，并将它们打印出来。报表的数据来源可以是已有的数据表、查询或者是新建的 SQL 语句，但报表只能查看数据，不能通过报表修改或输入数据。

6.3.1　Access 2010 报表基本知识

1）报表的功能

在 Access 2010 系统中，报表的功能非常强大，可以用于查看数据库中的各种数据，并且能够对数据进行统计、汇总，然后打印输出，因此报表是以打印格式显示数据的一种有效方式。因为报表上所有内容的大小和外观可以调整，所以能够按照用户所需的方式显示和打印要查看的信息。报表的功能主要包括：

（1）可以呈现格式化的数据。

（2）可以分组组织数据，进行汇总。

（3）可以生成清单、订单、标签、名片和其他所需要的输出内容。

（4）可进行计数、求平均值、求和等统计计算。

（5）可以嵌入图像或图片来丰富数据显示。

（6）报表的主要好处是分组数据和排序数据，以使数据具有更好的可视效果。通过报表，用户能很快获取主要信息。

2）报表的类型

根据主体节内字段数据的显示位置，可以将报表划分为以下三种类型：

（1）纵栏式报表。纵栏式报表也称窗体报表，其中，数据字段的标题信息与字段记录数据一起被安排在每页的主体节区域内显示，如图 6-61 所示，每个字段内容都显示在单独的一行上，并在字段的左边显示标签。

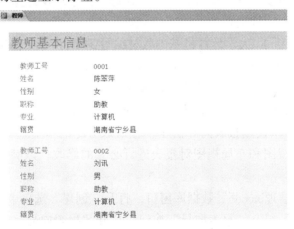

图 6-61　纵栏式报表

（2）表格式报表。表格式报表以行和列的格式显示数据。如图 6-62 所示，所有字段的标签都显示在报表顶部的一行（即页面页眉节）上，并在字段标签的下面显示所有记录。

（3）标签报表。标签报表是特殊类型的报表，如图 6-63 所示。

3）报表的视图

报表提供了三种视图：设计视图、布局视图和报表视图。

设计视图：用于创建和编辑报表。

布局视图：用于设计报表的布局。

报表视图：用于显示报表页面数据。

教师工号	姓名	性别	职称	专业	籍贯
\multicolumn{6}{c}{教师基本信息}
0001	陈翠萍	女	助教	计算机	湖南省宁乡县
0002	刘讯	男	助教	计算机	湖南省宁乡县
0003	万璐	女	教授	中文	湖南省宁乡县
0004	李正峰	男	讲师	英语	湖南省攸县
0005	彭兴	女	教授	音乐	湖南省衡南县
0006	洪强	女	副教授	音乐	湖南省衡东县
0007	李江	男	讲师	音乐	湖南省常宁县
0008	刘萍香	女	副教授	法学	湖南省隆回县
0009	冯健	男	教授	计算机	湖南省武冈县
0010	谢志敏	男	助教	计算机	湖南省武冈县
0011	胡伟鹏	男	讲师	法学	湖南省武冈县
0012	朱催荣	男	教授	计算机	湖南省新宁县
0013	刘国金	男	教授	计算机	湖南省新宁县

图 6-62　表格式报表

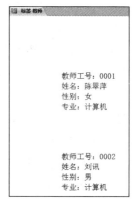

图 6-63　标签报表

6.3.2　使用报表向导创建报表

向导将提示输入记录源、字段、版面以及所需格式等，并根据用户在向导对话框中的设置来创建报表，对于初学者来说，一般先通过向导来创建报表。

虽然自动创建报表方式可以快速地创建一个报表，但数据源只能来自一个表或查询中。如果报表中的数据来自于多个表或查询，则可以使用报表向导。

向导通过引导用户回答问题来获取创建报表所需的信息，创建的"报表"对象可以包含多个表或查询中的字段，并可以对数据进行分组、排序以及计算各种汇总数据等，向导还可以创建图表报表和标签报表。

【例 6-7】在计算机 E:\大学计算机基础教材编写\理论 6-3 文件夹中有一个教务管理.accdb 的数据库文件，文件中包含了一个学生表，该表有多个班级的学生数据，现在要分班打印学生的基本信息，对于初学者而言，一般的方法是先使用报表向导建立报表，然后通过报表的设计视图对报表进行必要的修改，现要求使用报表向导创建 "按班级分组的学生基本信息"报表，然后通过设计视图和布局视图对报表进行必要的修改，以满足打印的要求。

微课 6-8：使用报表向导创建报表

（1）打开"教务管理.accdb"数据库窗口，打开"创建"选项卡。

（2）单击"报表"组→"报表向导"按钮，打开"报表向导"对话框，指定"学生"作为数据来源，如图 6-64 所示。

（3）在图 6-64 所示的"可用字段"中，逐一双击要使用的字段，再单击"下一步"按钮。

（4）在图 6-65 中设置分组，双击"班级 ID"字段以此为分组依据，单击"下一步"按钮。

（5）在图 6-66 中选取排序依据，这表示预览及打印时，将以此字段作为排序依据。本例使用"学号"字段排序，然后单击"下一步"按钮。

图 6-64　选择学生表字段

图 6-65　设置分组依据

（6）在打开的对话框中确定好报表布局，单击"下一步"按钮。

（7）在打开的对话框中确定好报表名称："按班级分组的学生基本信息"，单击"完成"按钮。

（8）结果显示，该报表还不符合打印要求，再通过调整各个控件的布局和大小、位置及对齐方式等，修正报表页面页眉节和主体节的高度，以合适的尺寸容纳其中包含的控件，可以得到图 6-67 所示的报表。

图 6-66　设置排序依据

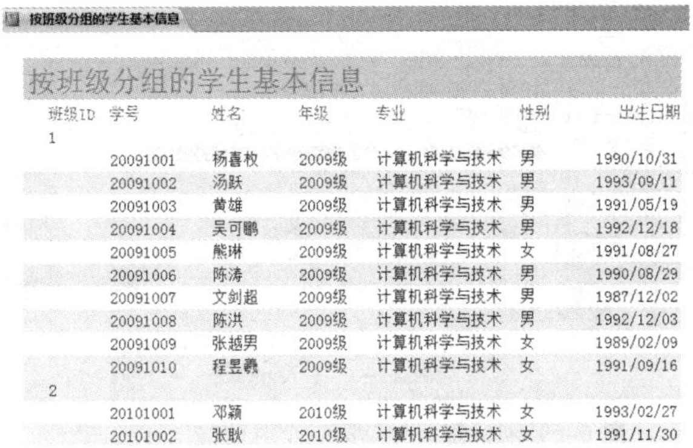

图 6-67　按班级分组的学生信息报表

6.3.3　使用标签创建报表

工作生活中经常要使用标签，如考试座位号。为快速制作并打印这些标签，Access 数据库中提供了标签向导来制作标签报表。但标签报表只能基于单个表或查询，所以如果所需字段来自多个表，则需要先创建一个查询。

标签向导可引导用户逐步完成创建标签的过程，获得各种标准尺寸的标签和自定义标签。该向导除了提供几种规格的邮件标签外，还提供了其他标签类型，如胸牌和文件夹标签等。

微课 6-9：标签报表的创建

【例 6-8】在计算机 E:\大学计算机基础教材编写\理论 6-3 文件夹中有一个"教务管理.accdb"的数据库文件，文件中包含学生表、课程名称表和成绩表，通过标签报表功能创建学生成绩信息标签报表。要求标签上显示学生的"学号"、"姓名"、"课程名称"和"考分"，并命名为"学生

课程成绩标签"报表。

（1）打开"教务管理.accdb"数据库文件，在"教务
管理.accdb"数据库窗口，建立学生课程成绩的一个查询，
如图 6-68 所示，命名为"学生课程成绩查询"。

（2）在"教务管理.accdb"数据库窗口，选择"学生
课程成绩查询"，单击"创建"→"报表"→"标签"
按钮。

（3）打开"标签向导"第一个对话框，选择标签尺
寸，如图 6-69 所示。如果需要自行定义标签的大小尺寸，
可单击"自定义"按钮，打开"新建标签"对话框，进
行具体设置。

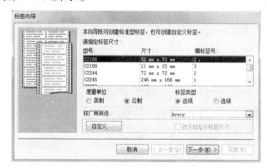

图 6-68　学生课程成绩查询

（4）单击"下一步"按钮，打开"标签向导"第二个对话框，指定标签外观，包括设
置标签文本的字体和颜色。

（5）单击"下一步"按钮，打开"标签向导"第三个对话框，在"原型标签"框中指
定字段及其结构。本例共添加了四个显示字段，并且在每个字段前面添加了提示文本，如
图 6-70 所示。

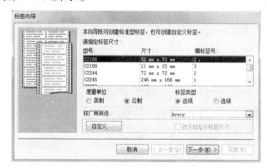

图 6-69　"标签向导"第一个对话框

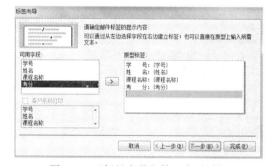

图 6-70　"标签向导"第三个对话框

（6）单击"下一步"按钮，打开"标签向导"第四个对话框，对整个标签进行排序。
本例以"学号"为排序字段，如图 6-71 所示。

（7）单击"下一步"按钮，打开"标签向导"第五个对话框，设置报表的名称为"学
生课程成绩标签"，如图 6-72 所示。

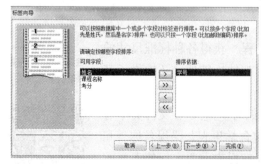

图 6-71　"标签向导"第四个对话框

图 6-72　"标签向导"第五个对话框

（8）单击"完成"按钮，标签报表创建完成并自动保存，经过一定的布局修改，可以得到图 6-73 所示的报表。

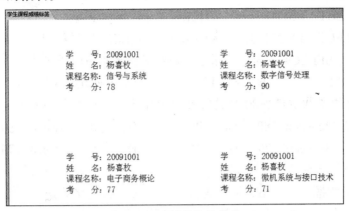

图 6-73　完成的标签报表

6.3.4　使用报表设计视图创建报表

微课 6-10：使用报表设计视图创建报表

使用向导创建的报表要经过设计视图和布局视图修改后才能达到输出要求；如果使用设计视图创建报表，则可以直接创建需要的个性化报表。受篇幅的限制，这里不做详细介绍，有兴趣的读者可以扫描二维码观看如何使用设计视图创建报表。

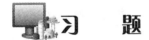

习　　　题

一、选择题

1．在学生表中要查找所有年龄大于 30 岁姓王的男同学，应该采用的关系运算是（　　）。

    A．选择　　　　　　　B．投影　　　　　　　C．连接　　　　　　　D．自然连接

2．Access 数据库最基础的对象是（　　）。

    A．表　　　　　　　　B．宏　　　　　　　　C．报表　　　　　　　D．查询

3．在数据表视图中，不能进行的操作是（　　）。

    A．删除一条记录　　　　　　　　　　　B．修改字段的类型

    C．删除一个字段　　　　　　　　　　　D．修改字段的名称

4．若要求在文本框中输入文本时达到密码为"*"的显示效果，应该设置的属性是（　　）。

    A．默认值　　　　　　B．有效性文本　　　　C．输入掩码　　　　　D．密码

5．假设"公司"表中有编号、名称、法人等字段，查找公司名称中有"网络"二字的公司信息，正确的命令是（　　）。

  A．SELECT * FROM 公司 FOR 名称 ＝ "*网络*"

  B．SELECT * FROM 公司 FOR 名称 LIKE "*网络*"

  C．SELECT * FROM 公司 WHERE 名称 ＝ "*网络*"

  D．SELECT * FROM 公司 WHERE 名称 LIKE "*网络*"

6．在 SQL 的 SELECT 语句中，用于指明检索结果排序的子句是（　　　　）。

  A．FROM   B．WHILE   C．GROUP BY   D．ORDER BY

7．在成绩中要查找成绩≥80 且成绩≤90 的学生，正确的条件表达式是（　　　　）。

  A．成绩 Between　80　And　90   B．成绩 Between　80　To　90

  C．成绩 Between　79　And　91   D．成绩 Between　79　To　91

8．报表的作用不包括（　　　　）。

  A．分组数据   B．汇总数据   C．格式化数据   D．输入数据

9．要实现报表按某字段分组统计输出，需要设置的是（　　　　）。

  A．报表页脚   B．该字段的组页脚

  C．主体   D．页面页脚

10．以下不属于操作查询的是（　　　　）。

  A．交叉表查询 B．更新查询   C．删除查询   D．生成表查询

11．要设置在报表第一页的顶部输出的信息，需要设置（　　　　）。

  A．页面页脚   B．报表页脚   C．页面页眉   D．报表页眉

12．Access 支持的查询类型有（　　　　）。

  A．选择查询、交叉表查询、参数查询、SQL 查询和操作查询

  B．基本查询、选择查询、参数查询、SQL 查询和操作查询

  C．多表查询、单表查询、交叉表查询、参数查询和操作查询

  D．选择查询、统计查询、参数查询、SQL 查询和操作查询

二、填空题

1．如果一个工人可管理多个设备，而一个设备只能被一个工人管理，则实体"工人"和实体"设备"之间存在_____关系。

2．Access 2010 数据库的文件扩展名是_____。

3．能够唯一标识表中每条记录的字段称为_____。

4．每个实体有若干特性，每一个特性称为_____。

5．用二维表的形式来表示实体之间联系的数据模型称为_____。

6．在关系数据库的基本操作中，从表中抽取属性值满足条件列的操作称为_____。

7．在数据表视图下向表中输入数据，在未输入数值之前，系统提供的数值字段的属性是_____。

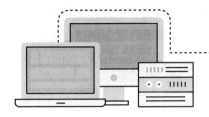

第 **7** 章

计算机网络基础与应用

计算机网络给人们的工作、学习和生活带来了革命性的变化。随着第五代移动通信(5G)为代表的网络信息技术逐步推进，将实现万物泛在互联、人机深度交互。在线支付、网络购物、网上求职、在线导航地图等实用型互联网应用大幅增长，互联网正经历由娱乐化应用向价值应用时代的转变。因此，信息的社会化、网络化和全球经济的一体化，无不受到计算机网络技术的巨大影响。一个国家的信息基础设施和网络化程度已成为衡量其现代化水平的重要标志。

 7.1 计算机网络基础知识

7.1.1 计算机网络的定义、形成与发展

1．计算机网络的定义

计算机网络是计算机技术与通信技术结合的产物。对计算机网络的定义没有统一的标准，根据计算机网络发展的阶段或侧重点不同，对计算机网络有几种不同的定义。侧重资源共享和通信的计算机网络定义更准确地描述了计算机网络的特点，它的基本含义是将处于不同地理位置，具有独立功能的计算机、终端及附属设备用通信线路连接起来，以功能完善的网络软件（即网络通信协议、信息交换方式及网络操作系统等）实现网络中资源共享和信息传递的系统。网络中的每一台计算机成为一个结点。可见，计算机网络是多台计算机彼此互连，以相互通信和资源共享为目标的计算机网络。

微课7-1：计算机网络的定义、形成与发展

2．计算机网络的形成与发展

计算机网络已经历了由单一网络向互联网发展的过程。1997 年，在美国拉斯维加斯的全球计算机技术博览会上，微软公司总裁比尔·盖茨先生发表了著名的演说。在演说中强调"网络才是计算机"，这充分体现出信息社会中计算机网络的重要基础地位。计算机网络技术的发展越来越成为当今世界高新技术发展的核心之一，而它的发展历程也曲曲折折，绵延至今。计算机网络的发展分为以下几个阶段：

第一阶段　诞生阶段（计算机终端网络）

20 世纪 60 年代中期之前的第一代计算机网络是以单个计算机为中心的远程联机系统。典型应用是由一台计算机和全美范围内 2 000 多个终端组成的飞机订票系统。终端是一台

计算机，外围设备包括显示器和键盘，无 CPU 和内存。随着远程终端的增多，在主机前增加了前端机（FEP）。当时，人们把计算机网络定义为"以传输信息为目的而连接起来，实现远程信息处理或进一步达到资源共享的系统"，但这样的通信系统已具备网络的雏形。早期的计算机为了提高资源利用率，采用批处理的工作方式。为适应终端与计算机的连接，出现了多重线路控制器。

第二阶段　形成阶段（计算机通信网络）

20 世纪 60 年代中期至 70 年代的第二代计算机网络是以多个主机通过通信线路互联起来，为用户提供服务，兴起于 60 年代后期，典型代表是美国国防部高级研究计划局协助开发的 ARPANET，其结构如图 7-1 所示。主机之间不是直接用线路相连，而是由接口报文处理机（IMP）转接后互联的。IMP 和它们之间互联的通信线路一起负责主机间的通信任务，构成了通信子网。通信子网互联的主机负责运行程序，提供资源共享，组成资源子网。这个时期，网络概念为"以能够相互共享资源为目的互联起来的具有独立功能的计算机之集合体"，形成了计算机网络的基本概念。

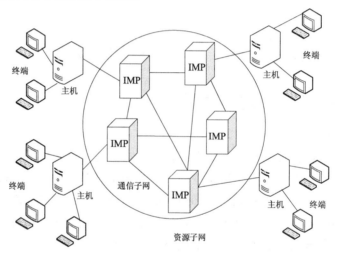

图 7-1　具有通信子网的第二代计算机网络

ARPA 网是以通信子网为中心的典型代表。在 ARPA 网中，接口报文处理机 IMP（或称结点机），以存储转发方式传送分组的通信子网称为分组交换网。这一阶段的网络以大规模互联为其主要特点，称为第二代网络，属于计算机网络的形成阶段。

第三阶段　互联互通阶段（开放式的标准化计算机网络）

20 世纪 70 年代末至 90 年代的第三代计算机网络是具有统一的网络体系结构并遵守国际标准的开放式和标准化的网络。ARPANET 兴起后，计算机网络发展迅猛，各大计算机公司相继推出自己的网络体系结构及实现这些结构的软硬件产品。由于没有统一的标准，不同厂商的产品之间互联很困难，人们迫切需要一种开放性的标准化实用网络环境，这应运而生了两种国际通用的最重要的体系结构，即 TCP/IP 体系结构和国际标准化组织的 OSI 体系结构。

为了使不同体系结构的网络也能相互交换信息,国际标准化组织（International Standards

Organization，ISO）在 1979 年颁布了世界范围内网络互连的标准，称为开放系统互连基本参考模型（Open System Interconnection Basic Reference Model，OSI/RM）。该模型分为七个层次，简称 OSI 七层模型，是计算机网络体系结构的基础。从此，第三代计算机网络进入飞速发展阶段。第三代计算机网络是开放式标准化网络，它具有统一的网络体系结构，遵循国际标准化协议，标准化使不同的计算机网络能方便地互连在一起。

第三代计算机网络的典型代表是 Internet（因特网），它是在原 ARPANET 的基础上经过改造而逐步发展起来的，采用 TCP/IP。它对任何计算机都开放，只要该计算机遵循 TCP/IP 并申请到 IP 地址，就可以通过信道接入 Internet。TCP 和 IP 是 Internet 所采用的一套协议中最核心的两个协议，分别称为传输控制协议（Transmission Control Protocol，TCP）和网际协议（Internet Protocol，IP），是目前最流行的商业化协议，并被公认为事实上的国际标准。

第四阶段　高速网络技术阶段（新一代计算机网络）

20 世纪 90 年代至今的第四代计算机网络，由于局域网技术发展成熟，出现光纤及高速网络技术，多媒体网络、智能网络、计算机网络开始向宽带化、综合化、数字化方向发展。这就是人们常说的新一代或第四代计算机网络。

新一代计算机网络在技术上最重要的特点是综合化、宽带化。综合化是指将多种业务、多种信息综合到一个网络中来传送。宽带化也称网络高速化，就是指网络的数据传输速率可达几十兆比特/秒到几百兆比特/秒（Mbit/s），甚至能达到几吉比特/秒到几十吉比特/秒（Gbit/s）的量级。传统的电信网、有线电视网和计算机网在网络资源、信息资源和接入技术方面虽各有特点、优势，但任何一方基于现有的技术都不能满足用户宽带接入、综合接入的需求，因此，三网合一将是现代通信和计算机网络发展的大趋势。

实现三网合一的关键是找到实现融合的最佳技术。以 TCP/IP 为基础的 IP 网在近几年内取得了迅猛的发展。1997 年，Internet 的 IP 流量首次超过了电信网的语音流量，而且 IP 流量还在直线上升。IP 网络已经从过去单纯的数据载体，逐步发展成支持语音、数据和视频等多媒体信息的通信平台，因此 IP 技术被广泛接受为实现三网合一的最佳技术。

7.1.2　计算机网络的功能、分类及特点

1．计算机网络的功能

计算机网络的功能主要表现在以下四个方面：

（1）数据传送。数据传送是计算机网络的最基本功能之一，用以实现计算机与终端或计算机与计算机之间传送各种信息。

（2）资源共享。充分利用计算机系统硬、软件资源是组建计算机网络的主要目标之一。

（3）提高计算机的可靠性和可用性。提高可靠性表现在计算机网络中的各计算机可以通过网络彼此互为后备，一旦某台出现故障，故障机的任务就可由其他计算机代为处理，避免了单机无后备机情况下，某台计算机出现故障导致系统瘫痪的现象，大大提高了系统可靠性。提高计算机可用性是指当网络中某台计算机负担过重时，网络可将新的任务转交给网络中较空闲的计算机完成，这样就能均衡各计算机的负载，提高了每台计算机的可用性。

（4）易于进行分布式处理。计算机网络中，各用户可根据情况合理选择网内资源，以就近、快速地处理。对于较大型的综合性问题，可通过一定的算法将任务交换给不同的计算机，达到均衡使用网络资源，实现分布处理的目的。此外，利用网络技术，能将多台计算机连成具有高性能的计算机系统，对解决大型复杂问题，比用高性能的大、中型机费用要低得多。

计算机网络的这些重要功能和特点，使得它在经济、军事、生产管理和科学技术等部门发挥重要的作用，成为计算机应用的高级形式。

2. 计算机网络的分类及特点

计算机网络可按不同的标准进行分类。

1）按地理范围分类

（1）局域网 LAN（Local Area Network）。局域网是一种在小范围内实现的计算机网络，地理范围一般几百米到 10 km 之内，一般在一个建筑物内，或一个工厂、一个事业单位内部，为单位独有。

（2）城域网 MAN（Metropolitan Area Network）。城域网地理范围可从几十公里到上百公里，可覆盖一个城市或地区，是一种中等形式的网络。城域网是在一个城市内部组建的计算机信息网络，提供全市的信息服务。

（3）广域网 WAN（Wide Area Network）。广域网地理范围一般在几千公里左右，属于大范围连网。如几个城市，一个或几个国家，是网络系统中最大型的网络，能实现大范围的资源共享，如国际性的 Internet 网络。广域网信道传输速率较低，结构比较复杂。

2）按交换方式分类

（1）线路交换网络（Circurt Switching）。线路交换最早出现在电话系统中，早期的计算机网络就是采用此方式来传输数据的，数字信号经过变换成为模拟信号后才能在线路上传输。

（2）报文交换网络（Message Switching）。报文交换是一种数字化网络。当通信开始时，源机发出的一个报文被存储在交换器中，交换器根据报文的目的地址选择合适的路径发送报文，这种方式称为存储-转发方式。

（3）分组交换网络（Packet Switching）。分组交换也采用报文传输，但它不是以不定长的报文做传输的基本单位，而是将一个长的报文划分为许多定长的报文分组，以分组作为传输的基本单位。这不仅简化了对计算机存储器的管理，而且也加速了信息在网络中的传播速度。由于分组交换优于线路交换和报文交换，具有许多优点，因此它已成为计算机网络的主流。

3）按网络拓扑结构分类

拓扑结构是指网络的通信线路与各站点（计算机或网络通信设备）之间的几何排列形式。按网络拓扑结构分类，网络可划分为总线网、星状网、环状网、树状网、网状网（主要用于广域网）等。

4）按传输介质分类

传输介质是指数据传输系统中发送装置和接受装置间的物理媒体，按其物理形态可以划分为有线和无线两大类。

（1）有线网。传输介质采用有线介质连接的网络称为有线网，常用的有线传输介质有双绞线、同轴电缆和光导纤维。

（2）无线网。采用无线介质连接的网络称为无线网。目前无线网主要采用三种技术：微波通信、红外线通信和激光通信。这三种技术都是以大气为介质的。其中微波通信用途最广，目前的卫星网就是一种特殊形式的微波通信，它利用地球同步卫星做中继站来转发微波信号，一个同步卫星可以覆盖地球的三分之一以上的表面，三个同步卫星就可以覆盖地球上全部通信区域。

5）按传输速率分类

网络的传输速率有快有慢，传输速率快的称高速网，传输速率慢的称为低速网。传输速率的单位是 bit/s。一般将传输速率在 kbit/s~Mbit/s 范围的网络称为低速网，在 Mbit/s~Gbit/s 范围的网称为高速网。

网络的传输速率与网络的带宽有直接关系。带宽是指传输信道的宽度，带宽的单位是 Hz（赫兹）。按照传输信道的宽度可分为窄带网和宽带网。一般将 kHz~MHz 带宽的网称为窄带网，将 MHz~GHz 的网称为宽带网，也可以将 kHz 带宽的网称为窄带网，将 MHz 带宽的网称为中带网，将 GHz 带宽的网称为宽带网。通常情况下，高速网就是宽带网，低速网就是窄带网。

7.1.3　计算机网络体系结构的基本概念

1. 计算机网络体系结构的基本概念

计算机网络是各类终端通过通信线路连接起来的一个复杂的系统。在这个系统中，由于计算机型号不一、终端类型各异，并且连接方式、同步方式、通信方式及线路类型等都有可能不一样，所以网络通信会有一定的困难。要做到各设备之间有条不紊地交换数据，所有设备必须遵守共同的规则，这些规则明确地规定了数据交换时的格式和时序。这些为进行网络中数据交换而建立的规则、标准或约定称为网络协议。

微课 7-2：计算机网络体系结构的基本概念

一个完整的网络需要一系列网络协议构成一套完整的网络协议集，大多数网络在设计时，是将网络划分为若干个相互联系而又各自独立的层次，然后针对每个层次及每个层次间的关系制定相应的协议，这样可以减少协议设计的复杂性。像这样的计算机网络层次结构模型及各层协议的集合称为计算机网络体系结构。

层次结构中每一层都是建立在前一层基础上的，低层为高层提供服务，上一层在实现本层功能时会充分利用下一层提供的服务。但各层之间是相对独立的，高层无须知道低层是如何实现的，仅需要知道低层通过层间接口所提供的服务即可。当任何一层因技术进步发生变化时，只要接口保持不变，其他各层都不会受到影响。当某层提供的服务不再被需要时，甚至可以将这一层取消。

为统一网络体系结构标准，国际标准化组织在 1979 年正式颁布了开放系统互连基本参考模型的国际网络体系结构标准，这是一个定义连接异构计算机的标准体系结构。"开放"表示能使任何两个遵守参考模型和有关标准的系统具有互连的能力。

2．OSI 参考模型

OSI 参考模型是一个描述网络层次结构的模型，其标准保证了各类网络技术的兼容性和互操作性，描述了数据或信息在网络中的传输过程以及各层在网络中的功能和架构。OSI 参考模型将网络划分为七个层次，如图 7-2 所示。

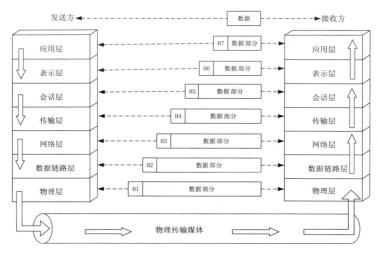

图 7-2　开放系统互连 OSI 参考模型

（1）物理层。物理层是 OSI 的最低层，主要功能是利用物理传输介质为数据链路层提供连接，以透明地传输比特流。

（2）数据链路层。数据链路层在通信的实体间建立数据链路连接，传送以帧为单位的数据，并采用相应方法使有差错的物理线路变成无差错的数据链路。

（3）网络层。网络层的功能是进行路由选择，阻塞控制与网络互连等。

（4）传输层。传输层的功能是向用户提供可靠的端到端服务，透明地传送报文，是关键的一层。

（5）会话层。会话层的功能是组织两个会话进程间的通信，并管理数据的交换。

（6）表示层。表示层主要用于处理两个通信系统中交换信息的表示方式，它包括数据格式变换、数据加密、数据压缩与恢复等功能。

（7）应用层。应用层是 OSI 参考模型中的最高层，应用层确定进程之间通信的性质，以满足用户的需要，它在提供应用进程所需要的信息交换和远程操作的同时，还要作为应用进程的用户代理，来完成一些为进行信息交换所必需的功能。

3．TCP/IP 参考模型

OSI 参考模型是希望为网络体系结构与协议的发展提供一个国际标准，但这一目标并没有达到。而 Internet 的飞速发展使 Internet 所遵循的 TCP/IP 参考模型得到了广泛的应用，成为事实上的网络体系结构标准。因此，提到网络体系结构，就不能不提到 TCP/IP 参考模型。

TCP/IP 是 Internet 所使用的基本通信协议，是事实上的工业标准。虽然从名字上看TCP/IP 包括两个协议——传输控制协议（TCP）和网际协议（IP），但 TCP/IP 实际是一个 Internet 协议族，而不单单指 TCP 和 IP，它包括上百个各种功能的协议，例如，远程登录、文件传输和电子邮件等，而 TCP 和 IP 是保证数据完整传输的两个基本的重要协议，因此通常将这诸多协议统称为 TCP/IP 协议集，或 TCP/IP。

TCP/IP 的基本传输单位是数据包。TCP 负责把数据分成若干个数据包，并给每个数据包加上包头（就像给每一封信加上信封），包头上有相应的编号，以保证数据接收端能将数据还原为原来的格式；IP 在每个包头上再加上接收端主机地址，这样数据就能被传送到要去的地方（就像信封上要写明地址一样）。如果传输过程中出现数据丢失、数据失真等情况，TCP 会自动要求数据重新传输，并重新组包。总之，IP 保证数据的传输，TCP 保证数据传输的质量。

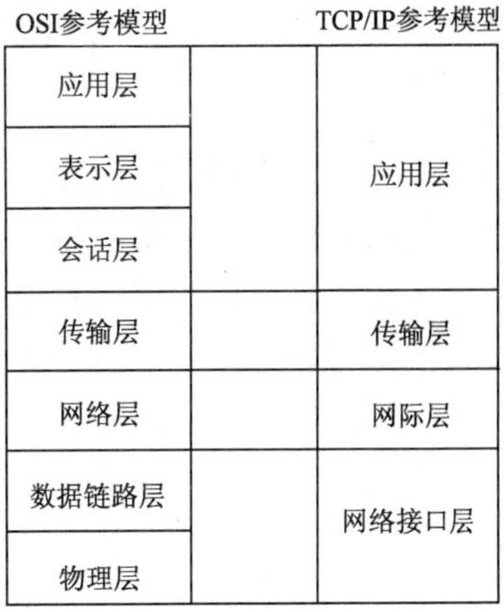

TCP/IP 参考模型有 4 个层次：应用层、传输层、网络层和网络接口层。其中应用层与 OSI 中的应用层对应，传输层与 OSI 中的传输层对应，网络层与 OSI 中的网络层对应，网络接口层与 OSI 中的物理层和数据链路层对应。TCP/IP 中没有 OSI 中的表示层和会话层，如图 7-3 所示。各层的功能如下：

OSI参考模型		TCP/IP参考模型
应用层		应用层
表示层		应用层
会话层		应用层
传输层		传输层
网络层		网际层
数据链路层		网络接口层
物理层		网络接口层

图 7-3 OSI 参考模型与 TCP/IP 参考模型

（1）应用层：向用户提供一组常用的应用程序，如文件传输访问（FTP）、电子邮件（SMTP）和远程登录（Telnet）等。

（2）传输层：提供端到端的通信，解决不同应用程序的识别问题，提供可靠传输。

（3）网际层：负责相邻计算机间的通信，处理流量控制、路径拥塞等问题。

（4）网络接口层：负责接收 IP 数据包并通过网络发送，或者从网络上接收物理帧，抽出 IP 数据包交给 IP 层。

4．OSI 参考模型与 TCP/IP 参考模型的比较

OSI 参考模型与 TCP/IP 参考模型都采用了层次结构思想，但二者在层次划分及协议使用上有很大区别。

OSI 参考模型的会话层在大多数应用中很少被用到，而表示层几乎是全空的。在数据链路层与网络层之间有很多的子层插入，每个子层都有不同的功能。OSI 参考模型把"服务"与"协议"的定义结合起来，使参考模型变得格外复杂，实现起来很困难。同时，寻址、流控与差错控制在每一层中都重复出现，降低了整个系统的效率。关于数据安全性、加密与网络管理等方面的问题也在设计初期被忽略。

OSI 参考模型由于要照顾各方面的因素，所以变得大而全，效率很低，但它的很多研究成果、方法以及提出的概念对网络发展有很高的指导意义，是计算机网络体系结构的基础。TCP/IP 参考模型应用广泛，支持大多数网络产品，在计算机网络体系结构中占有重要

地位，是事实上的工业标准。

5. TCP/IP 五层体系结构

TCP/IP 参考模型也有自身的缺陷，它没有将功能与实现方法区别开，在服务、接口、协议的区别上不明显。因此，目前比较流行的网络体系是因特网 TCP/IP 五层体系结构，从最高层到最底层分别是应用层、传输层、网络层、数据链路层和物理层。

（1）应用层。应用层协议规范了彼此通信的两个端系统应用程序之间信息交换的格式和操作规则，包括通信双方如何请求、响应、管理一个网络应用。

（2）传输层。传输层的主要任务是为网络应用提供进一步的服务，如对网络中传输的数据分组进行差错控制，调节发送端发送数据分组的速度，实现网络应用层的分用和复用等。

（3）网络层。网络层的任务有两个，一是端系统将数据按因特网的统一传输格式进行数据分组格式化，二是路由器根据数据分组的目的地址为该分组选择相应的路径。

（4）数据链路层。该层主要负责网络中结点与结点之间的链路管理及数据传输控制，主要任务是将数据以一定的分组格式从一个结点运输到相邻的另一个结点。

（5）物理层。该层的主要任务是将链路层形成的数据分组中的比特序列从一个结点通过传输介质传输到另一个结点。

7.2 计算机局域网

局域网是计算机通信网的重要组成部分，是构成所有网络的基础。所有在 Internet 上实现的功能，绝大部分可以在局域网上实现，如果要真正地掌握网络和运用网络就必须从局域网开始。局域网是同一建筑、同一企业、方圆几公里地域内的专用网络。局域网通常用来连接企业内部的个人计算机和工作站，以共享软、硬件资源。局域网最为广泛使用的是以太网（Ethernet）。

7.2.1 局域网的组成与分类

1. 局域网的组成

局域网由网络硬件和网络软件两部分组成。网络硬件主要有服务器、工作站、传输介质和网络连接部件等。网络软件包括网络操作系统、控制信息传输的网络协议及相应的协议软件、大量的网络应用软件等。

服务器可分为文件服务器、打印服务器、通信服务器、数据库服务器等。文件服务器是局域网上最基本的服务器，用来管理局域网内的文件资源；打印服务器则为用户提供网络共享打印服务；通信服务器主要负责本地局域网与其他局域网、主机系统或远程工作站的通信；而数据库服务器则是为用户提供数据库检索、更新等服务。

工作站（Workstation）也称客户机（Clients），可以是一般的个人计算机，也可以是专用计算机，如图形工作站等。工作站可以有自己的操作系统，独立工作；通过运行工作站的网络软件可以访问服务器的共享资源，目前常见的工作站有 Windows 工作站和 Linux 工作站。工作站和服务器之间的连接通过传输介质和网络连接部件来实现。

网络连接部件主要包括网卡、中继器、集线器和交换机等，如图 7-4 所示。

网卡是工作站与网络的接口部件。它除了作为工作站连接入网的物理接口外，还控制数据帧的发送和接收（相当于物理层和数据链路层功能）。

网卡　　　中继器　　　交换机　　　集线器

图 7-4　网络连接部件

中继器（RP repeater）是连接网络线路的一种装置，常用于两个网络结点之间物理信号的双向转发工作。中继器主要完成物理层的功能，负责在两个结点的物理层上按位传递信息，完成信号的复制、调整和放大功能，以此来延长网络的长度。

集线器又称 HUB，能够将多条线路的端点集中连接在一起。集线器可分为无源和有源两种。无源集线器只负责将多条线路连接在一起，不对信号做任何处理。有源集线器具有信号处理和信号放大功能。

交换机采用交换方式进行工作，能够将多条线路的端点集中连接在一起，并支持端口工作站之间的多个并发连接，实现多个工作站之间数据的并发传输，可以增加局域网带宽，改善局域网的性能和服务质量。与集线器不同的是，集线器多采用广播方式工作，接到同一集线器的所有工作站都共享同一速率；而接到同一交换机的所有工作站都独享同一速率。

除了网络硬件外，网络软件也是局域网的一个重要组成部分。目前常见的网络操作系统主要有 UNIX、linux、Netware 和 Window Server 几种。

2．局域网的分类

局域网的分类方法很多。可以按传输介质、网络拓扑结构、数据传输速率以及访问控制方法等进行分类，本节主要介绍传输介质、网络拓扑结构的分类方式。

1）局域网的传输介质

局域网采用的传输介质主要有同轴电缆、双绞线、光缆。

（1）同轴电缆外部由中空的圆柱状导体包裹着一根实心金属线导体组成。同轴电缆的内芯为铜导体，其外围是一层绝缘材料，再外层为金属屏蔽线组成的网状导体，最外层为塑料保护绝缘层。由于铜芯与网状外部导体同轴，故称同轴电缆。内、外导体之间有绝缘材料，其阻抗为 50 Ω。同轴电缆分为粗缆和细缆，粗缆用 DB-15 连接器，细缆用 BNC 和 T 连接器。

（2）双绞线是由两根绝缘金属线互相缠绕而成，这样的一对线作为一条通信线路，由四对双绞线构成双绞线电缆。双绞线点到点的通信距离一般不能超过 100 m。双绞线分为非屏蔽双绞线（Unshilded Twisted Pair，UTP）和屏蔽双绞线（Shielded Twisted Pair，STP）两类。目前，计算机网络上使用的双绞线按其传输速率分为三类线、五类线、六类线、七类线，传输速率在 10 Mbit/s 到 600Mbit/s 之间，双绞线电缆的连接器一般为 RJ-45。目前双绞线基本上取代了同轴电缆，能以 100 Mbit/s 甚至更高的速率传输，且成本低廉，但是传输距离有限，抗干扰性能不高。

（3）光缆由两层折射率不同的材料组成。内层是具有高折射率的玻璃单根纤维体组成，外层包一层折射率较低的材料。光缆的传输形式分为单模传输和多模传输，单模传输性能优于多模传输。所以，光缆分为单模光缆和多模光缆，单模光缆传送距离为几十公里，多模光缆为几公里。光缆的传输速率可达到每秒几百兆位。光缆用 ST 或 SC 连接器。光缆的优点是不会受到电磁的干扰，传输距离远，传输速率高，抗干扰性和保密性好。光缆的安装和维护比较困难，需要专用的设备，主要应用在骨干传输网。

2）局域网的拓扑结构

计算机网络的物理连接形式称为网络的物理拓扑结构。连接在网络上的计算机、大容量的外存、高速打印机等设备均可看作是网络上的一个结点，也称工作站。计算机局域网中常用的拓扑结构有总线、星状、环状、树状等。

7.2.2　介质访问控制方法

多个主机需要通过一条"共享介质"发送和接收数据，被称为"多路访问/多路存取"。如果有两台以上主机同时在一条"共享介质"上发送数据，多路的信号就会出现互相干扰，造成接收主机无法正确接收任何产生一台主机发送的数据，产生冲突；解决冲突有两种办法，第一种在局域网中设立一个中心控制主机，由它来决定发送数据的顺序，这种控制方式优点是简单、有效，缺点是中心控制主机有可能成为局域网性能可靠性的瓶颈。第二种方法是采用分布式控制的方法，局域网中不存在中心控制主机。而是由每个主机各自决定是否发送数据，以及出现冲突时如何处理，这种方法称为介质访问控制方法。介质访问控制方法决定了局域网的主要性能，它对局域网的响应时间、吞吐量和网络利用率等都有十分重要的影响。

微课 7-3：介质访问控制方法

计算机局域网常用的访问控制方法有三种，分别用于不同的拓扑结构：带有冲突检测的载波侦听多路访问法（CSMA/CD）、令牌总线访问控制法（Token bus）、令牌环访问控制法（Token Ring）；CSMA/CD 对应 IEEE802.3 标准，Token bus 对应 IEEE802.4 标准，Token Ring 对应 IEEE802.5 标准。本书仅介绍冲突检测的载波侦听多路访问法（CSMA/CD）。

CSMA/CD 协议是传统以太网所采用的介质访问控制机制。所谓载波侦听，意思是网络上各个工作站在发送数据前要看总线上有没有数据传输。若有数据传输（称总线为忙），则不发送数据；若无数据传输（称总线为空），立即发送准备好的数据。所谓多路访问意思是网络上所有工作站收发数据共同使用同一条总线，且发送数据是广播式的。所谓冲突，意思是若网上有两个或两个以上工作站同时发送数据，在总线上就会产生信号的混合，工作站都同时发送数据，在总线上就会产生信号的混合，哪个工作站都辨别不出真正的数据是什么。这种情况称数据冲突，又称碰撞。为了减少冲突发生后的影响。工作站在发送数据过程中还要不停地检测自己发送的数据，在传输过程中是否与其他工作站的数据发生冲突，这就是冲突检测。

CSMA/CD 介质访问控制方法的工作原理，可以概括如下：

先听后说，边听边说；一旦冲突，立即停说；等待时机，然后再说；听，即监听、检测之意；说，即发送数据之意。

在发送数据前，先监听总线是否空闲。若总线忙，则不发送。若总线空闲，则把准备好的数据发送到总线上。在发送数据的过程中，工作站边发送边检测总线，是否自己发送的数据有冲突。若无冲突则继续发送直到发完全部数据；若有冲突，则立即停止发送数据，但是要发送一个加强冲突的 JAM 信号，以便使网络上所有工作站都知道网上发生了冲突，然后，等待一个预定的随机时间，且在总线为空闲时，再重新发送未发完的数据。CSMA/CD 协议的工作流程如图 7-5 所示。

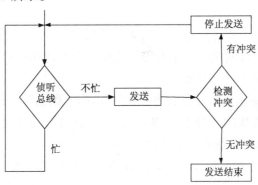

图 7-5　CSMA/CD 工作流程图

CSMA/CD 控制方式的优点是：原理比较简单，技术上容易实现，网络中各工作站处于平等地位，不需要集中控制，不提供优先级控制。但在网络负载增大时，发送时间增大，发送效率急剧下降。

7.2.3　高速局域网技术

传统的局域网技术是建立在"共享介质"的基础上，典型的介质访问控制方法是 CSMA/CD、Token Ring、Token Bus。介质访问控制方法用来保证每个结点都能够"公平"地使用公共传输介质，每个结点平均能分配到的带宽随着结点数的不断增加而急剧减少；网络通信负荷加重时，冲突和重发现象将大量发生，网络效率将会下降，网络传输延迟将会增长，网络服务质量将会下降。人们为了克服网络规模和网络性能之间的矛盾，提出了高速局域网的研究方案。第一种方案，提高以太网（Ethernet）的数据传输速率，传输速率由 10 Mbit/s→100 Mbit/s→10 Gbit/s 或更高传输速率发展；第二种方案，将一个大型局域网划分成多个用网桥或路由器互连的子网，导致了局域网互连技术的发展；第三种方案，将"共享介质方式"改为"交换方式"，导致了"交换式局域网"技术的发展。各类高速局域网如下：

（1）100 Mbit/s 以太网。又称快速以太网（Fast Ethernet，FE），与 10 Mbit/s 网络比较，两种网络的拓扑结构和媒体布线方法几乎完全一样，但比快速以太网传输率快 10 倍，帧结构和介质访问控制方式沿用 IEEE802.3 标准。

（2）吉比特以太网。吉比特以太网也称千兆以太网（Gigabit Ethernet，GE），连接距离较短，针对两种传输媒体分别采用两种标准：802.3z 和 802.3ab。802.3z 1000BaseX 使用屏蔽短双绞线，双绞线长度 25 m；802.3ab 1000BaseT 使用无屏蔽双绞线（5 类，6 类），双绞线长度 100 m。吉比特以太网拓扑结构和媒体布线方法与 10/100BaseT 相同，传输速率比 100BaseT 快 10 倍，帧结构和介质访问控制方式仍沿用 IEEE802.3 标准。

（3）10 吉比特以太网。10 吉比特以太网只工作在全双工方式，因此不存在争用问题，也不使用 CSMA/CD 协议。这就使 10 吉比特以太网的传输不再受碰撞检测的限制而大大提高。

（4）其他种类的高速局域网：100VG-AnyLAN、光纤分布式数据接口 FDDI 等。

7.2.4　无线局域网

无线局域网（WLAN）是计算机网络与无线通信技术相结合的产物。其设计初衷是作为有线局域网的延伸。无线局域网利用电磁波在空气中发送和接收数据，而无须线缆介质，却能够提供与有线局域网相同的功能。

无线局域网以承载高速数据业务为主，中短距离覆盖范围，支持固定、游牧和低速移动接入。当前国际主流的 WLAN 技术是 Wi-Fi 联盟推广的 Wi-Fi 技术，核心技术采用了美国电子电气工程师协会 IEEE 制定的 802.11 系列标准。

经过十余年的持续快速发展，WLAN 已成为当今全球最普及的宽带无线接入技术，拥有巨大的用户群和市场规模。WLAN 功能被广泛嵌入至笔记本电脑、手机、平板电脑等各种电子通信产品中，为人们提供便捷的宽带无线数据服务。电信运营商也将 WLAN 视为电信网的重要补充，大规模建设 WLAN 热点，并将二者相结合提供公众服务。

1. 无线局域网的特点

无线局域网以电磁波作为传输媒介，可以作为传统有线网络的延伸，从而与传统网络形成互补，在某些环境下也可以替代传统的有线网络。

相比传统有线网络，无线局域网具有以下特点：

1）较好的移动性

无线网路最明显的优势在于提供给用户较好的移动性。无线网络将用户从线缆和网络信息点的位置解放出来，在无线网络信号覆盖区域内任何位置都可以接入网络，而后随意漫游。用户的移动更加自由，网络接入更加灵活。

2）构建快速便捷，升级简单节约

无线局域网具备较好的灵活性，无须大量线缆和接口，就可实现整个建筑或地区的网络覆盖。然而不论有多少用户，无线网络基础建设本质上并没有差异，对网络进行改造和升级，在网络中加入新用户，只需要设定基础的配置。因此，无线局域网可以有效避免或减少网络构建和升级造成的时间和经济上的损失。

3）易于扩展

无线局域网可以根据需要灵活地选择多种配置方式。对于网络的扩展，既然无须线缆，也就没有重新布线的问题。

4）故障定位容易

对于传统有线网络，传输依赖线缆。特别对于较大的网络，线缆和接口繁多，甚至有些线缆埋于墙壁或地下，对问题的查找和检修常常烦琐费力。然而无线网络故障的排查和定位相对容易，网络的修复只需要更换故障设备即可。

2．无线局域网的协议标准

1）IEEE 802.11 系列协议

IEEE 委员会于 1997 年 6 月发布的第一代无线局域网标准，也即是 IEEE802.11，是其他 IEEE802.11 系列标准的基础。IEEE802.11 协议标准工作的频段为 2.4 GHz，能提供 1 Mbit/s 和 2 Mbit/s 两种不同的数据传输速率，除此之外还能有效地提供各种网络管理和服务等。

（1）IEEE802.11 标准。802.11 标准定义了物理层和介质访问子层控制协议的规范，本着对上层完全透明性的理念，802.11 在设计物理层和介质访问子层技术规范时，就已经能够完成所有无线局域网的功能，因此也就无须在对其他协议层再进行相应修改。在遵守 IEEE802.11 协议标准的基础上，任何无线局域网的应用及其操作，就如同在有线局域网下一样简单方便。

（2）IEEE 802.11b 标准。IEEE802.11b 也被称为 Wi-Fi 技术，是由 IEEE 于 1999 年 9 月批准，IEEE802.11b 对 IEEE802.11 标准进行修改和补充，以支持更高数据传输速率。其中最重要的改进就是在 IEEE802.11 的基础上增加两种更高的传输速率 5.5 Mbit/s 和 11 Mbit/s，因此移动用户可以得到以太网级的网络性能、速率和可用性。当工作站距离过长或者干扰太大时，传输速率能够从 11 Mbit/s 自动降到 5.5 Mbit/s，或者根据直接扩频技术调整到 2 Mbit/s 和 1 Mbit/s. IEEE802.11b 的基本结构、特征和服务仍然由最初的 IEEE802.11 标准定义，IEEE802.11b 规范只影响 IEEE802.11 标准物理层，它增加了数据传输速率并增强了连接的牢固性。

（3）IEEE 802.11a 标准。802.11a 采用正交频分（OFDM）技术调制数据，使用 5 GHz 的频带。OFDM 技术将无线信道分成以低数据速率并行传输的分频率，然后再将这些频率一起放回接收端，可提供 25 Mbit/s 的无线 ATM 接口和 10 Mbit/s 的以太网无线帧结构接口，以及 TDD/TDMA 的空中接口。在很大程度上可提高传输速度，改进信号质量，克服干扰。物理层速率可达 54 Mbit/s，传输层可达 25 Mbit/s，能满足室内及室外的应用。

（4）IEEE 802.11g 标准。由于 IEEE802.11a 与目前的 IEEE802.11b 规范之间频段与调制方式不同，使得二者不能兼容，故 IEEE802.11g 就是为这段过渡时期所发展的规范，它构建在既有的 IEEE802.11b 物理层与介质层标准的基础上，选择 2.4 GHz 频段，传输速率高于 11 Mbit/s，既能适应传统的 802.11b 标准（在 2.4 GHz 频率下提供的数据传输率为 11 Mbit/s），也符合 802.11a 标准（在 5GHz 频率下提供数据传输率 56 Mbit/s），从而让已有的 IEEE802.11b 产品的使用者能够以 IEEE802.11g 的产品满足速度升级的需求。

（5）IEEE 802.11n 标准。20 世纪末至本世纪初，多入多出（MIMO）技术的研究取得重大突破，逐步从理论走向实际。2002 年 IEEE 启动了基于技术的物理层增强技术标准 802.11n 的研制工作，经过长达 7 年的反复讨论，IEEE 于 2009 正式发布了 802.11n 标准。该标准采用了 MIMO-OFDM 作为主要传输技术，最大支持 4 发 4 收的天线配置，支持 20 MHz 和 40 MHz 信道带宽，支持低密度奇偶校验（LDPC）码，最高传输速率可达 600 Mbit/s，并且 802.11n 支持 2.4 GHz 和 5 GHz 双频段。频谱适应性更强，推出后迅速得到消费者青睐，已成为当前市场的主流。

（6）其他相关协议。无线局域网发展迅速，但是面对日益增长的用户需求，依然存在传输速率不足、系统带宽较小、覆盖范围有限、系统安全性等一系列问题和技术挑战。随着技术的发展和用户需求的增长，为了迎合未来无线局域网的发展需求和发展趋势，IEEE也在不断研究讨论并推出新的协议。尽管目前的 802.11n 标准可以提供高达 600 Mbit/s 的传输速率，但仍然无法应对快速增长的高带宽无线数据业务带来的挑战。IEEE802.11 工作组于 2007 年成立了甚高吞吐（Very High Throughput, VHT）研究组，研究下一代具有更高吞吐量的 WLAN 标准。

其中 802.11ac 工作于 5 GHz 频段，在 IEEE802.11n 的基础上，将系统带宽从 20 MHz 和 40 MHz 扩展到 80 MHz 甚至是 160 MHz，并使用更高的多天线配置和更高的编码调制阶数，来提供高达 1 Gbps 的吞吐量，同时提供向后兼容的能力。802.11ad 工作在 60 GHz 频段，该频段是 802.11 的新增工作频段。针对低速率、低功耗的数据传输及发送控制信令可采用单载波技术，同时支持 OFDM 技术以进一步提升系统吞吐。此外，采用了高增益、低复杂度和低处理时延的低密度奇偶校验码（Low Density Parity Check，LDPC）并引入了旋转调制、差分调制、扩展 QPSK 等增强调制技术。

2）蓝牙规范

蓝牙规范是由 SIG（特别兴趣小组）制定的一个公共的、无须许可证的规范，其目的是实现短距离无线语音和数据通信。蓝牙技术工作于 2.4 GHz 的 ISM 频段，基带部分的传输速率为 1 Mbit/s，有效无线通信距离为 10~100 m，采用时分双工传输方案实现全双工传输。蓝牙技术采用自动寻道技术和快速跳频技术保证传输的可靠性，具有全向传输能力，但无须对连接设备进行定向。

任意时间，只要蓝牙技术产品进入彼此有效范围之内，它们就会立即传输地址信息并组建成网，这一切工作都是设备自动完成的，无须用户参与。

3）HomeRF 标准

在美国联邦通信委员会（FCC）正式批准 HomeRF 标准之前，HomeRF 工作组于 1998 年为在家庭范围内实现语音和数据的无线通信制订出一个规范，即共享无线访问协议（SWAP）。该协议主要针对家庭无线局域网，其数据通信采用简化的 IEEE802.n 协议标准。之后，HomeRF 工作组又制定了 HomeRF 标准，用于实现 PC 和用户电子设备之间的无线数字通信，是 IEEE802.11 与泛欧数字无绳电话标准（DECT）相结合的一种开放标准。HomeRF 标准采用扩频技术，工作在 2.4 GHz 频带，可同步提高质量语音信道并且具有低功耗的优点，适合用于笔记本电脑。

4）HyperLAN 标准

2002 年 2 月，欧洲电信标准协会（ETSI）的宽带无线接入网络小组公布了 HyperLAN 标准。HyperLAN 在 5 GHz 的频段上运行，并采用 OFDM 调制方式，物理层最高速率可达 54 Mbit/s，是一种高性能的局域网标准。HyperLAN 标准定义了动态频率选择、无线小区切换、链路适配、多波束天线和功率控制等多种信令和测量方法，用来支持无线网络的功能。

基于 HyperLAN 标准的网络有其特定的应用，可以用于企业局域网的最后一部分网段，支持用户在子网之间的 IP 移动性。在热点地区，为商业人士提供远端高速接入因特网的服务，以及作为 WCDMA 系统的补充，用于 3G 的接入技术，使用户可以在两种网络之间移动或进行业务的自动切换，而不影响通信。

5）无线局域网标准的比较

802.11 系列协议是由 IEEE 制定的，目前居于主导地位的无线局域网标准。HmoeRF 主要是为家庭网络设计的，是 802.11 与 DECT 的结合。HomeRF 和蓝牙都工作在 2.4 GHz ISM 频段，并且都采用跳频扩频（FHSS）技术。因此，HomeRF 产品和蓝牙产品之间几乎没有相互干扰。蓝牙技术适用于松散型的网络，可以让设备为单独的数据建立一个连接，而 HomeRF 技术则不像蓝牙技术那样随意。组建 HomeRF 网络前，必须为各网络成员事先确定一个唯一的识别代码，因而比蓝牙技术更安全。802.11 使用的是 TCP/IP 协议，适用于功率更大的网络，有效工作距离比蓝牙技术和 HomeRF 要长得多。

3．LAN 应用

作为有线网络无线延伸，WLAN 可以广泛应用在生活社区、游乐园、旅馆、机场车站等游玩区域实现旅游休闲上网；可以应用在政府办公大楼、校园、企事业等单位实现移动办公，方便开会及上课等；可以应用在医疗、金融证券等方面，实现医生在路途中对病人在网上诊断，实现金融证券室外网上交易。对于难于布线的环境，如老式建筑、沙漠区域等，对于频繁变化的环境，如各种展览大楼；对于临时需要的宽带接入、流动工作站等，建立 WLAN 是理想的选择。

 7.3　Internet 基础

Internet 是从 20 世纪 60 年代末开始发展起来的，其前身是美国国防部高级研究计划署建立的一个实验性计算机网络（ARPA），把美国的几个军事及研究用的计算机主机连接起来，它是今天 Internet 的前身。

1983 年，ARPA 和美国国防部高级研究计划署成功用于异构网的 TCP/IP，美国加利福尼亚大学伯克利分校把该协议作为 BSD UNIX 的一部分，使该协议得以在社会上流行起来，从而诞生了真正的 Internet。

简单地讲，Internet 就是将成千上万的不同类型的计算机以及计算机网络通过电话线、高速专用线、卫星、微波和光缆连接在一起，并允许它们根据一定的规则（TCP/IP）进行互相通信，从而把整个世界联系在一起的网络。在这个网络中，几个最大的主干网络组成了 Internet 的骨架。主干网络之间建立起一个非常快速的通信线路并扩展到世界各地，其上有许多交汇的结点，这些结点将下一级较小的网络和主机连接到主干网络。

随着 Internet 商业化服务提供商的出现，世界各地无数企业和个人纷纷涌入 Internet，带来了 Internet 发展史上一个新的飞跃，形成了多层次 ISP（Internet Service Provider）结构的 Internet。目前， Internet 成为世界上信息资源最丰富的计算机公共网络。

7.3.1 TCP/IP 协议簇

1．TCP/IP 协议簇概述

传输控制协议/网际协议（Transfer Control Protocol/ Internet Protocol，TCP/IP）是因特网的基础。它是一系列协议簇，包括上百个各种功能的协议。TCP/IP 采用了层次化的体系结构，包含 4 个层次，应用层、传输层、网际层和网络接口层，每一层次的功能有一个或多个协议实现，其层次结构如图 7–6 所示。

TCP 和 IP 是保证数据完整传输的两个基本的重要协议，该协议建立了称为分组交换（或包交换）的网络，这是一种目的在于使沿着线路传送数据的丢失情况达到最少而又效率最高的网络。

当传送数据（如电子邮件或一个共享软件）时，TCP 首先把整个数据分解为称作分组（或称作包）的小块，每个分组由一个电子信封封装起来，附上发送者和接收者的地址，就像人们日常生活中收发邮件一样，然后 IP 解决数据应该怎样通过 Internet 中连接的各个子网的一系列路由器，从一个结点传送到另一个结点的问题。

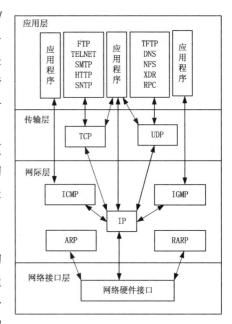

图 7–6　TCP/IP 协议簇的层次结构

每个路由器都会检查它所接收到的分组的目的地址，然后根据目的地址传送到另一个路由器。如果一个电子邮件被分成 10 个分组，每个分组可能会有完全不同的路由，但是收发邮件者是不会察觉这一点的，因为分组到达目的地以后，TCP 将其接收并鉴别每个分组是否正确、完整，一旦接收到了所有的分组，TCP 就会把它们组装成原来的形式。

2．常用的 DNS

DNS（Domain Name System，域名系统）是 TCP/IP 协议簇中常用的协议之一，简单来说，DNS 就是一个将域名翻译成 IP 地址的系统。

1）域名概述

Internet 上的成千上万台主机都是通过 IP 地址来区分的，而访问这些主机时，显然很难记住每一个没有任何意义和规律的长达 32 位的二进制地址，即便是点分十进制的 IP 地址也是一件很头疼的事情。能否用一些方便记忆的形式来访问网络中的主机？相比之下，人们显然更愿意并且更容易记住那些有规律的、有实际意义的主机名字。为了向一般用户提供一种直观、明了的主机识别符，TCP/IP 专门设计了一种字符型主机命名机制，这个字符型名字就是域名。

微课 7-4：常用 DNS

2）域名的构成

Internet 域名采用层次型结构，反映一定的区域层次隶属关系，是比 IP 地址更高级、更直观的地址。域名由若干个英文字母和数字组成，由"."分隔成几个层次，从右到左依次为顶级域、二级域、三级域等。例如在域名 tsinghua.edu.cn 中，顶级域为 cn、二级域为 edu、最后一级域为 tsinghua。

在 DNS 中，每个域分别由不同的组织进行管理。域名系统对下级域的个数和层数没有规定，但是整个域名的长度不得超过 255 个字符。域的命名由使用者自己决定，各级域的域名由其上一级的域名管理机构管理，而顶级域名由国际互联网代理成员管理局 IANA 全权负责。1998 年之后，国际域名注册是由一个来自多国私营部门人员组成的非营利性民间机构——国际域名管理中心（Internet Corporation for Assigned Names and Numbers，ICANN）统一管理。

顶级域名（Top Level Domain，TLD）有通用顶级域名以及国家顶级域名。

根据 RFC1591，最早的顶级域名有 6 个，分别为.EDU 教育机构、.COM 经济实体、.ORG 各种不适于注册在其他类别域的组织机构和非政府组织、.NET 网络服务机构、.GOV 政府部门或机构（美国专用）和.MIT 军事部门（美国专用），每一个类别顶级域是为每一类的机构创建的；.INT 应用于由国际协议和国际数据库而建立的组织机构，如表 7-1 所示。

表 7-1　Internet 顶级域名分配

域　　名	域　机　构	全　　　称
com	商业组织	Commercial organization
edu	教育机构	Educational institution
gov	政府部门	Government
mil	军事部门	military
net	主要网络支持中心	Networking organization
org	其他组织	Non-profit organization
int	国际组织	International organization
国家代码	各个国家	

根据 ISO-3166 标准规定的两位字母的国家代码的顶级域名，目前有 243 个。由于 Internet 主要是在美国成长壮大的，所以美国主机的顶级域名不是国家代码，而直接使用机构组织类型。如果某主机的顶级域由.COM、.EDU 等构成，一般可以判断这台主机在美国（也有美国主机顶级域名为.US 的情况）。其他国家、地区的顶级域名一般都是其国家、地区代码，如.CN 表示中国，.CA 表示加拿大，.UK 表示英国。

由于因特网用户数量的剧增，2000 年 11 月起又增加了 7 个通用顶级域名，分别是.biz, .info, .name, .pro, .museum, .aero, .coop。

在国家顶级域名之下的二级域名均由该国家自行确定。我国将二级域名划分为"类别域名"和"行政区域名"两大类。其中"类别域名"有 6 个，它们是.AC，适用于科研机构；.COM，适用于工、商、金融等企业；.EDU，适用于中国的教育机构；.GOV，适用于中国的政府机构；.NET，适用于提供互联网络服务的机构；.ORG，适用于非营利性的组织。而"行政区域名"共 34 个，适用于我国的各省、自治区、直辖市，例如，.BJ 表示北京市；.SH 表示上海市等。

在中国注册域名通常分为国内域名注册和国际域名注册。目前，国内域名注册统一由中国互联网络信息中心——CNNIC 进行管理，具体注册工作由通过 CNNIC 认证授权的各代理商执行。国际域名是由 ICANN 统一管理，具体注册工作是由通过 CNNIC 授权认证的各代理商执行。中文域名指能用汉字命名的新一代域名，它是中国人自己的域名，记忆非常方便。

3）域名系统和域名服务器

（1）域名系统。把域名映射成 IP 地址的软件称为域名系统（Domain Name System，DNS）。域名系统采用客户机/服务器工作模式。

（2）域名服务器。域名服务器（Domain Name Server）实际上就是装有域名系统的主机，是一种能够实现名字解析的分层数据库。

4）域名系统与 IP 地址的关系

一般情况下，一个域名对应一个 IP 地址，这是域名与 IP 地址的一对一关系；但并不是每一个 IP 地址都有一个域名与之对应，还有一个 IP 地址对应几个域名的情况。例如，"瑞得在线"网站主页的 IP 地址为 168.160.233.10，它又提供不同服务的 3 个域名，分别是 www.rol.cn.net、www.rol.com.cn、www.readchina.com.，使用 IP 地址和 3 个域名中的任何一个都可以找到该主页，这是域名与 IP 地址的一对多关系。

5）域名解析过程

当因特网用户打开浏览器，输入一个域名时，并不知道该域名所对应的是哪一台主机，因此向 Internet 的 DNS 服务器发出查询请求。DNS 服务器将查询到的 IP 地址返回给用户的计算机，用户计算机就可以根据 IP 地址连接要访问的主机。DNS 的解析过程分为两部分：第 1 部分是在本机的查询以及到本机指定的 DNS 服务器的查询，这一部分包括客户端本身及客户端对服务器的查询；第 2 部分是到其他 DNS 服务器的查询，这一部分属于服务器和服务器的查询。下面通过一个用户寻找一台叫 www.pku.edu.cn 主机的例子，说明 Internet 中的域名解析过程，其示意图如图 7-7 所示。

（1）首先，域名解析程序在用户查询本地主机的缓冲区查看主机缓冲区是否保存该主机名（www.pku.edu.cn）。如果找到则返回对应的 IP 地址；如果主机缓冲区中没有该域名与 IP 地址的映射关系，则解析程序向指定的域名服务器发出请求。

（2）指定的域名服务器先检查域名 www.pku.edu.cn 与 IP 地址的映射关系是否存储在数据库中。如果有，则指定的服务器将该映射关系传送给用户，并告诉用户这是一个"权威性"的回答；如果没有，则指定的服务器将查询其高速缓冲区，检查是否存储有该映射关系。如果在高速缓冲区发现该映射关系，则指定的服务器给出回答，并告诉用户这是一个"非权威性"的回答。如果指定的服务器在高速缓冲区没有发现该映射关系，则需要向其他域名服务器求助。

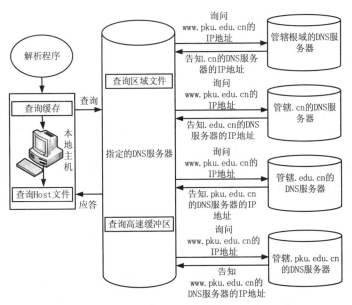

图 7-7 DNS 完整的域名解析过程

（3）其他域名服务器接收到指定的服务器的请求后，继续进行域名查询，如果找到该域名 www.pku.edu.cn 与 IP 地址的映射关系，将该映射关系送交提出查询请求的指定的域名服务器。然后，指定的服务器把从其他域名服务器获得的映射关系回答客户。

7.3.2 网际协议

IP 协议（Internet Protocol）又称互联网协议，是支持网间互连的数据报协议，它与 TCP 协议（传输控制协议）一起构成了 TCP/IP 协议簇的核心。它提供网间连接的完善功能，包括 IP 数据报规定互连网络范围内的 IP 地址格式。IP 实现两个基本功能：寻址和分段。Internet 上，为了实现连接到互联网上的结点之间的通信，必须为每个结点（入网的计算机）分配一个地址，并且应当保证这个地址是全网唯一的，这便是 IP 地址。简单起见，本书仅介绍 IP 协议中的 IP 地址的内容。

微课 7-5：网际协议 IP

1. 什么是 IP 地址

如果把整个 Internet 看成单一的、抽象的网络，IP 地址就是连接 Internet 上每一台主机分配一个全世界范围内唯一的 32 位标识符。

Internet 是一个复杂系统，为了唯一、正确地标识网中的每一台主机，应采用结构编址。IP 地址采用分层结构编址，将 Internet 从概念上分为 3 个层次，如图 7-8 所示。最高层是 Internet；第二层为各个物理网络，简称网络层；第三层是各个网络中所包含的许多主机，称为主机层。在主机和路由器存放的 IP 地址都是 32 位的二进制代码，它包含了网络号和主机号两个独立的信息段，网络号用来标识主机或路由器所连接的网络，主机号用来标识主机或路由器。32 位的 IP 地址构成如图 7-9 所示。

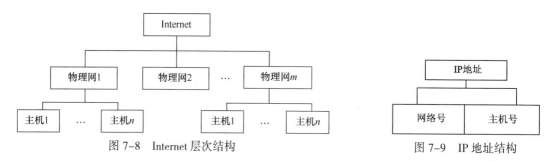

图 7-8　Internet 层次结构

图 7-9　IP 地址结构

同一个物理网上所有的主机的网络号相同。如果某台网络服务器的 IP 地址为210.73.140.2，可以把它分为网络号和主机号两个部分，即：

网络号：210.73.140.0

主机号：2

2．IP 地址的格式

IP 地址可表达为二进制格式或十进制格式。二进制的 IP 地址格式为 ×.×.×.×，每个×为 8 位二进制数，如 10001110011011110000011100011110。十进制的 IP 地址格式是将每8 位二进制数用一个十进制数表示，并以小数点分隔，这种表示法称为"点分十进制表示法"，如 142.111.7.30。

3．IP 地址的等级与分类

TCP/IP 规定，IP 地址用 32 位二进制来表示，并且地址中包括网络号和主机号。如何将这 32 位的信息合理地分配给网络和主机作为编号，看似简单，意义却很重大，因为各部分的位数一旦确定，就等于确定了整个 Internet 中所能包含的网络规模的大小、数量以及各个网络所能容纳的主机数量。从这一点出发，Internet 管理委员会将 IP 地址划分为 A、B、C、D、E 五类地址。

A 类地址的最高端为 0，从 1.x.y.z～126.x.y.z；B 类地址的最高端为 10，从 128.x.y.z～191.x.y.z；C 类地址的最高端为 110，从 192.x.y.z～223.x.y.z；D 类地址的最高端为 1110，是保留的 IP 地址；E 类地址的最高端为 1111，是科研的 IP 地址。下面重点介绍 A、B、C 这三类地址，其示意图如图 7-10 所示。

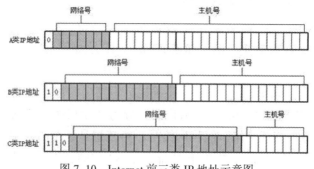

图 7-10　Internet 前三类 IP 地址示意图

A 类 IP 地址的高 8 位代表网络号，后 3 个 8 位代表主机号。IP 地址范围为 1.0.0.1～126.255.255.254。A 类地址用于超大规模的网络，每个 A 类网络能容纳 1 600 多万台主机。

B 类 IP 地址前两个 8 位代表网络号,后两个 8 位代表主机号。IP 地址范围为 128.0.0.1～191.255.255.254。B 类地址用于中等规模的网络,每个 B 类网络能容纳 65 000 多台主机。

C 类地址一般用于规模较小的本地网络,如校园网等。前 3 个 8 位代表网络号,低 8 位代表主机号,十进制第 1 组数值范围为 192～223。IP 地址范围为 192.0.0.1～223.255.255.254。C 类地址用于小型的网络,每个 C 类网络仅能容纳 254 台主机。

从地址分类的方法来看:A 类地址的数量最少,只有 126 个;B 类地址有 16 000 多个;C 类地址最多,总计达 200 多万个。A、B、C 三类地址是平级,它们之间不存在任何从属关系。

Internet 地址的定义方式是比较合理的,它既适合大型网少而主机多、小型网多而主机少的特点,又方便网络号的提取。因为在 Internet 中寻找路径时只关心找到相应的网络,主机的寻找只是网络内部的事情,所以便于提取网络号对全网的通信是极为有利的。

4. IP 地址的获取方法

IP 地址由国际组织按级别统一分配,用户在申请入网时可以获取相应的 IP 地址。

(1)最高一级 IP 地址由国际网络信息中心(Network Information Center,NIC)负责分配。其职责是分配 A 类 IP 地址,授权分配 B 类 IP 地址的组织,并有权刷新 IP 地址。

(2)分配 B 类 IP 地址的国际组织有三个:ENIC 负责欧洲地区的分配工作,InterNIC 负责北美地区,设在日本东京大学的 APNIC 负责亚太地区。我国的 Internet 地址由 APNIC 分配(B 类地址),由邮电部数据通信局或相应网管机构向 APNIC 申请地址。

(3)C 类 IP 地址由地区网络中心向国家级网络中心(如 CHINANET 的 NIC)申请分配。

5. 子网编址

IP 地址有 32 位,可容纳上百万个主机,应该足够用了,可目前 IP 地址已经分配得差不多了。实际上,现在只剩下少部分的 B 类地址和一部分 C 类地址。IP 地址消耗如此之快的原因是存在巨大的地址浪费。以 B 类地址为例,它可以标志几万个物理网络,每个网络容纳 65 534 台主机,如此大规模的网络几乎是不可实现的。事实上,一个数百台主机的网络已经很大了,何况上万台。因而在实际应用中,人们开始寻找新的解决方案以克服 IP 地址的浪费现象,于是便产生了子网编址技术。子网编址技术的思想是将主机号部分进一步划分为子网号和主机号两部分,这样不仅可以节约网络号,还可以充分利用主机号部分巨大的编址能力。

1)子网编址模式下的地址结构

32 位 IP 地址被分为两部分,即网络号和主机号,而子网编址的思想是,将主机号部分进一步划分为子网号和主机号。在原来的 IP 地址模式中,网络号部分就是一个独立的物理网络,引入子网模式后,网络号加上子网号才能唯一地标识一个物理网络。

子网编址使得 IP 地址具有一定的内部层次结构,这种层次结构便于分配和管理。它的使用关键在于选择合适的层次结构——如何既能适应各种现实的物理网络规模,又能充分地利用地址空间(即从何处分隔子网号和主机号)。

2）子网掩码

由以上分析可知，每一个 A 类网络能容纳 16 777 214 台主机，这在实际应用中是不可能的。而 C 类网络的网络 ID 太多，每个 C 类网络能容纳 254 台主机。在实际应用中，一般以子网的形式将主机分布在若干个物理地址上，划分子网就是使用主机 ID 字节中的某些位作为子网 ID 的一种机制。在没有划分子网时，一个 IP 地址可被转换成两部分：网络 ID +主机 ID；划分子网后，一个 IP 地址就可以成为网络 ID +子网 ID + 主机 ID。

在实际中，采用掩码划分子网，故掩码也称子网掩码。子网掩码同 IP 地址一样，由 4 组，每组 8 位，共 32 位二进制数字构成，例如，255.255.0.0。每一类 IP 地址的默认子网掩码如表 7-2 所示。

表 7-2　默认子网掩码

类　　别	子 网 掩 码
A	255.0.0.0
B	255.255.0.0
C	255.255.255.0

7.3.3　新一代互联网协议 IPv6

已经使用了 30 多年的 IPv4，其地址位数为 32 位，也就是最多有 2^{32} 的网络设备可以连到 Internet 上。然而在移动互联网与物联网爆炸的条件下，这个数字已经远远不能满足设备对 IP 的使用需求。IPv6（Internet Protocol Version 6）应运而生，其地址数号称可以为全世界的每一粒沙子编址。IPv6 是网络层协议的第二代标准协议，也被称为 IPng（IP next generation），是 IPv4 的升级版本。

1. IPv6 的新特性

1）新的报头格式

IPv6 报头有一个新设计的格式，尽管 IPv6 的数据报头更大，但是其格式比 IPv4 报头的格式更为简单。为了尽量加快报头的处理，IPv6 把一些不重要的和拓展的字段移到了 IPv6 报头之后的拓展报头中。另一方面，精简的 IPv6 报头使得网络中的中间路由器在处理 IPv6 报头时，无须处理不必要的信息，极大地提高了路由效率。

2）巨大的地址空间

IPv6 拥有 128 位长的源地址和目标地址，这就意味着 IPv6 拥有 3.4×10^{38} 个地址，世界上的每个人都可以拥有 5.7×10^{28} 个 IPv6 地址，有夸张的说法是：可以做到地球上的每一粒沙子都有一个 IP 地址。地址空间增大的另一个好处是避免了使用 NAT 协议带来的问题（如破坏 IP 端到端模型、影响网络性能等）。

3）无状态和有状态的地址配置

为了简化配置，IPv6 同时支持有状态地址配置（存在 DHCPv6 服务器）和无状态地址配置（没有 DHCPv6 服务器）。在无状态地址配置中，IPv6 结点可以根据本地链路上相邻的 IPv6 路由器发布的网络信息，自动配置 IPv6 地址和默认路由。即使没有路由器，同一链路上的主机仍然可以使用本地链路地址进行自动配置，并使用本地链路地址进行通信。因此，IPv6 支持即插即用功能。

4）全新的邻居发现协议

IPv6 中的 ND（Neighbor Discovery，邻居发现）协议包含了一系列机制，用来管理相邻结点的交互。ND 协议使用全新的报文结构及报文交互流程，实现并优化了 IPv4 中的地址解析、ICMP 路由发现、ICMP 重定向等功能。

5）支持真正的移动性

移动性无疑是互联网上最精彩的服务之一。移动 IPv6 协议为用户提供可移动的 IP 数据服务，让用户可以在世界各地都使用同样的 IPv6 地址，非常适合未来的无线上网。移动 IPv6 操作包括家乡代理注册、三角路由、路由优化、绑定管理、移动检测和家乡代理发现。

6）提供更高的服务质量保证

基于 IPv4 的 Internet 在设计之初，只有一种简单的服务质量，即采用"尽最大努力"传输。从原理上讲，文本传输、静态图像等传输对服务质量（QoS）并无要求，因此 QoS 是无保证的。随着 IP 网上多媒体业务的增加，如 IP 电话、视频点播（VOD）、电视会议等实时应用，对传输延时和延时抖动均有严格的要求。

IPv6 数据包的格式包含一个 8 位的业务流类别（Class）和一个新的 20 位的流标签（Flow Label）。一个流是以某种方式相关联的一系列信息包，IP 层必须以相关的方式对待它们。决定信息包属于同一流的参数包括源地址、目的地址、QoS、身份认证及安全性。IPv6 中流的概念的引入，仍然是在无连接协议的基础上的。一个流可以包含几个 TCP 连接，它的目的地址可以是单个结点，也可以是一组结点。IPv6 的中间结点接收到一个信息包时，通过验证它的流标签，就可以判断它属于哪个流，然后就可以知道信息包的 QoS 需求，并进行快速转发。

7）提供网络层的安全保证

IPv6 把 IPSec 作为必备协议，解决了网络层端到端数据传输的安全问题。IPSec 作为新一代互联网安全标准，是 IETF 为提高 IP 协议的安全性而专门制定的。实际上，IPSec 是一种协议套件，可以"无缝"地为 IP 提供安全特性，如提供访问控制、数据源的身份验证、数据完整性检查、机密性保证以及抗重播攻击等。IPSec 协议主要包括验证头（AH）、封装安全载荷（ESP）、Internet 密钥交换（IKE）以及强制转码类型等相关组件。

2. IPv6 地址

1）IPv6 地址格式

根据 IPv6 地址表示形式的不同，IPv6 地址主要分为 3 种格式：首选格式、压缩表示、和内嵌 IPv4 的 IPv6 地址表示。

（1）首选格式表示。IPv4 地址使用点分十进制格式来表示，将 32 位的地址每 8 位分成一段，并将每 8 位长的二进制数换算成十进制数后用点号隔开表示（如 192.168.1.1）。对于 IPv6 地址，128 位的地址每 16 位分成一段，每个 16 位的二进制段换算成 4 位十六进制数并用冒号隔开（如 x:x:x:x:x:x:x:x，每个 x 代表 4 位十六进制数）。这种表示方法称为冒号十六进制表示法。

另外，IPv6 地址每段中的前导 0 是可以去掉的，但至少要保证每段有一个数字（如 0001 可以表示成 1，0000 可以表示成 0）。

（2）压缩表示。某些 IPv6 地址有连续的几串零，为了进一步精简 IPv6 地址，冒号十六进制格式中出现连续的 0 的 16 位段时，这些段可压缩表示为"::"，即双冒号。但一个 IPv6 地址中只允许使用一次。

由于一个 IPv6 地址中只能出现一个"::"，所以地址"3FFE::100:2::200"是非法的。

使用压缩表示时，不能将一个段内的有效的 0 也压缩。例如，不能把"3FFE:100::2"压缩表示成"3FFE:1::2"。

（3）内嵌 IPv4 地址的 IPv6 地址表示。内嵌 IPv4 地址的 IPv6 表示方法其实是过渡机制中使用的一种特殊表示方法。在这种表示方法中，地址的前 96 位利用 IPv6 的冒号十六进制表示法表示，后 32 位利用 IPv4 的点号十进制表示，即最后整个 IPv6 地址的第一部分使用十六进制表示，而 IPv4 地址部分是十进制格式。如 ×:×:×:×:×:×:d.d.d.d，× 表示一个 4 位十六进制数，d 表示 IPv4 地址中的一个十进制数。

有以下两种内嵌 IPv4 地址的 IPv6 地址。

① IPv4 兼容 IPv6 地址（IPv4-Compatible IPv6 Address）：0:0:0:0:0:0:192.168.1.1 或者::192.168.1.1。

② IPv4 映射 IPv6 地址（IPv4-Mapped IPv6 Address）：0:0:0:0:0:FFFF:192.168.1.1 或::FFFF:192.168.1.1。

2）IPv6 前缀

地址前缀（Format Prefix，FP）类似于 IPv4 中的网络 ID。一般情况下，地址前缀用来作为路由或子网的标识；但有时仅仅是固定的值，表示地址类型。IPv6 前缀用"地址/前缀长度"这一表示方法。所有子网都用 64 位前缀，任何少于 64 位前缀可能是路由标识，也可能是 IPv6 地址空间的地址范围。

例如，2001::/64 表示一个子网前缀，2001::/48 表示一个路由前缀。

IPv6 前缀和路由或地址范围相关，而和单个的单播 IP 地址无关。在 IPv4 中，通常使用带前缀长度的 IPv4 地址。例如，192.168.1.1/24（等价于 192.168.1.1，子网掩码为 255.255.255.0）表示子网掩码长度为 24 的 IPv4 地址 192.168.1.1。由于 IPv4 中标识子网的位数是可变的，所以需要前缀长度以区分子网前缀和 ID。然而在通常的 IPv6 应用中没有可变长度子网前缀的表示法，用于区分子网的位数固定式 64 位，而用于区分子网中主机的位数也是 64 位。例如，单播地址 2001::1 不必表示为 2001::1/64，因为对于某个固定的单播 IPv6 地址，就已经表明了其子网前缀是 2001::/64。

3）URL 中的 IPv6 地址表示

在 IPv4 中，对于一个 URL 地址，当需要通过直接使用"IP 地址+端口号"的方式来访问时，可以表示如下：

http://192.168.1.1:8080/index.jsp

但是，由于 IPv6 地址中本来就包含有冒号"："，为了避免歧义，在 URL 地址中包含 IPv6 地址时，需要使用"[ ]"将 IPv6 地址包含起来，如：

http://[fe80::1]:8080/index.jsp   http://[2001::1]   ftp://[2001::1]

3．IPv4 向 IPv6 的过渡

当前，大量的网络是 IPv4 网络，随着 IPv6 的部署，很长一段时间是 IPv4 与 IPv6 共存的过渡阶段。过渡阶段所采用的过渡技术主要包括：

（1）双栈技术。主机或路由器同时装有 IPv4 和 IPv6 两个协议栈，因此主机既能和 IPv4 通信，也能和 IPv6 通信。

（2）隧道技术。在 IPv6 分组进入 IPv4 网络时，将 IPv6 分组封装成 IPv4 分组；当封装成 IPv4 分组离开 IPv4 网络时，再封装数据部分（IPv6 部分）转发给目的结点。

（3）协议翻译技术。对 IPv6 和 IPv4 报头进行相互翻译，实现 IPv4/IPv6 协议和地址的转换。

7.3.4　Internet 的基本服务与扩展应用

1．WWW 服务

WWW（World Wide Web，万维网）是以超文本置标语言（HTML）和超文本传输协议（HTTP）为基础，为用户提供界面一致的信息浏览系统。

2．Web 页面

微课 7-6：WWW 服务

Web 页面又称网页，是浏览 WWW 资源的基本单位。每个网页对应磁盘上的一个单一文件，其中可以包含文字、表格、图像、声音、视频等。超文本不能使用普通的文本编辑程序，要在专门的应用程序（如 Internet Explorer）中进行浏览。

一个 WWW 服务器通常称为 Web 站点或网站。每个 Web 站点都由大量的网页作为提供给用户的资源。

1）超文本和超链接

WWW 上的每个网页都对应一个文件，这些文件不再是普通的"文本文件"，文件中除包含文字信息外，还包含具体的超链接，这些包含超链接的文件称为超文本文件。超链接指从一个网页指向一个目标的连接关系，这个目标可以是另一个网页，也可以是相同网页上的不同位置，还可以是一个图片、一个电子邮件、一个文件，甚至是一个应用程序。在一个网页中用来超链接的对象，可以是一段文字或一个图片。

2）统一资源定位符

使用统一资源定位符（Uniform Resource Locator，URL）可唯一地标识某个网络资源。URL 地址的思想是使所有资源都得到有效利用，实现资源的统一寻址。

（1）URL 地址的概念及组成。统一资源定位符是 Internet 上描述信息资源位置的字符串，主要用在 WWW 客户程序和服务器程序中。采用 URL 可以用一种统一的格式描述和访问 Internet 上各种信息资源，包括文件、服务器的地址和目录。简单地说，URL 就是 Web 地址，俗称网址。它的结构为协议名称：//主机名称[: 端口号]/文件路径/文件名。

URL 由四部分组成，第一部分指出协议名称型，第二部分指出信息所在的服务器主机域名，第三部分指出包含文件数据所在的精确路径，第四部分指出文件名。传输协议即访问网页的方式，也就是浏览器用于取得超文本文件的协议或程序，如果浏览器利用 HTTP 方式来访问文件，那么协议部分就是 http。协议必须与系统安装的信息服务器匹配以便能正常工作。

文件所在服务器的名称或 IP 地址后面是到达这个文件的路径和文件本身的名称。服务器的名称或 IP 地址后面有时还跟一个冒号和一个端口号，也可以包含接触服务器必须的用户名称和密码。路径部分包含等级结构的路径定义，一般来说不同部分之间以斜线（/）分隔。询问部分一般用来传送对服务器上的数据库进行动态询问时所需要的参数。

有时候，URL 以斜杠"/"结尾，而没有给出文件名，在这种情况下，URL 引用路径中最后一个目录中的默认文件（通常对应于主页），这个文件常常被称为 index.html 或 default.htm。

（2）URL 地址举例。

① http 的 URL。使用 http 的 URL 格式为 http://sports.163.com/nba/index.html。

以 http:// 开头的普通网页，不加密，使用默认端口 80。该例子表示用户要连接到名为 sports.163.com 的主机上，采用 http 访问方式读取 nba 目录下名为 index.html 的超文本文件内容。

② https 的 URL。https 则是安全超文本传输协议，安全网页，加密所有信息交换，使用默认端口 443。

https://www.baidu.com/index.html，表示用户要连接到名为 www.baidu.com 的主机上，采用 https 访问方式。

③ FTP 的 URL。文件的 URL 格式为 ftp://ftp.sjtu.edu.cn/html/，该例表示用户要通过文件传输 FTP 方式进入上海交通大学 ftp.sjtu.edu.cn 主机下的 html 文件夹。

④ Telnet 的 URL。Telnet 的 URL 格式为 telnet://bbs.sjtu.edu.cn，该例表示用户要远程登录到名为 bbs.sjtu.edu.cn 的主机，默认 23 号端口。

（3）URL 的缺点。当信息资源的存放地点发生变化时，必须对 URL 做相应的改变，这是 URL 的最大缺点。目前人们正在研究新的信息资源表示方法，如通用资源标识（URI）、统一资源名（URN）、统一资源引用符（URC）等。

3）超文本置标语言

超文本是用超文本置标语言（Hypertext Markup Language，HTML）来实现的，HTML 文档本身只是一个文本文件，只有在专门阅读超文本的程序中才会显示成超文本格式。HTML 文件由 HTML 标记、元素及其属性构成。浏览器显示出的网页效果是 HTML 中的标记（Tag）决定的。

4）WWW 的工作原理

WWW 服务主要是以一系列网页来呈现的。所谓网页，就是在浏览器上看到的一幅幅画面，它是用 HTML 编写的，所以也称 HTML 文档，其扩展名为.html 或.htm。组成网页的基本元素是文字、图形、图像和超链接等。存放着特定网页集合的服务器称为网站。每个网站都有一个进入网站的起始页面，被称为主页（HomePage），它会进一步包含许多指针指到其他服务器，以此类推，整个 Internet 互相连接成一个有机整体。

一般提供 WWW 服务的计算机会不间断地运行服务器程序，以便及时响应用户下载网页资源的请求；一旦收到了来自网络上某个用户的请求，便会使用 HTTP 协议与用户的浏览器进行通信，将用户需要的数据发送到用户浏览器。而作为用户，要想访问 WWW，首先要确认自己的计算机已经正确地连接到 Internet，然后运行浏览器程序，在地址栏中输入一个 Internet 地址（如 http://www.sina.com/index.html），浏览器即把该网页首页的内容返回给用户。

3．电子邮件服务

电子邮件（E-mail）是指 Internet 上或计算机网络上的各个用户之间，通过电子信件的形式进行通信的一种现代邮政通信方式。电子邮件是 Internet 最为基本的功能之一，在浏览器技术产生之前，Internet 网上用户之间的交流大多是通过 E-mail 方式进行的。它是一种在全球范围内通过 Internet 进行互相联系的快速、简便、廉价的现代化通信手段。

电子邮件系统采用客户/服务器工作方式，主要由三部分组成：用户代理 UA（User Agrnt）、邮件服务器（Mail Server）和邮件系统的协议。

用户代理就是用户与电子邮件系统的接口，在大多数情况下它就是在用户 PC 中运行的电子邮件客户程序，如 Microsoft Outlook 或 Foxmail。因此它必须具有撰写、显示和处理电子邮件的基本功能，而且应该提供一个友好的人-机界面。

邮件服务器是电子邮件系统的服务器构件，主要完成电子邮件的存储和收、发的工作，同时还要向发信人报告邮件传送的状态（已交付、被拒绝、丢失等）。

邮件服务器使用简单的邮件传送协议（Simple Message Transfer Protocol，SMTP）和邮局协议（Post Office Protocol，POP）实现电子邮件的传送。其中，SMTP 用于邮件的发送，POP 用于邮件的接收。

电子邮件的数据被定义了信封（Envelope）和内容（Content）两个组成部分。信封中要包含一些信息，能够唯一地确定电子邮件的发送者和接收者，称为电子邮件的地址（Email Address）。格式为收信人的邮箱名@邮箱所在服务器的域名。

字符"@"是一个固定符号，读作"at"，表示"在"的意思。通常情况下，当用户向 ISP 申请 Internet 账户时，ISP 就会在它的 E-mail 服务器上建立该用户的 E-mail 账户，该账户包括用户名与用户指定的密码，这样用户就有了自己的电子邮箱，而"收信人的邮箱名"就是用户名。例如，zj@email.163.com 是合法的 E-mail 地址。

用户名是由用户自定义的任意字符串，但是该用户名在所在的邮件服务器上必须是唯一的，有时管理员为了管理方便会给用户指定用户名。由于一个主机的域名在因特网上是唯一的，而每个邮箱的用户名在服务器上有时是唯一的，因而保证了电子邮件地址在因特网上的唯一性。这一点是保证电子邮件正确交付的必要前提。

4．文件传输服务

FTP（File Transfer Protocol，文件传输协议）服务允许用户从一台计算机向另一台计算机复制文件。Internet 是一个非常复杂的计算机环境，连接 Internet 上的计算机有上千万台，而这些计算机可能运行不同的操作系统。FTP 协议很好地解决了跨越不同网络和操作系统平台的通信问题，它可以将文件从一台主机实时、可靠地传送到另一台主机，并且减少甚至消除了不同操作系统对文件处理带来的不兼容性。

与大多数 Internet 服务一样，FTP 也是一个客户机/服务器系统。用户通过一个支持 FTP 协议的客户机程序，连接到在远程主机上的 FTP 服务器程序。用户通过客户机程序向服务器程序发出命令，服务器程序执行用户所发出的命令，并将执行的结果返回客户机。

通常情况下，我们登录远程主机的主要限制就是要取得进入主机的授权许可。而匿名 FTP 是专门将某些文件供大家使用的系统。用户可以通过匿名用户名使用这类计算机，不要求输入口令。

在 FTP 的使用中，用户经常遇到两个概念：下载（Download）和上传（Upload）。下载文件就是从远程主机复制文件至自己的计算机上；上传文件就是将文件从自己的计算机中复制至远程主机上。

FTP 服务实现了两台计算机之间的数据通信，但随着计算机网络通信的发展，FTP 服务显示出了一些不足之处，如传输速度慢、传输安全性存在隐患等。目前基于 P2P 技术的文件传输有着更广泛的应用领域。

P2P（Peer-to-Peer，点对点）打破了传统的 Client/Server（C/S）模式，在网络中的每个结点的地位都是对等的。每个结点既充当服务器，为其他结点提供服务，同时也享用其他节点提供的服务。在 P2P 网络中，随着用户的加入，不仅服务的需求增加，系统整体的资源和服务能力也在同步地扩充，始终能比较容易地满足用户的需要。P2P 架构由于服务是分散在各个结点之间进行的，部分结点或网络遭到破坏对其他部分的影响很小，因此 P2P 网络天生具有耐攻击、高容错的优点。目前，Internet 上各种 P2P 应用软件层出不穷，用户数量急剧增加，微软公司的操作系统 Windows Vista 及其以后的版本加入了 P2P 技术以用来加强协作和应用程序之间的通信。

5．远程登录

Telnet 是 Internet 为用户所提供的原始服务之一。Telnet 允许用户通过本地计算机登录到远程计算机中，不论远程计算机是在隔壁，还是远在千里之外。只要用户拥有远程计算机的登录账号，就可以使用远程计算机的资源，包括程序、数据库和其上的各种设备。

由于允许 Telnet 的计算机一般都为 UNIX 系统，这对初学者来说是较困难的。Telnet 在 Internet 的电子公告板 BBS 中的应用相当广泛。

远程登录是为用户提供以终端方式与 Internet 上的主机建立在线连接的一种服务。这种连接建立以后，用户的计算机就可以作为远程主机的一台终端来使用远程主机上的各种资源。远程登录是 Internet 最基本的服务之一。实现远程登录的工具软件有很多，最常用的是 Telnet 程序。在 UNIX 操作系统和 Windows、Mac OS 操作系统中都可以用 Telnet 程序，其基本使用格式为 telnet ://主机名:端口号，如 telnet://cs.nankai.edu.cn:10。

6．即时通信

1）即时通信的概念及发展

即时通信工具（Instant messaging，IM）指能够通过有线或无线设备登录互联网，实现用户间文字、图片、语音或视频等一种或多种方式实时沟通方式的软件。

　　1970 年代早期，一种更早的即时通信形式是柏拉图系统（Plato system）。在 1980 年代，UNIX/Linux 的交谈即时信息被广泛地应用于工程师与学术界。1990 年代即时通信更跨越了网际网路交流。1996 年 11 月，ICQ 是首个广泛被非 Unix/Linux 使用者用于网际网路的即时通信软件。在 ICQ 的介绍之后，同时在许多地方有一定数量的即时通信方式发展，且各式的即时通信程序有独立的协定，无法彼此互通。这引导使用者同时执行两个以上的即时通信软件，或者他们可以使用支援多协定的终端软件，如 Gaim、Trillian 或 Jabber。

　　2010 年来，许多即时通信服务开始提供视讯会议的功能，网络电话与网路会议服务开始整合为兼有影像会议与即时信息的功能。于是，这些媒体的分别变得越来越模糊。

　　目前常用的即时通信软件主要包括腾讯 QQ、阿里旺旺、飞信、YY 以及人人、微博、博客、微信、推特、脸书等。即时通信工具极大地方便了人们的日常生活，不管相隔多远，只要能连接互联网络，拥有即时通信软件就可以进行沟通和联系，而且沟通的形式包括文字、图片、语音以及视频等。

　　2）即时通信的主要功能

　　（1）资料传输功能。通过即时通信工具，可以进行信息资料的在线传输和共享，极大地方便了使用双方甚至多方，特别当对方不在线时，仍然可以发送离线文件，可以保存一段时间，对方上线之后可以收到相关资料。信息资料的传输和分享是即时通信工具从一开始就存在和不断发展的重要基础，随着网络以及客观需求的不断提高，信息资料传输方面也开始具有新的功能，如社区内部进行资料共享，形成庞大的资料库，极大地丰富了知识储备。

　　（2）音乐视频互动功能。即时通信工具不断的发展和实现功能的日益强大，特别是不断满足各类消费群体的特点，以腾讯软件为标志和代表的即时通信工具不断开发自身产品特性，QQ 音乐、QQ 影音，在线视频互动，为对方录制视频等功能不断被开发和使用，极大地提升了即时通信工具被人们使用的频率。通过即时通信工具可以实现大部分上网搜集影视音乐的功能，极大地增强了即时通信工具对用户的黏度。

　　（3）消息群发功能。目前在手机移动设备普遍、无线网络传输功能日益强大的基础上，可以充分发挥消息群发的功能，为单位或社团组织内部消息传输和管理通知提供便利。QQ 和微信均有消息群发功能。比如微信群发助手（消息群发）支持群发消息、群发图片、文字水印、图片水印等功能，群发消息发送的对象不仅仅是用户好友，还可以发至用户所在的微信群，消息曝光扩散速度得到很大程度的提升，人们利用微信群发功能进行节日祝福、工作通知、微商推广等，可以极大地提高人们的工作效率。

　　3）即时通信的行业应用

　　（1）个人即时通信。主要以个人用户的日常使用为主，会员的资料是开放式的，而且是非营利为目的的，这种通信工具方便大家聊天、娱乐以及交友等方面的进行和发展。个人即时通信的发展主要以软件运行为主，网站辅助其运行。大部分是免费的，部分服务项目会收取一定费用。

　　（2）商务即时通信。以日常买卖关系为基础的通信，如阿里旺旺淘宝版等。商务即时通信实现了寻找客户资源的网络平台便捷化，使用户可以较低的成本实现商务交流和工作交往。具有非常迅速，没有时间、地域上的限制，费用低廉等特点。很好地满足和适应了现代社会快捷的特点。

（3）企业即时通信。为了实现企业内部办公，为员工建立良好的内部交流沟通平台。可以更进一步减少运营成本，提高企业办公效率。或者以即时通信为基础，增加相关的应用，方便企业各部门不同用途的使用便捷。目前很多企业都在使用企业通信软件，如 Anychat 即时通讯、微软 Microsoft Lync、中国移动企业飞信等。

（4）网页即时通信。用户在访问论坛等网页的同时在论坛、社区和普通网页中进行聊天，如人人网好友可以进行实时互动交流。同时在线浏览相关信息的网友可以进行即时交流，极大地提升了用户的活跃度，用户黏度。通过将即时通信的相关功能加以整合在同一个网站上实现是即时通信工具未来发展的一种趋势。

4）快速发展的即时通信软件——微信

微信是由中国最大的互联网综合服务提供商之一的腾讯公司在 2011 年 1 月正式推出的一款移动即时通信软件。和其他移动 IM 软件一样，微信是以移动网络为渠道，快速发送文字、实时语音信息、名片、图片、视频、实时位置等，并支持多人在线群聊功能的移动 IM 软件。微信时下中国最热门的互联网手机应用软件，也被业界称为"移动互联网时代的风向标"。生活中常用的微信支付如图 7-11 所示。

图 7-11　微信支付官网的微信支付的案例

7. 搜索引擎

1）搜索引擎的定义与技术发展脉络

搜索引擎是指根据一定的策略、运用特定的计算机程序从互联网上搜集信息，在对信息进行组织和处理后，为用户提供检索服务，将用户检索相关的信息展示给用户的系统。

微课 7-7：搜索引擎

其主要任务是在互联网上主动搜索 Web 服务器信息并自动形成索引，索引内容存储于可供查询的大型数据库中，当用户输入关键词查询时，该网站会告诉用户包含该关键字信息的所有网址，并提供通向该网站的链接，

以达到传播信息的目的。

1990 年诞生于加拿大的 Archie，具有同搜索引擎相同的工作方式，是被公认的现代搜索引擎鼻祖。1993 年，Matthew Gray 开发了 World Wide Web Wanderer，成为搜索引擎发展史上里程碑式的存在，它是第一个利用 HTML 网页之间的链接关系来检测万维网规模的"机器人"程序。

1994 年是搜索引擎的狂欢年，诞生了不少搜索巨头，其中包括第一代搜索引擎的代表 Yahoo，准确来说，Yahoo 只是一个可搜索目录，并不是真正意义上的搜索引擎，但它客观上确实开创了搜索引擎技术发展的新纪元。

如今，在中国最为大众所熟知并应用的搜索引擎非 Google 和百度莫属，两者同是第二代搜索引擎的代表。Google 于 1998 年创立，以自己首创的 PageRank 排名算法作为排序工具，以整合全球信息为使命，奉行"Do not be evil（不作恶）"的经营理念，在世界范围内获得了广泛认同，尤其是在英文搜索领域，一直占据重要地位。

百度作为全球最大的中文搜索引擎于 2000 年 1 月创办于北京。2001 年 10 月 22 日，Baidu 搜索引擎正式发布，百度创始人李彦宏的超链分析专利为世界各大搜索引擎普遍应用，2009 年百度发布"框计算"技术概念，极大提升了搜索引擎的智能性与交互性。

搜索引擎的技术还在不断进步当中，向智能化发展。第三代搜索引擎技术"从基于关键词层面搜索提升到基于自然语言和人工智能的知识层面搜索，使搜索过程由原来的关键词匹配提升为内容概念相互关联的匹配，从而解决仅表达形式匹配所带来的种种缺陷，实现基于自然语言的智能搜索"。

2）搜索引擎的工作原理

搜索引擎在进行搜索作业时并不是对整个互联网进行搜索，而是对预先整理索引好的网页数据库进行搜索，搜索的重点也不是对网页内容的理解，而是机械性地将网页文字与用户搜索需求相匹配。当用户查找某一个关键词时，搜索引擎会将之前收集的互联网上数以千万、数十亿的网页中的关键词进行匹配，将包含该关键词的所有网页搜索出来，然后经过专业的排序算法进行排列，按照与关键词相关度的高低顺序进行依次排列。总之，真正的搜索引擎就是将互联网上几千万、几十亿的网页收集起来，并将网页上的每一个文字或者图片进行索引，最后建立全文索引数据库，一个完整的搜索引擎由搜索器、索引器、检索器和用户接口四部分组成，其实质就是数据采集技术与计算机检索系统相结合，并将其运用到互联网上，包括数据采集机制、数据组织机制和用户检索机制，具体的结构如图 7-12 所示。

搜索引擎的基本工作原理是：首先，数据采集机制按照一定的规律和方法对互联网上的各种信息与资源进行搜索，并将搜索到的网页信息收集到一个临时数据库中；其次，数据组织机制对临时数据库中的每个网页信息进行标引，并将标引后的信息整理归档，形成相应的索引数据库；最后，用户通过检索界面提供检索申请，用户检索机制接受用户的检索要求，根据要求访问与之相关性较高的索引数据库，将符合要求的检索结果再按照一定的顺序返回出来。

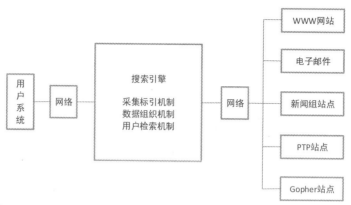

图 7-12　搜索引擎的基本结构

3）百度搜索引擎的使用

百度搜索引擎简单方便，只需要在搜索框内输入需要查询的内容，然后直接敲【Enter】键，或者单击搜索框右侧的"百度一下"按钮，即可得到符合查询需求的网页内容。

（1）"与""非""或"的操作与语法。如果只输入一个关键词，往往无法准确地表达你的搜索意图，查找到的结果也许会很多，这时可以再加一些关键词进行限定，这就用到了搜索引擎的布尔逻辑"与""非""或"的操作。

逻辑"与"，中文搜索引擎都可用空格表示，也可用&符号。其格式是"关键词 A & 关键词 B"，意思是指查询的网页既要包括关键词 A，又要包含关键词 B，两者缺一不可。

逻辑"非"，格式是"关键词 A –（关键词 B）"，"–"前面要有空格。它表示要求搜索引擎查找含有关键词 A，但又不能有关键词 B 的网页。

逻辑"或"，百度用"|"表示，格式是"关键词 A|关键词 B"，其含义是网页包括任一关键词即符合要求。既有 A 又有 B 的符合要求；只有 A 没有 B 的也行；只有 B 没有 A 的同样可以。一般来说，同时包括两个关键词的网页排在前面。

（2）精确匹配——双引号和书名号的运用。如果输入的关键词稍长，百度在经过分析后，会自动拆分，给出的搜索结果中的关键词就可能是拆分的。如果你对这种情况不满意，可以尝试让百度不拆分关键词，给关键词加上双引号，就可以达到这种效果。

例如，搜索"计算机与网络"，如果不加双引号，搜索结果就会被拆分，有的也许是前面一段话包含"计算机"，后面一段话中包含有"网络"的网页也成了搜索结果，这种效果并不是很好；但加上双引号后的"计算机与网络"，获得的结果就更符合要求，也更为精确。其前提是输入的关键词要准确无误，否则建议不要使用双引号。

另一种情况就是用书名号，它是百度独有的一个特殊查询语法。在其他搜索引擎中，书名号也许会被忽略，而在百度，中文书名号是可被查询的。加上书名号的查询词，有两项特殊功能：一是书名号会出现在搜索结果中；二是被书名号括起来的内容不会被拆分。书名号在某些情况下特别有用，比如，查电影"手机"，如果不加书名号，很多情况下检索出来的是通信工具——手机，而加上书名号后，《手机》的检索结果就是关于电影方面。

（3）"相关搜索"功能。搜索的结果不佳，有时是因选择的关键词不妥当，可以通过参考别人的做法来得到一些启发。百度的"相关搜索"就是提供一些和搜索很相似的关键词。这对于初学者来说是非常实用的，因为搜索结果的好坏最直接的影响因素是关键词的选取。

（4）利用"site"把搜索范围限定在特定网站中。有时，如果知道某个站点中有自己需要找的信息，就可以把搜索范围限定在这个站点中，以提高查询效率。对于一些内容较多，自身又没有搜索入口的网站，这一招更为实用。使用方法是在查询内容的后面加上"site:站点域名"。例如，多多软件站下载软件就可以这样查询："360 site:ddooo.com"。需要注意的是"site:"后面的站点域名，前面不要带"http://"符号，后面不要带"/"符号，并且也不要包含"WWW"。另外，"site:"和站点名之间不要带空格，否则"site:"将被作为一个搜索的关键词。

（5）文档搜索的应用——filetype。在输入的关键词后面加一个"filetype:"进行文档类型限定，可以限定检索结果的文档格式。关键词与 filetype 之间要留空格符。"filetype:"后可以跟以下文件格式：DOC、XLS、PPT、PDF、RTF、ALL。其中，ALL 表示搜索所有文件类型。例如，查找关于生态学方面的 doc 格式的论文，只要输入"生态学 filetype: doc"即可直接下载该 doc 文档，也可以单击标题后的"HTML 版"快速查看该文档的网页格式内容。在互联网上除了网页资源外，还有 PDF、DOC、RTF、XLS 等文档文件，这些文档通常会包含一些重要的资料，它比一般的网页专指性更强，也更专业一些，所以对这部分网络信息资源的挖掘和利用，也是搜索引擎的一个重要功能。

（6）分类检索。为了方便用户使用，搜索引擎大多提供了分类检索功能，用户可以根据需求进行选择，十分方便。所谓分类检索就是指利用搜索引擎提供的分类目录，由上级类目向下级类目逐级查找的方法。百度的菜单项也提供了强大的分类搜索功能，当无法确定查询条件时，推荐使用分类检索，它可有效地限定搜索范围。例如，浏览网页上的新闻时，如果没有特定的目标，就可采用分类检索的方式。

8. 电子商务

1）电子商务的定义

联合国国际贸易程序简化工作组对电子商务的定义：采用电子形式开展的商务活动，包括供应商、客户、政府及其参与方之间通过任何形式的电子工具，如电子数据交换（EDI）、Web 技术、电子邮件等共享结构或非结构化商务信息，并管理和完成在管理活动、商务活动和消费者活动中的各种交易。

2）电子商务的分类

按照不同的划分标准，电子商务可分为不同的类型，本节主要介绍依据交易对象的分类标准。按照交易对象，电子商务可分为五类：B2B（企业对企业）、B2C（企业对消费者）、B2G（企业对政府）、C2C（销费者对消费者）、C2G（消费者对政府）。

B2B 是指各个企业之间通过互联网或其他专用网络进行信息交换与传递，开展在线商务活动。它是电子商务的主要形式，是其发展的主要推动力，也是企业获取竞争优势和市场地位的主要方式。B2B 电子商务的特点是交易次数少、交易量大，一般是用于企业与供应商、销售商之间的大宗交易。

B2C 是指企业利用在线零售模式，向消费者提供产品和服务的商贸活动。这是我们最熟悉的一种类型，互联网上出现的各种虚拟商业中心和网上商店，诸如天猫商城、京东商城、凡客、亚马逊网上书店、当当网等均属此类型，它们提供种类繁多的消费品和服务。B2G 是指政府部口与企业之间通过网络开展的电子商务活动，如美国政府在网上公布采购清单，企业利用电子化方式对此回应；政府通过电子工具在线向企业征税。送样做可提高政府办公的效率、公开性和透明度。

C2C 是指消费者利用网络向其他消费者提供产品或服务的交易模式，买卖双方均需要依附第三方交易平台上，最常见的是淘宝网的各家网店。

C2G 是指政府与公民之间进行的各种商务活动，如个人税收、社会福利基金的网上发放等，这种电子商务在中国还没有发展起来，但未来随着经济的发展，政府部门会向人们提供更完善的网上服务。

3）中国最大的电商平台之——淘宝网

淘宝网是目前国内著名的 C2C 电子商务服务商,它致力于打造全球首选网络零售商圈，由全球最佳 B2B 电子商务公司阿里巴巴集团于 2003 年 5 月 10 日投资 4.5 亿元人民币创办的。依托于在 B2B 市场的经验和服务能力，阿里巴巴根据对中国电子商务市场的判断和对中国普通网民上网购物需求的了解，为中国人上网购物及交易提供了一个优秀的平台，打造了国内领先的网上个人交易市场和网商社区——淘宝网。

淘宝网目前业务跨越 C2C 和 B2C 两大部分，为全球数百万会员提供网上商务服务。截至 2018 年全国有超过 6 亿人在淘宝上购物，这个数量也占到了国民数量的近一半。在购买力方面，90 后成交金额相比于 80 后高出 1/4，95 后购买效率最高。00 后有后来居上的趋势，而 80 后已经展现出疲软的现象，从消费主力的位置撤下。在人群方面，女性平均每天比男性多登录 3 次淘宝，也成为购买主力。目前淘宝网是中国深受欢迎的网购零售平台。

7.4 网络安全

随着计算机网络技术的飞速发展，各种网络应用已成为人们生活和工作不可或缺的部分，可以说网络无处不在，无时不有。时下流行的网上商城和网络支付等关键业务激增，人们对网络安全性的要求也越来越高。然而随之而来的，互联网中网络攻击事件层出不穷，网络安全面临的威胁变化多样，因此网络安全已经成为人们高度关注的问题。本节介绍网络安全的基础理论，主要包括密码技术基础、网络安全协议、计算机病毒及防范等知识。

7.4.1 密码技术基础

1. 密码学的发展历史

密码学是一门古老而悠久的学科，它的历史可以追溯到几千年前。密码学作为保护信息安全的重要手段，它的发展历史可分为三个阶段：

（1）古典密码学。1949 年之前。此阶段的密码学不是科学，而像是一门艺术，编码和分析手段都比较原始。其核心手段是代换和置换。代换是指明文中的每一个字符被替换成密文中的另一个字符，接收者对密文做反向替换便可恢复出明文；置换是密文和明文字母保持相同，但顺序被打乱。数据安全依赖于算法保密。

（2）近代密码学。1949—1975 年。由于电子计算机的出现和发展，给密码的设计和破译带来了极大的便利。1949 年香农（Claude E.Shannon）发表了《保密系统的信息理论》，为密码学奠定了信息学理论基础，让这个有着数千年历史的密码学真正成为一门独立学科。数据的安全基于密钥，而不是算法的保密。

（3）现代密码学。1976 年至今。1976 年，Diffie 和 Hellman 发表了《密码学的新方向》，提出公钥密码的思想，标志密码学进入了一个新历史阶段。1977 年，美国的数据加密标准 DES 公布，从此密码学开始充分发挥它的商用和社会价值。

2．加密/解密技术

在计算机网络中存在大量的数据需要传送到网络中各个不同的地方，为确保数据完整性防止数据被有意或无意的破坏或丢失，通常对数据进行加密。

微课 7-8：加密技术历史及简介

1）古典加密/解密技术

在通信系统中，通信的双方可分为消息的发送方和接收方。这里待发送的消息称作明文（Plain Text 或 Message），将明文转变成密文（Cipher Text）的方法称为加密算法。这种由明文变为密文的过程称为加密（Encryption）。从密文恢复出明文的过程称为解密（Decryption），俗称破译。对密文进行解密时采用的方法称为解密算法。消息的加密和解密过程如图 7-13 所示。

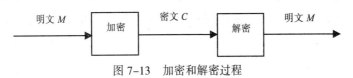

图 7-13　加密和解密过程

设加密算法用 E 表示和解密算法用 D 表示，则加密过程可以用数学公式表示为：

$$E(M)=C$$

解密过程可以用数学公式表示为：

$$D(C)=M$$

古典加密技术以置换和替换为核心，包括置换密码、替换密码、单标替换、一次一密、电话本、轮换机等。这些加密技术的密码算法是保密的，不可能进行质量控制或标准化，在现代密码分析技术面前很容易被破解，因此它们仅适用于保密级别很低的应用。

2）现代加密/解密技术

计算机的出现使复杂计算的密码成为可能。现代密码技术，密码系统采用的基本结构，由加、解密算法和密钥（Key）组成。密钥 K 是一种参数，它可以是很多数值中的任意值，它的取值范围称为密钥空间。在加密算法 E 使用的密钥称为加密密钥，在解密算法 C 使用的密钥称为解密密钥。根据加密密钥和解密密钥是否相同，将加密分为两种：对称加密和非对称加密。

（1）对称加密技术。对称加密是指加密与解密都使用同一个密钥。对称加密/解密过程如图 7-14 所示。设加密和解密密钥为 K，用它作为加密函数和解密函数的下标，加密函数的数学表达式为：

$$E_K(M)=C$$

解密函数的数学表达式为：

$$D_K(C)=M$$

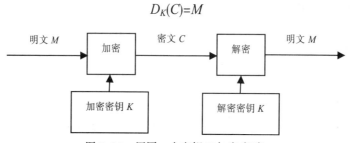

图 7-14　用同一个密钥 K 加密/解密

经典的对称加密技术有以下几种：

① DES。DES（Data Encryption Standard，数据加密标准）是应用最为广泛的加密算法，它采用 56 位的密钥加密 64 位的数据。DES 于 1972 由 IBM 公司研制，1977 年 1 月被美国国家标准局采用，被正式颁布为非机密数据的加密标准。随之而来，DES 加密技术在 ATM、磁卡、金融交易等领域被广泛应用。然而 DES 的密钥空间为 2^{56}，大约是 $7.2×10^{16}$ 个密钥，从 2018 年全球超级计算机排名来看，现代超级计算能力能够到达每秒钟计算数十亿亿次，例如中国的超级计算机"神威·太湖之光"每秒计算 10 亿亿次（10^{17}），美国的"Summit"每秒计算 20 亿亿次，这意味 DES 密码在不到数秒之内即可被轻松破解，因而 DES 加密变得不再安全。虽然 DES 有各种不足，但它作为第一个公开密码算法，它在密码学的发展历史长河中有着重要里程牌的意义。

② 3DES。1999 年，3DES 是被看成 DES 的一部分，它使用三个不同密钥，执行三次 DES 算法。密钥长度为 168 位，密钥空间为 2^{168}，大约是 $3.7×10^{50}$ 个密钥，显然 3DES 密码在短时间内不可能被破解，这足以使穷举攻击无法奏效。

③ AES。虽然 3DES 算法使密码的安全增强，但它的缺陷在于运算速度慢，且加密数据长度小，只有 64 位。1997 年，美国国家标准局征集更高级的加密标准，它就是比利时密码学家Joan Deamen 和 Vincent Rejimen 博士提出的 AES算法标准，也是目前美国加密标准。

（2）非对称加密技术。非对称加密是指加密和解密使用了不同的密钥，其加密密钥是可以公开，故又称公钥加密。非对称加密/解密过程如图 7-15 所示。设加密密钥为 K_1，解密密钥为 K_2，则加密函数和解密函数表达式分别为：

$$E_{K1}(M)=C \text{ 和 } D_{K2}(C)=M$$

以上加密和解密算法都是公开的，其安全性都是基于密钥的安全性。

非对称加密技术算法有 Diffie-Hellman 密码交换、RSA、椭圆曲线密码 ECC、数字签名标准 DSS 等。

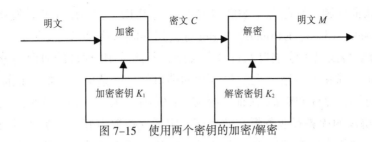

图 7-15　使用两个密钥的加密/解密

① Diffie-Hellman 密码交换。1976 年，Diffie 和 Hellman 在论文"密码学新方向"中提出了公开密钥的思想。Diffie-Hellman 算法是第一个公开发表的密钥算法。

密钥交换，首先，选择两个公开的数值：素数 q 和 q 的本原根 a；然后两个用户各自选择一个私钥值 X，利用 q、a、X，各自计算出一个公钥 Y；再将各自的公钥 Y 都向对方公开，各自的私钥保密；两个用户根据各自的私钥 X 和公钥 Y 以及 q，来计算密钥 K，最后发现双方的计算所得密钥 K 相同（这是算法决定的）。该算法通过交换密钥，供以后加密使用，其密码安全性在于离散对数计算是十分复杂的，特别是对于很大的素数，计算离散对数理论上是不可行的。攻击者即使知道 q、a 以及两个公钥 Y，但在不知道私钥 X 的情况下，要想在短时间内计算密钥 K 出来几乎是不可能的。

② RSA。1977 年，Rivest、Shamir 和 Adleman 三人开发了 RSA 算法。RSA 算法简单来说，两个用户各有一个公钥和一个私钥，公钥是公开的，为两个很大的素数。如果用户甲要发送消息给用户乙，甲可以用乙的公钥加密该消息后发出，当乙收到密文后，使用自己私钥将密文恢复成明文，这样就保证了消息的安全性。RSA 算法安全性是建立在大数分解难题上，已知一个很大的素数，在短时间内很难计算出它的 2 个质因数（素数）。RSA 算法是第一个既可以用于加密又可以用于数字签名的算法，易理解且操作方便，是目前最广泛的公钥加密方法。但它的缺陷在于速度慢，它甚至比 DES 算法还慢数倍，所以只能用于少量数据的加密。RSA 算法从提出到至今，经历了无数的攻击考验，被普遍认为是目前最优秀的公钥密钥之一。

7.4.2　网络安全协议

由于 TCP/IP 协议簇在设计时并没有考虑信息传递的安全性问题，所以仅有这些协议是不足以保证信息在传输过程中的安全性。为此，网络安全研究人员不得不研究开发出在链路层、网络层和传输层等相应的安全补充协议，期望在各层次上分别达到保密性、完整性和不可抵赖性的安全目标。下面介绍三种常用的网络安全协议：链路层安全协议 802.1X 、网络层安全协议 IPSec、传输层安全协议 SSL。802.1X 协议用于在链路层上实现发送方的身份认证。IPSec 和 SSL 分别在网络层和传输层利用密码技术了实现三个基本安全目标：保密性（可靠性）、完整性、不可抵赖性。

微课 7-9：网络安全协议介绍

1．802.1X 协议

802.1X 协议全称为"基于端口的接入控制协议"，在网络的链路层运行，目的解决无线局域网用户认证问题。它起源于 802.11 协议，是 IEEE 于 2001 年 6 月发布的正式标准，该协议由 Microsoft、Cisco、Extreme、Nortel 等公司共同起草。

由于 802.1X 协议只关注端口的打开和关闭，不涉及 IP 地址的协商与分配，所以它是各种认证技术中最简化的方案。无线局域网的端口就是一条信道，如果认证成功，这个端口就打开，即可用，允许 802.1X 认证的报文（EAPOL）通过，否则这个端口就关闭，即不可用。802.1X 协议的优势有业务报文效率高，组播支持能力好，可扩展后用于有线网，对设备端要求低，增值应用支持简单等优点，802.1X 是理想低成本运营解决方案。

802.1X 认证工作模型中包括三个部分：客户端（请求方）、认证系统（认证方）、认证服务器（授权服务器），其工作流程步骤如下：

（1）打开 802.1X 客户端程序，请求方输入已经申请到的用户名、密码等信息，向认证方发起认证请求，请求连接。

（2）认证方收到请求方的认证请求后，给请求方一个响应，要求请求方提供用户名等信息。

（3）认证方接收到请求方发来的用户信息后，将用户信息封装后发送给认证服务器。

（4）认证服务器收到认证方发来的用户信息后，将其与用户数据库的用户信息对比后，取得该用户的密码信息，随机生成密钥对用户密码加密处理，之后将该密钥发送给认证方，而认证方收到密钥后，再将其转发给请求方。

（5）请求方收到密钥后，使用该密钥对用户密码加密，然后发送给认证方，再由认证方转发给认证服务器。

（6）认证服务器收到加密后的密码，与在第（4）步生成的加密密码比较，如果相同，则说明是合法用户，认证服务器将指示认证方为请求方开放端口，同意请求方接入网络的要求，用户认证成功，否则用户不合法，端口关闭，不允许请求方接入网络，用户认证失败。

802.1X 认证流程如图 7-16 所示。

图 7-16　802.1X 认证流程

2. IPSec 协议

随着物联网发展，人们的日常生活越来越离不开物联网设备，物联网设备必然是要连接到互联网。当物联网设备与互联网连接时，该如何保证网络通信的安全?为此，作为成熟的，而又能够给局域网、广域网、专用网和互联网等提供安全通信保障的 IPSec 协议（Internet Protocol Security，Internet 协议安全性）自然而然成为众多物联网设备确保网络通信安全的选择。

IPSec 协议被称为 IP 安全协议，是一组协议集，其中包括最重要的三个协议：AH、ESP 和 IEK。IPSec 协议的作用是确保 IP 网络层通信安全，它是端到端的。IPSec 的体系结构如图 7-17 所示。其中的各名词解析如下：

（1）AH（Authenticated Header，认证头协议）：提供三种服务，即数据完整性验证、数据源身份验证、防重攻击。

（2）ESP（Encapsulated Secuity Payload，封装安全载荷协议），提供除上面的三种服务之外，还提供了数据加密服务。

（3）IKE（International Key Exchange，密钥交换协议）负责密钥的管理，通信双方的身份认证、协商加密算法、生成共享密钥的方法。

（4）DOI（Domain of Interpretation，解释域）为 IKE 协商统一的标识符。

（5）SA（Security Associon，安全关联），负责保存 IKE 密钥协商的结果，供 AH 和 ESP 使用。

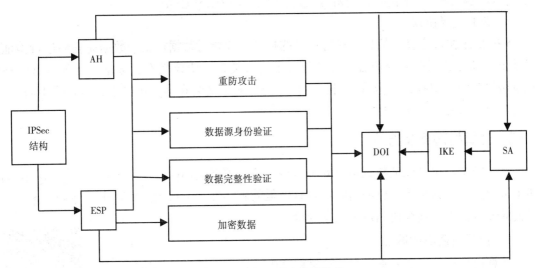

图 7-17　IPSec 安全体系结构

如果在路由器和防火墙中使用 IPSec 协议，可以加强边界信息流的安全性。由于 IPSec 是在传输层以下，故对应用层是透明的，不影响上层软件的应用，对终端用户也是透明的，所以不需要另外的安全机制培训，从而节约成本。基于 IPSec 的种种优点，它是安全联网的长期方向。

3. SSL 协议

SSL 协议，全称为 Secure Socket Layer，是一种在应用层协议 TIPC/IP 协议之间提供数据安全性的机制，当前最新标准为 SSLv3。它不是一个单独的协议，而是一个协议簇，可分为两层。低层是 SSL 记录协议，它为应用层提供基本安全服务，高层由 SSL 握手协议、SSL 更改密码规范协议以及 SSL 报警协议组成，它的结构如图 7-18 所示。

SSL 握手协议	SSL 更改密码规范协议	SSL 报警协议
SSL 记录协议		

图 7-18　SSL 结构

1）SSL 握手协议

在客户机和服务器建立安全连接之前，根据握手协议在即将要建立连接的双方之间预先建立一个安全通道，并利用特定的加密算法达到相互鉴别的目的。SSL 握手协议由三部分组成：数据类型、数据长度、数据内容。SSL 协议握手的过程分为三个阶段：Hello 阶段、密钥交换阶段以及 Finished（完成）阶段。

Hello 阶段主要协商各种参数，如协议版本、加密算法、密钥、交换随机数、消息认证（Mac）算法等。密钥阶段主要是服务器发送证书给客户，客户检查证书签名有效性，获取公钥，计算各自的主密钥，最后生成通信两方所需的会话密钥。Finished 阶段改变密码组，完成握手。

SSL 更改密码规范协议比较简单，用于设置当前状态和当前密钥组。SSL 报警协议是在握手协议或数据加密出错时，向对方发送报警信息或断开连接。

2）SSL 记录协议

SSL 记录协议定义了信息交换时记录的格式，并能对数据加密和数据完整性进行验证。记录由头部和数据两部分构成，头部包含了内容类型、协议版本、数据长度等信息。SSL 记录协议为应用层提供安全服务时，可将应用层的报文装在多个记录中，但是握手协议的报文却只能装在一个记录中。

7.4.3　计算机病毒及防范

网络安全不仅是保证数据信息安全传播，还必须能正确区分网络病毒和正常信息，尤其是计算机网络病毒具有极强的破坏性，不仅给人们带来巨大的经济损失，甚至还能危及国家安全。

微课 7-10：计算机病毒及防范

1. 计算机病毒的概念

计算机病毒是指"编制者在计算机程序中插入的破坏计算机功能或者破坏数据，影响计算机使用并且能够自我复制的一组计算机指令或者程序代码"。病毒最重要的特征是自我复制，从而使得它能够"传染"其他程序。病毒程序也能够做其他正常程序能做的事情，不同之处是它"隐身"在宿主程序上，在宿主程序完成正常工作的同时，秘密执行其他任务。

计算机病毒程序基本结构可分为四个模块：传染标志模块、引导模块、传染模块、破坏模块。传染标志模块的目的是设置传染标志，判断文件是否被传染。如果文件已经被传染，就不再传染，以免因为传染次数频繁，被检测出携带病毒。引导模块确定操作系统等相关参数，引导病毒，保护病毒代码不被覆盖，设置病毒的触发条件等。传染模块实现将病毒代码注入到宿主程序中。破坏模块负责实现病毒程序编写者预设的特定目标或者对系统的特定修改或者获取特定的信息等。

计算机病毒的工作流程包括四个阶段：

（1）潜伏。此时病毒不执行任何操作，等待触发条件，如某个时间结点或某个事件发生等。不是所有的病毒都要经历这个阶段。

（2）传染。病毒将自身复制到某个特定的区域或者附加到某个特定程序中，而被传染的程序，又会去传染其他程序。

（3）触发。当触发条件成立时，病毒被激活执行预设的任务。

（4）执行。病毒执行预设功能，到达预期目标。有的可能是恶作剧，而有的却会产生巨大的破坏力。

2．常见的计算机病毒

1）PE 病毒

通常计算机病毒都是针对特定的操作系统和 CPU 架构的，计算机病毒早期，操作系统是 DOS 系统，所以计算机病毒多是 DOS 病毒。由于 Windows 操作系统的出现和广泛使用，DOS 病毒几乎绝迹，取而代之是针对 Windows 的 PE 病毒。32 位的 Windows 操作系统的位数，简称 Win32，它的可执行文件都是 PE 格式的，如*.exe、*.dll 等都是 PE 格式。感染 PE 格式文件的 Win32 病毒，称为 PE 病毒。它是一种数量多、破坏性极大，技巧性强的病毒，采用 Win32 汇编编写，虽然其格式处理复杂，但可在任何 Windows 环境下运行。

2）脚本病毒

脚本病毒是指采用脚本语言编写的病毒程序，如脚本语言 VBScript 和 JavaScript 等。例如，2000 年 5 月爆发的"爱虫"病毒就是用 VBScript 编写的脚本病毒。脚本病毒编写简单，极易传播、破坏力大。

3）宏病毒

宏病毒是将病毒程序以"宏"的形式潜伏在 Office 或 PDF 文档中，它区别于那些传统病毒，不感染那些可执行文件。当人们在打开这些感染了宏病毒的 Office 文件时，这些病毒代码就执行。宏是采用 VBA（Visual Basic For Application）高级语言编写的，编写过程简单，这样病毒的制造者不必是专业的程序员，只要掌握"宏"的编写技能的人，就可以编写出破坏力强大的病毒程序。随着微软 Office 软件在全球范围广泛的使用，宏病毒已成为传播最广，危害最大的一类病毒。

4）U 盘病毒

随着移动存储设备的普及，如 U 盘、存储卡、移动硬盘的使用，U 盘病毒开始泛滥。U 盘病毒在系统的每个目录下建一个"AutoRun.inf"文件，然后利用 Windows 自动播放的功能，当用户双击盘符时，激活病毒程序。病毒的原理简单，代码短，但传染性大。避免这种病毒的有效方法是禁止"Windows 自动播放"功能。

5）网络蠕虫

蠕虫是以网络为传播载体的恶性病毒，病毒程序并不寄生于宿主程序中，而是只存在于内存中，其对计算机和网络的破坏力，远远高于普通的病毒，其传播速度非常快，可以在数小时内传遍 Internet，造成网络瘫痪。它的传播特点是慢开始，快传播，慢结束。它的技术特点是跨平台，不受操作系统的限制；入侵方式多样，如攻击服务器、浏览器，电子邮件；多态和变形等。2006 年的"熊猫烧香"病毒就是典型的蠕虫病毒。

6）木马

木马是被安装在主机中，用于窃取信息和对主机实施远程控制具有隐蔽性的程序。木马对网络安全的威胁是毋容置疑的，许多隐私泄露、垃圾邮件以及 DDoS 攻击都与木马程序有关。木马程序分为服务器和客户端程序，在服务器端的木马程序负责打开攻击通道，而在客户端的木马程序负责与目标主机建立连接保持通信及发出攻击指令等。

木马不像病毒那样具有传染性和自我复制性，具有隐蔽性和非法访问以获取敏感信息。木马的攻击原理是由客户端向服务器发送指令，服务器接收指令后执行，然后将执行结果发送回客户端。

3. 病毒的防范

（1）用户要有安全意识，不随便下载软件，不执行身份不明的程序。

（2）不浏览内容不健康的网站，并能识别一些钓鱼网站；提高浏览器的安全级别，可以将安全级别从"中"改为"高"。

（3）对邮件进行适当过滤，开启邮件防病毒功能，不随意打开陌生人发来的邮件，特别是附件等。

（4）对浏览器、操作系统安全补丁、应用程序要及时更新和升级。

（5）开启计算机防火墙功能。

（6）安装杀毒软件，经常对磁盘进行扫描和系统杀毒，及时升级病毒库等。例如，常见的杀毒软件 360 杀毒、金山毒霸等。

习　　题

一、选择题

1．以下网络应用中不属于 Web 应用的是（　　　　）。

    A．电子商务　　　　　B．域名解析　　　　　C．电子政务　　　　　　　D．博客

2．采用点到点线路通信子网的基本拓扑结构有四种，它们是（　　　　）。

    A．星状、环状、树状和网状　　　　　　　B．总线状、环状、树状和网状

    C．星状、总线状、树状和网状　　　　　　D．星状、环状、树状和总线

3．在 OSI 参考模型的各层中，向用户提供可靠的端到端服务，透明地传送报文的是（　　　　）。

    A．应用层　　　　　　B．数据链路层　　　　C．传输层　　　　　　　　D．网络层

4．关于 OSI 参考模型的描述中，正确的是（　　　　）。

    A．高层为低层提供所需的服务　　　　　　B．高层需要知道低层的实现方法

    C．不同结点的同等层有相同的功能　　　　D．不同结点需要相同的操作系统

5．关于 TCP/IP 协议集的描述中，错误的是（　　　　）。

    A．由 TCP 和 IP 两个协议组成　　　　　　B．规定了 Internet 中主机的寻址方式

    C．规定了 Internet 中信息的传输规则　　　D．规定了 Internet 中主机的命名机制

6．关于 IP 互联网的描述中，错误的是（　　　　）。

　　A．隐藏了低层物理网络细节　　　　　　B．数据可以在 IP 互联网中跨网传输

　　C．要求物理网络之间全互连　　　　　　D．所有计算机使用统一的地址描述方法

7．以下（　　　）地址为回送地址。

　　A．128.0.0.1　　　　　B．127.0.0.1　　　　　C．126.0.0.1　　　　　D．125.0.0.1

8．如果一台主机的 IP 地址为 20.22.25.6，子网掩码为 255.255.255.0，那么该主机的主机号为（　　　）。

　　A．6　　　　　　　　B．25　　　　　　　　C．22　　　　　　　　D．20

9．统一资源定位器的英文缩写为（　　　）。

　　A．http　　　　　　　B．URL　　　　　　　C．FTP　　　　　　　D．USENET

10．用浏览器连接互联网 WWW 服务，在应用层使用的是（　　　）协议，在传输层使用的是（　　　）协议。

　　A．Html，UDP　　　B．Html，TCP　　　C．Http，UDP　　　D．Http，TCP

11．在互联网的电子邮件服务中，（　　　）协议用于发送邮件，（　　　）协议用于接收邮件。

　　A．SMTP，POP3　　　　　　　　　　B．IMAP，POP3

　　C．POP3，SMTP　　　　　　　　　　D．SMTP，MIME

12．搜索引擎有很多类型，比如：中文搜索引擎、繁体搜索引擎、英文搜索引擎、FTP 搜索引擎和医学搜索引擎等。我们常用的 Google 搜索引擎属于（　　　）。

　　A．中文搜索引擎　　　　　　　　　　B．繁体搜索引擎

　　C．英文搜索引擎　　　　　　　　　　D．FTP 搜索引擎

13．计算机网络最突出的特点是（　　　）。

　　A．资源共享　　　　B．运算精度高　　　C．运算速度快　　　D．内存容量大

14．Internet 的前身是（　　　）。

　　A．Intranet　　　　　B．Ethernet　　　　　C．Cernet　　　　　D．Arpanet

二、填空题

1．在 Internet 上浏览网页时，浏览器和 WWW 服务器之间传输网页使用的协议是_____。

2．计算机网络按其分布距离可分为局域网、_____和_____两部分。

3．我们广泛使用的几种物理拓扑结构是_____、环状、_____、树状。

4．TCP/IP 协议的三个基本参数是：_____、_____、_____。

5．常见的网络操作系统有：_____、_____、_____和_____。

6．每一个 IP 地址都由_____和_____组成。

7．TCP/IP 协议的全称是_____协议和_____协议。

8．TCP/IP 协议的层次分为网络接口层、网际层、传输层和应用层，其中_____对应 OSI 的物理层及数据链路层，而_____层对应 OSI 的会话层、表示层和应用层。

9．国际化标准组织的开放式系统互连参考模型的英文缩写是_____。

10．ISO 的 OSI 参考模型自高到低分别是_____、_____、_____、_____、_____、_____和_____。

11．OSI 参考模型数据链路层的功能是：_____。

12．从计算机域名到 IP 地址的翻译过程称为_____。

13．在 OSI 参考模型中，_____是传输层上的协议，_____是网络层上的协议。

14．公开密钥的思想是_____年，由_____和_____提出的。

15．DES 算法是_____算法，DES 算法的 3 个参数之一的 Key 实际为_____位。

16．802.1X 协议用于在_____层上实现发送方的身份认证。IPSec 和 SSL 分别应用于_____层和_____层。

17．IPSec 协议被称为 IP 安全协议，是一组协议集，其中包括最重要的三个协议：_____、ESP 和_____。

18．病毒最重要的特征是_____。

19．802.X 认证工作模型包括三个部分：_____、_____、_____。

20．避免宏病毒的有效方法是禁止_____功能。

21．木马程序分为_____和_____程序

22．2000 年 5 月爆发的_____病毒就是用 VBScript 编写的_____病毒。

23．SSL 协议握手的过程分为三个阶段：_____、_____、_____阶段。

三、简答题

1．简述 OSI 参考模型的 7 层结构，以及每层的主要功能。

2．简述 CSMA/CD 的工作过程。

3．从 IP 地址的角度解释什么是网络？什么是子网？

4．简述密码学的发展历史。

5．简述对称加密技术与非对称加密技术的不同。

6．普通病毒、蠕虫、木马的区别。

7．简述 Diffie-Hellman 密钥交换协议的基本原理。

8．简述 802.1X 协议的工作流程。

9．AH 协议与 ESP 协议有何区别？

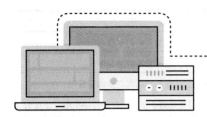

附录

Access 2010常用函数

类　型	函　数　名	函　数　格　式	说　　明
算术函数	绝对值	Abs(<数值表达式>)	返回数值表达式的绝对值
	取整	Int(<数值表达式>)	返回不大于数值表达式值的最大整数值
		Fix(<数值表达式>)	返回数值表达式值的整数部分值
		Round(<数值表达式>,[<表达式>])	返回按照指定的小数位数进行四舍五入运算的结果。[<表达式>]是进行四舍五入运算小数点右边应保留的位数
	平方根	Sqr(<数值表达式>)	返回数值表达式值的平方根值
	符号	Sgn(<数值表达式>)	返回数值表达式的符号值：当数值表达式值大于 0，返回值为 1；当数值表达式值等于 0，返回值为 0；当数值表达式值小于 0，返回值为–1
	随机数	Rnd(<数值表达式>)	产生一个 0～1 之间的随机小数，为单精度类型。如果数值表达式的值小于 0，每次产生相同的随机数；如果数值表达式的值大于 0，每次产生新的随机数；如果数值表达式的值等于 0，产生最近生成的随机数，且生成的随机数序列相同；如果省略数值表达式参数，则默认参数值大于 0
	正弦函数	Sin(<数值表达式>)	返回数值表达式的正弦值
	余弦函数	Cos(<数值表达式>)	返回数值表达式的余弦值
	正切函数	Tan(<数值表达式>)	返回数值表达式的正切值
	自然指数	Exp(<数值表达式>)	计算 e 的 N 次方，N 是数值表达式
	自然对数	Log(<数值表达式>)	计算以 e 为底的数值表达式的值的对数
文本函数	生成空格字符	Space(<数值表达式>)	返回由数值表达式的值确定的空格个数组成的空字符串
	字符重复	String(<数值表达式>,<字符表达式>)	返回一个由字符表达式的第一个字符重复组成的、指定长度为数值表达式值的字符串
	字符串截取	Left(<字符表达式>,<数值表达式>)	返回一个子串，该串是从字符表达式左侧开始的第 N 个字符（N 是数值表达式的值）
		Right(<字符表达式>, <数值表达式>)	返回一个子串，该串是从字符表达式右侧开始的第 N 个字符（N 是数值表达式的值）
		Mid(<字符表达式>,<数值表达式 1>[,<数值表达式 2>])	返回一个子串，该子串是从字符表达式最左端某个字符开始的连续若干个字符，其中数值表达式 1 的值是开始的字符位置，数值表达式 2 是终止的字符位置。若省略了数值表达式 2，则返回的值是：从字符表达式最左端某个字符开始，截取到最后 1 个字符为止的若干个字符
文本函数	字符串长度	Len(<字符表达式>)	返回字符表达式的字符个数

续表

类　型	函　数　名	函　数　格　式	说　　　明
文本函数	删除空格	LTrim(<字符表达式>)	返回去掉字符表达式开始空格的字符串
		RTrim(<字符表达式>)	返回去掉字符表达式尾部空格的字符串
		Trim(<字符表达式>)	返回去掉字符表达式开始和尾部空格的字符串
	字符串检索	InStr([<数值表达式>,]<字符串>,<子字符串>[,<比较方法>])	返回一个值，该值是检索子字符串在字符串中最早出现的位置。其中，数值表达式为可选项，是检索的起始位置，若省略，从第一个字符开始检索。比较方法为可选项，指定字符串比较的方法。值可以为 1、2 或 0：值为 0（默认）做二进制比较；值为 1 做不区分大小写的文本比较；值为 2 做基于数据库中包含信息的比较。若制定比较方法，则必须指定数据表达式
	大小写转换	UCase(<字符表达式>)	将字符表达式中小写字母转换成大写字母
		LCase(<字符表达式>)	将字符表达式中大写字母转换成小写字母
日期/时间函数	截取日期分量	Day(<日期表达式>)	返回日期表达式日期的整数（1～31）
		Month(<日期表达式>)	返回日期表达式月份的整数（1～12）
		Year(<日期表达式>)	返回日期表达式年份的整数
		Weekday(<日期表达式>)	返回 1～7 的整数，表示星期几
	截取时间分量	Hour(<时间表达式>)	返回时间表达式的小时数（0～23）
		Minute(<时间表达式>)	返回时间表达式的分钟数（0～59）
		Second(<时间表达式>)	返回时间表达式的秒数（0～59）
	获取系统日期和系统时间	Date()	返回当前系统日期
		Time()	返回当前系统时间
		Now()	返回当前系统日期和时间
	时间间隔	DateAdd(<间隔类型>,<间隔值>,<表达式>)	对表达式表示的日期按照间隔类型加上或减去指定的时间间隔值
		DateDiff(<间隔类型>,<日期 1>,<日期 2>[,W1][,W2])	返回日期1和日期2之间按照间隔类型所指定的时间间隔数目
日期/时间函数	时间间隔	DatePart(<间隔类型>,<日期>[,W1][,W2])	返回日期中按照间隔类型所指定的时间部分值
	返回包含指定年月日的日期	DateSerial(<表达式 1>,<表达式 2>,<表达式 3>)	表达式 1 值为年、表达式 2 值为月、表达式 3 值为日，返回由这 3 个表达式组成的日期值
SQL 聚合函数	总计	Sum(<字符表达式>)	返回字符表达式中值的总和。字符表达式可以是一个字段名，也可以是一个含字段名的表达式，但所含字段应该是数字数据类型的字段
	平均值	Avg(<字符表达式>)	返回字符表达式中值的平均值。字符表达式可以是一个字段名，也可以是一个含字段名的表达式，但所含字段应该是数字数据类型的字段
	计数	Count(<字符表达式>)	返回字符表达式中值的个数，即统计记录个数。字符表达式可以是一个字段名，也可以是一个含字段名的表达式，但所含字段应该是数字数据类型的字段

续表

类 型	函 数 名	函 数 格 式	说 明
SQL 聚合函数	最大值	Max(<字符表达式>)	函数返回字符表达式中值中的最大值。字符表达式可以是一个字段名，也可以是一个含字段名的表达式，但所含字段应该是数字数据类型的字段
	最小值	Min(<字符表达式>)	返回字符表达式中值中的最小值。字符表达式可以是一个字段名，也可以是一个含字段名的表达式，但所含字段应该是数字数据类型的字段
转换函数	字符串转换字符代码	Asc(<字符表达式>)	返回字符表达式首字符的 ASCII 值
	字符代码转换字符	Chr(<字符表达式>)	返回与字符代码对应的字符
		Nz(<表达式>[,规定值])	如果表达式为 Null, Nz 函数返回 0；对零长度的空串可以自定义一个返回值（规定值）
	数值数字转换成字符串	Str(<数值表达式>)	将数值表达式转换成字符串
	字符串转换成数字	Val(<字符表达式>)	将数值字符串转换成数值型数字
程序流程函数	选择	Choose(<索引式>,<表达式 1>[,<表达式 2>]…[,<表达式 n>])	根据索引式的值来返回表达式列表中的某个值。索引式值为 1，返回表达式 1 的值，索引式值为 2，返回表达式 2 的值，以此类推。当索引式值小于 1 或大于列出的表达式数目时，返回无效值（Null）
	条件	IIf(<条件表达式>,<表达式 1>,<表达式 2>)	根据条件表达式的值决定函数的返回值，当条件表达式的值为真，函数返回值为表达式 1 的值，反之，函数返回值为表达式 2 的值
程序流程函数	开关	Switch(<条件表达式 1>,<表达式 1>[,<条件表达式 2>,<表达式 2>][…,<条件表达式 n>,<表达式 n>])	计算每个条件表达式，并返回列表中第一个条件表达式为 True 时与其关联的表达式的值
消息函数	利用提示框输入	InputBox(提示[,标题][,默认])	在对话框中显示提示信息，等待用户输入正文并单击按钮，返回文本框中输入的内容（String 型）
	提示框	MsgBox(提示[,按钮、图标和默认按钮][,标题])	在对话框中显示消息，等待用户单击按钮，并返回一个 Integer 型数值，告诉用户单击的是哪个按钮

参 考 文 献

[1]陈国良. 大学计算机：计算思维视角[M]. 2 版. 北京：高等教育出版社，2014.

[2]甘勇，尚展垒，张建伟，等. 大学计算机基础[M]. 2 版. 北京：人民邮电出版社，2012.

[3]沈玮，周克兰，钱毅湘，等. Office 高级应用案例教程[M]. 北京：人民邮电出版社，2015.

[4]李凤霞，陈宇峰，史树敏. 大学计算机[M]. 北京：高等教育出版社，2014.

[5]史巧硕，武优西. Visual Basic 程序设计[M]. 北京：科学出版社，2011.

[6]段跃兴. 大学计算机基础[M]. 北京：人民邮电出版社，2011.

[7]刘湘滨，刘艳松. Office 高级应用[M]. 北京：电子工业出版社，2016.

[8]龚沛曾，杨志强. 大学计算机[M]. 6 版. 北京：高等教育出版社，2013.

[9] 文海英，王凤梅，宋梅. Office 高级应用案例教程[M]. 北京：人民邮电出版社，2017.

[10] 柴欣，史巧硕. 大学计算机基础教程[M]. 北京：中国铁道出版社，2017.

[11] 贾宗福，齐景嘉，周屹，等. 新编大学计算机基础教程[M]. 4 版. 北京：中国铁道出版社，2018.

[12] 文海英，戴振华. 大学计算机基础[M]. 北京：人民邮电出版社，2016.

[13] 张莉. 大学计算机教程[M]. 北京：清华大学出版社，2015.

[14] 张丽华，叶培松，刘锦萍. 办公软件高级应用（Office 2010）[M]. 北京：北京理工大学出版社，2018.

[15] 未来教育教学与研究中心. 全国计算机等级考试上机考试题库二级 MS Office 高级应用. 西安:电子科技大学出版社，2017.

[16] 刘艳，陈琳，方颂. 大学计算机应用基础（Windows 7+Office 2010）[M]. 西安：电子科技大学出版社，2018.

[17] 李蒨. 办公自动化实用教程（微课版）[M]. 4 版. 北京：人民邮电出版社，2018.

[18] 何立群，丁伟. 数据库技术应用教程（Access 2010）[M]. 北京：高等教育出版社，2014.

[19] 郭帆. 网络攻防技术与实战[M]. 北京：清华大学出版社，2018.

[20] 石国志，薛为民，尹浩. 计算机网络安全教程[M]. 北京：清华大学出版社，2013.

[21] 侯冬梅. 计算机应用基础[M]. 北京：中国铁道出版社，2018.

[22] 宋玲玲，王永强. 办公自动化应用案例教程（Office 2013）[M]. 3 版. 北京：电子工业出版社，2017.

[23] 白玥. 数据处理与管理（Excel、Access 及文献检索）[M]. 北京：人民邮电出版社，2015.

[24] 谢希仁. 计算机网络[M]. 7 版. 北京：电子工业出版社，2017.

[25] 张乃平. 计算机网络技术[M]. 广州：华南理工大学出版社，2015.

[26] 吴功宜. 计算机网络[M]. 3 版. 北京：清华大学出版社，2013.

[27] 王卫红，李晓明. 计算机网络与互联网[M]. 2 版. 北京：机械工业出版社，2010.

[28] 沈鑫剡，俞海英，伍红兵，等. 网络安全[M]. 北京：清华大学出版社，2017.

[29] 刘远生，辛一. 计算机网络安全[M]. 北京：清华大学出版社，2009.